科学出版社“十四五”普通高等教育本科规划教材

概率论

(第二版)

韩　东　熊德文　编著

科学出版社

北　京

内 容 简 介

概率论是高等院校数学和统计学专业的基础课程之一. 全书共七章, 主要包括: 随机事件及其概率、随机变量及其分布、随机变量的数值特征、多维随机变量及其分布、多维随机变量的数值特征、大数定律与中心极限定理. 除第1章外每章配有习题, 书末附有部分习题参考答案或提示,便于读者学习和检查所学知识. 本书着眼于理论联系实际, 通过精选例题并结合其他学科的问题介绍概率论的思想、模型、方法和计算. 如结合复杂网络介绍幂律分布, 结合寿命介绍 Gamma 分布, 结合股价介绍对数正态分布, 结合风险偏好介绍效用期望, 结合保险费介绍随机变量函数的期望, 结合 VaR 介绍 p-分位数, 结合证券投资组合介绍协方差矩阵, 结合信息熵最大化介绍如何确定概率分布等. 本书例题丰富、叙述简洁、所有重要的结论都给出严格证明, 其中包括柯尔莫哥洛夫强大数定律、Lindeberg-Feller 中心极限定理以及特征函数序列与分布函数序列之间的关系等.

本书可作为综合性大学、高等师范院校、理工科大学、财经院校本科生概率论课程的教材或参考书, 也可作为各专业研究生、教师、科研与工程技术人员的参考书.

图书在版编目(CIP)数据

概率论/韩东, 熊德文编著. —2 版. —北京：科学出版社，2022.8
科学出版社"十四五"普通高等教育本科规划教材

ISBN 978-7-03-072741-1

Ⅰ. ①概… Ⅱ. ①韩…②熊… Ⅲ. ①概率论–高等学校–教材 Ⅳ. ①O211

中国版本图书馆 CIP 数据核字(2022)第 123304 号

责任编辑: 姚莉丽 范培培 / 责任校对: 杨 然
责任印制: 张 伟 / 封面设计: 陈 敬

科学出版社 出版
北京东黄城根北街 16 号
邮政编码：100717
http://www.sciencep.com
北京凌奇印刷有限责任公司 印刷
科学出版社发行 各地新华书店经销
*
2019 年 3 月第 一 版 开本: 720 × 1000 1/16
2022 年 8 月第 二 版 印张: 14 1/4
2023 年 7 月第八次印刷 字数: 287 000

定价: 49.00 元

(如有印装质量问题, 我社负责调换)

前　言

本书自 2019 年 3 月出版以来, 受到很多读者的欢迎, 同时得到很多读者的指正, 尤其是使用本书的学生们提出了不少宝贵的意见, 作者在此深表感谢.

概率论作为数学和统计学的基础课程之一, 其主要内容和内容之间的联系早已有了成熟的体系, 但从教学的角度, 如何针对初学者深入浅出地讲清楚概率的理论、模型、方法和计算, 仍然有很多工作要做. 因此, 本书修订工作的重点是添加注释、增加举例、补充习题, 这将更有助于读者对概率论的基本概念、方法、模型和定理的理解与应用. 考虑到概率论初学者大都没有学过实变函数, 在介绍概率的公理化时, 添加了多条注释并补充了关于不可测集合的习题. 对一些重要的定义、公式和结论, 如贝叶斯公式、随机变量的定义、概率分布、多维正态随机变量、多维随机变量的期望、多维随机变量特征函数的定义、依分布收敛等, 也添加了注释和举例. 为了更好地理解大数定律与中心极限定理, 我们在第 7 章增加了一节, 阐述了大数定律与中心极限定理之间的关系. 此外, 我们对书中的符号和文字错误也一并做了更正.

在准备再版期间, 本书很荣幸入选科学出版社“十四五”普通高等教育本科规划教材, 在此, 我们对科学出版社的大力支持表示衷心的感谢.

韩东　熊德文

2022 年 1 月

第一版前言

概率是随机现象 (或随机事件) 出现 (或发生) 的可能性大小的一种度量, 而概率论则是研究随机现象统计规律的一门学科, 更是人们认识和理解随机现象的一种有效工具和方法.

一般认为, 概率论起源于 16、17 世纪一些著名数学家, 如帕斯卡 (B. Pascal)、费马 (P. Fermat) 等探讨赌博中出现的各种概率计算问题. 18—20 世纪, 随着生产实践的需要, 人们提出了大量的概率问题, 这极大地促进了概率论及其应用的发展. 尤其是概率论自身发展的需要, 柯尔莫哥洛夫 (A. N. Kolmogorov) 于 1933 年提出了概率论的公理化体系, 这为概率论的蓬勃发展奠定了坚实的理论基础. 80 多年来, 概率论以其强大的生命力不断丰富和发展, 其理论和方法已被广泛应用于自然界和人类社会的各个领域. 概率论及其相关问题, 无论是理论、模型, 还是方法、计算, 其内容都非常丰富, 因此本书只能有所取舍、有所侧重地来介绍概率论的核心内容.

第 1 章概述概率论的发展简史及其地位、角色和应用.

第 2 章介绍随机事件、古典概型、几何概型、概率的公理化、条件概率、全概率公式与贝叶斯公式.

第 3 章介绍随机变量、分布函数、离散型随机变量及其分布列、连续型随机变量及其密度函数、随机变量函数的分布、随机数生成、离散型和连续型随机变量的模拟.

第 4 章介绍随机变量的数值特征, 主要包括: 数学期望、方差、变异系数、偏度、峰度、k-阶原点矩、k-阶中心矩、中位数、p-分位数、众数.

第 5 章介绍多维随机变量、联合分布、条件分布与条件密度、多维随机变量函数的分布、顺序统计量及其分布.

第 6 章介绍多维随机变量的数值特征, 主要包括: 多维随机变量函数的期望和方差、协方差与协方差矩阵、相关系数与相关系数矩阵、条件期望及其性质、母函数、矩母函数与特征函数、分布函数与特征函数的关系.

第 7 章介绍弱、强大数定律, 经典和一般的中心极限定理, 随机变量序列的 4 种收敛性.

在讲授概率论课程的近 20 年中, 我们曾先后选用过李贤平编著的《概率论基础》, R. Durrett 编著的 *Elementary Probability for Applications*, 茆诗松等编著的《概率论与数理统计教程》, 何书元编著的《概率论》, P. Olofsson 编著的 *Probability, Statistics, and Stochastic Processes* 以及 S. M. Ross 编著的《概率论基础教程》作为概率论这门课的教材. 在借鉴和学习以上教材的基础上, 结合多年来的教学经验和认识, 我们编著了本书.

本书力求做到: ① 以问题为导向, 着重阐明基本概念、模型和方法的来源与背景; ② 强调用概率思想和观点来阐述基本原理与方法; ③ 着眼于理论联系实际, 通过典型的应用实例学习和掌握概率理论与方法的要义.

对于本书中加星号的小节, 教师可以根据需要选讲.

尽管本书曾以讲义的形式使用过 4 年, 但限于作者水平, 书中的内容安排、叙述方式、公式图表恐有不妥, 敬请读者批评指正.

韩 东　熊德文

2018 年 7 月

目　　录

第 1 章

概率论概述

1.1 什么是概率? 概率论是什么?

概率 随机现象 (或随机事件) 出现 (或发生) 的可能性大小的一种度量.

概率论 研究随机现象统计规律的一门数学分支学科.

随机现象 在一定条件下并不总是出现相同结果 (每次结果具有一定偶然性) 的现象, 又称偶然现象, 例如投硬币、掷骰子等. 与之对应的是确定现象.

统计规律 大量偶然现象所呈现的某种必然性, 它是不依从人的意志所转移的客观规律. 具体说, 就是各种随机现象出现 (或发生) 的可能性大小的度量, 即概率或概率分布.

例 1.1.1 (Galton(高尔顿) 钉板) 如图 1.1, 自上端放入小球, 让其自由下落, 在下落的过程中碰到钉子时, 从左边落下和从右边落下的可能性相同. 大量落下小球, 就会出现规律性.

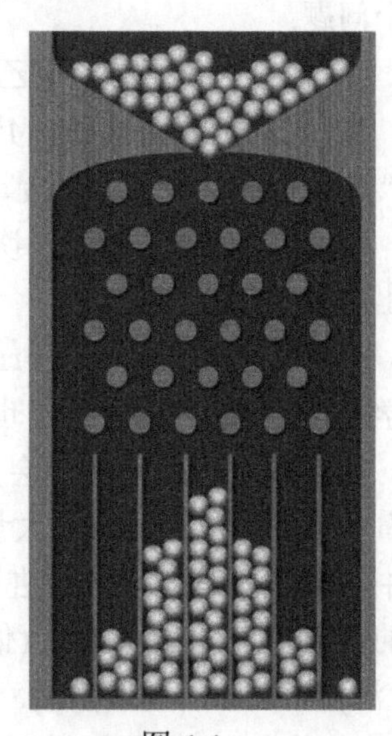

图 1.1

无论是张三还是李四, 试验结果大致相同: 小球的分布像一个 "钟形", 这就是一种统计规律, 是一种不以人的意志为转移的客观规律.

1.2 必然性与偶然性的关系

从哲学上讲: 必然性和偶然性是对立统一的. 必然性总是通过大量的偶然性表现出来, 偶然性是必然性的表现形式和必要补充. 必然性和偶然性在一定条件下相互转化. 也就是说,

(1) 必然性和偶然性是同时存在的;

(2) 必然性存在于偶然性中, 它通过大量的偶然性表现出来;

(3) 偶然性中隐藏着必然性, 它是必然性的补充和表现形式;

(4) 它们在一定条件下可相互转化.

1.3　概率论简史

“好赌似乎是人类的天性”. 追溯概率论, 可以说它起源于赌博问题的概率计算.

据记载, 人类最早的赌博游戏开始于公元前 1400 年, 古埃及人为了忘却饥饿, 经常聚在一起掷一种类似于现在骰子的东西来进行赌博. 15—16 世纪, 意大利数学家 Cardano (卡尔达诺)、Tartaglia (塔塔利亚) 等研究过赌博问题, 并未引起当时人们的注意.

1654 年左右, 爱好赌博的法国贵族 Méray (梅雷) 向 Pascal (帕斯卡) 提出了两个问题.

(1) 赌金分配问题: 甲乙两个人同掷 (让中间人掷骰子), 如果甲先掷出了 3 次 “6” 点, 或乙先掷出 3 次 “4” 点, 就赢了全部赌金. 若甲已有 2 次 “6” 点, 乙有 1 次 “4” 点, 问如何分配赌金?

(2) 一对骰子抛掷 25 次, 把赌注押到 “至少出现一次双 6 点” 是否比 “完全不出现双 6 点” 有利?

Pascal 和他的好友 Fermat (费马, 法) 进行通信讨论, 后来, 荷兰数学家、物理学家 Huygens (惠更斯) 也加入了讨论, 并写了《论赌博中的计算》一书.

18、19 世纪, 随着社会的发展和生产实践的需要, 特别是在人口统计、保险、测量、射击等方面提出了大量的概率问题, 促使人们在概率的极限定理 (大数定律和中心极限定理) 等方面进行深入地研究, 这时期先后对概率论发展做出重要贡献的数学家有: Bernoulli (伯努利, 瑞士)、Laplace (拉普拉斯, 法)、Poisson (泊松, 法)、Gauss (高斯, 德).

20 世纪初, 俄罗斯学派也做出重要贡献: Chebyshev (切比雪夫, 俄) 不等式、Markov (马尔可夫, 俄) 过程. 1933 年, Kolmogorov (柯尔莫哥洛夫, 苏联) 提出了概率论的公理化体系, 这不仅部分地回答了 Hilbert (希尔伯特) 23 个问题中的第 6 个问题: “物理学的公理化”(Hilbert 建议用数学的公理化方法推演出全部物理学, 首先是在概率论和力学领域), 更重要的是, 它为概率论的蓬勃发展和广泛应用奠定了坚实的理论基础.

1.4　概率论的地位、角色和应用

概率论在数学与统计学中的地位与角色如图 1.2 所示.

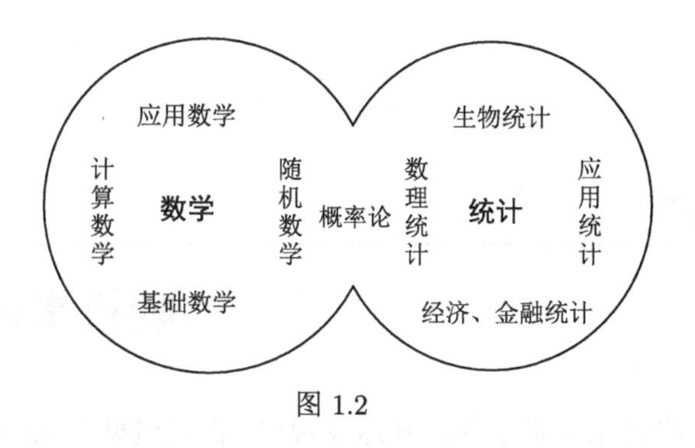

图 1.2

应用

统计物理: 用概率统计的方法对由大量微观粒子所构成的宏观物体的物理性质及宏观规律做出微观解释. 由微观粒子状态的等概率性假设导出宏观物理性质——热力学性质.

1827 年, Brown (布朗) 发现花粉在液体中做不规则运动; 1905 年, Einstein (爱因斯坦) 依据分子运动论的原理给出了分子运动的统计规律 (分布), 为证实分子的存在性找到了一种方法, 同时也阐明了布朗运动的根源及其统计规律性.

量子力学: 薛定谔运用概率波函数得到了薛定谔方程. 根据海森伯不确定性原理, 微观粒子的位置与动量不可同时被精确确定, 这时我们需要用概率方法来建模. 在高能物理中, 量子能级分布可用随机矩阵的谱分布来刻画.

天气预报: 在实际生活中, 我们可以用概率方法来预报降水的概率, 描述 $PM_{2.5}$ 浓度的分布等.

经济金融: 1900 年, Bachelier 的博士论文 (投机理论) 首次运用布朗运动来描述股价; 保险精算中发生理赔的次数; 在证券投资组合中, 各资产的收益、期权定价等, 都需要用到概率模型和方法来描述与分析.

医学: 在临床医学中, 各种疾病发病率、疗效率、死亡率等都需要用概率统计的方法进行估计与分析.

军事: 我们可能运用概率模型和方法分析各种武器的命中率、失效率、杀伤力等性能.

社会学: 我们常用出生率、死亡率建立人口数量变化的随机模型, 描述人口变化规律. 通过分析《红楼梦》各章回中虚词出现的频率及它们的相互关系来分析、判断《红楼梦》的作者. 我们可以用随机网络的度分布来描述人际关系网络、论文相互引用网络、各公司资金流动网络等.

上述都大量涉及利用概率方法与建模.

第 2 章

随机事件及其概率

这一章我们将讨论随机事件及其运算规律, 古典概型和几何概型, 概率的公理化定义及其性质, 条件概率与随机事件的独立性、乘法公式、全概率公式和贝叶斯公式, 这些是学习以后各章的基础.

2.1 随机事件

问题 什么是随机事件? 其数学本质是什么? 有什么运算规律?

2.1.1 样本空间和随机事件

问题 2.1.1 我们考察某大学生每天使用手机某款应用软件 (APP) 上网的时间 (单位: 小时), 该生每天手机上网时间是随机的, 是随机现象. 我们关心如下问题:

(1) 该生在某天没有用该 APP 的概率?

(2) 该生在某天用该 APP 的时间不超过 2 小时的概率?

(3) 如何刻画背后的统计规律?

问题 2.1.2 我们考察某公交车站旁边每天上午 9:00 的共享单车的数量, 每天共享单车的数量是不一样的, 具有一定的随机性. 我们关心如下问题:

(1) 某天该公交车站旁边没有共享单车的概率?

(2) 某天该公交车站旁边共享单车数量在 100 到 200 之间的概率?

(3) 又该如何刻画背后的统计规律?

生活中还存在大量的像这样的随机现象. 我们要研究随机现象, 需要引进如下概念:

随机试验 对随机现象的观测, 我们称为**随机试验**.

样本空间 随机试验中的所有可能结果的全体, 记为 Ω.

样本点 随机试验中一种可能的结果, 或者说样本空间 Ω 中的元素 ω.

在问题 2.1.1 中, 样本空间为 $\Omega=\{x:\ 0\leqslant x\leqslant 24\}$; 在问题 2.1.2 中, 样本空间为 $\Omega=\{0,1,2,3,\cdots\}$.

例 2.1.1 (1) 观察新生婴儿的性别, $\Omega=\{$男孩, 女孩$\}$;

(2) “五一” 国际劳动节的天气, $\Omega=\{$下雨, 不下雨$\}$;

(3) “五一” 国际劳动节前最后一个交易日的股票价格, $\Omega = \{x: x \geqslant 0\}$;

(4) 本周末光顾某超市的人数, $\Omega = \{0, 1, 2, \cdots\}$.

随机事件 通俗讲, 在观察随机现象中, 可能发生也可能不发生, 而在大量重复试验中具有某种规律性的事件, 称为**随机事件**, 简称**事件**. 从数学上说, 随机事件是样本点的集合, 或者说 Ω 的子集, 记为 $A, B, C, \cdots$.

基本事件 只包含一个样本点的随机事件 (单点集).

不可能事件 不包含任何样本点的随机事件 (空集), $\varnothing$.

必然事件 包含所有样本点的集合, Ω.

设 $A \subset \Omega$ 为随机事件, 则

$$\text{事件 } A \text{ 发生, 当且仅当试验结果 } \omega \in A.$$

例 2.1.2 在问题 2.1.1中, $\Omega = \big\{x: 0 \leqslant x \leqslant 24\big\}$, 事件

$$A = \big\{\text{该生在某天没有用该 APP}\big\} = \{0\}$$

为基本事件; 事件

$$B = \big\{\text{该生在某天用该 APP 的时间不超过 2 小时}\big\} = \big\{x: 0 \leqslant x \leqslant 2\big\},$$

如果随机试验结果为 1.2 小时, 则事件 B 发生; 如果试验结果为 2.3 小时, 则事件 B 没有发生.

2.1.2 (随机) 事件的运算

由于事件本质上是集合, 所以事件之间的关系与运算就转化为集合间的关系与运算. 这里我们要着重理解其概率解释 (含义).

(1) 事件的**并** (集合并集) $A \cup B$ 表示 A 事件发生或 B 事件发生, A, B 至少有一个发生. 如图 2.1 所示.

$\bigcup\limits_{i=1}^{n} A_i$ 表示 $A_1, \cdots, A_n$ 中至少一个发生;

$\bigcup\limits_{i=1}^{+\infty} A_i$ 表示 $A_1, A_2, \cdots$ 中至少一个发生.

(2) 事件的**交** (集合交集) $A \cap B$ 表示 A, B 事件同时发生, 有时也记为 AB. 如图 2.2 所示.

$\bigcap\limits_{i=1}^{n} A_i$ 表示 $A_1, \cdots, A_n$ 同时发生;

$\bigcap\limits_{i=1}^{+\infty} A_i$ 表示 $A_1, A_2, \cdots$ (可列无穷多个) 同时发生.

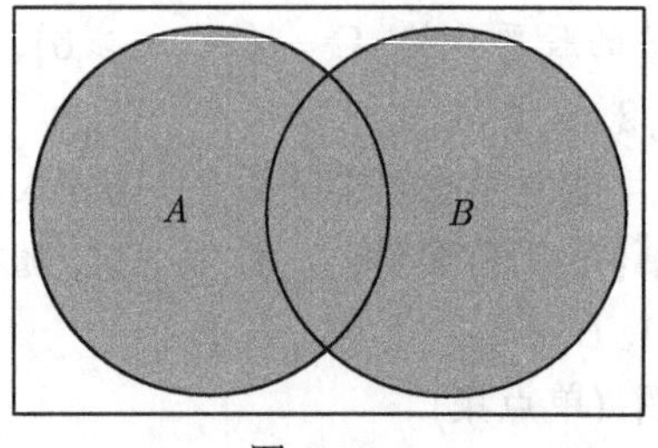

图 2.1

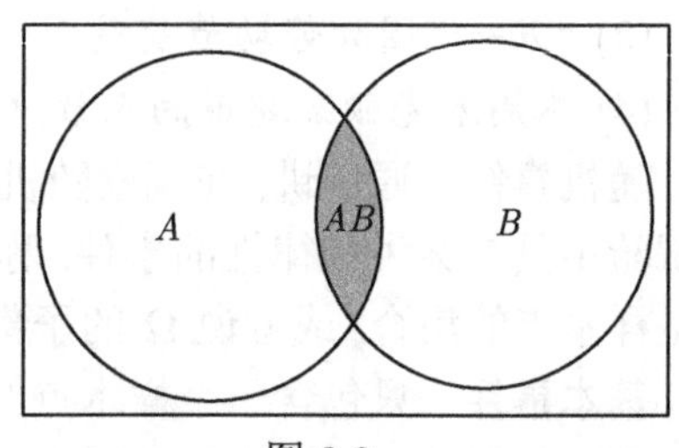

图 2.2

例 2.1.3 掷骰子一次, 令 $A=\{2,4,6\}$, $B=\{点数\geqslant 4\}$, 则 $A\cap B=\{4,6\}$.

(3) 事件的**差** (集合的差) $B-A:=B-(A\cap B)$ 表示 B 发生且 A 不发生, 如图 2.3 所示.

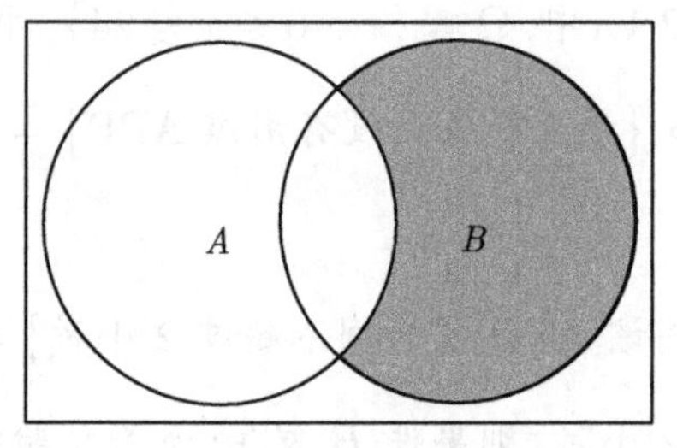

图 2.3

(4) **互不相容** (不相交集合) $AB=\varnothing$ 表示 A,B 不能同时发生.

例 2.1.4 掷骰子一次, $A=\{1\}$, $B=\{2\}$, 则 A,B 互不相容, 结果不可能出现点数既为 1 又为 2.

若 $AB=\varnothing$, 则两个事件的并可以写成两个事件的加和:

$$A+B:=A\cup B.$$

(5) **逆事件** (补集合) $\bar{A}:=\Omega-A$, 又称为事件 A 的**对立事件**.

(6) **对称差** $A\triangle B:=A\cup B-(A\cap B)=(A-AB)+(B-AB)$ 表示 A,B 至少有一个发生, 但 A,B 不能同时发生 (A,B 仅有一个发生).

事件运算满足通常的交换律、结合律和分配律:

(1) 交换律: $A\cup B=B\cup A$;

(2) 结合律: $A\cup(B\cup C)=(A\cup B)\cup C$;

(3) 分配律:

$$A\cap(B\cup C)=(A\cap B)\cup(A\cap C),$$

$$A\cup(B\cap C)=(A\cup B)\cap(A\cup C);$$

(4) 对偶律 (De Morgan 律):

$$\overline{A\cup B}=\overline{A}\cap\overline{B},\qquad \overline{A\cap B}=\overline{A}\cup\overline{B}.$$

证明 仅证 (4): $\forall\omega\in\overline{A\cup B}=\Omega-(A\cup B)$, 易知 $\omega\notin(A\cup B)\Rightarrow\omega\notin A$ 且 $\omega\notin B$. 于是, $\omega\in\overline{A}$ 且 $\omega\in\overline{B}$, 即

$$\overline{A\cup B}\subset\overline{A}\cap\overline{B}.$$

同理证 $\overline{A\cup B}\supset\overline{A}\cap\overline{B}$. 从而, $\overline{A\cup B}=\overline{A}\cap\overline{B}$. 类似可证: $\overline{A\cap B}=\overline{A}\cup\overline{B}$. □

一般地,

$$\overline{\bigcup_{k=1}^{n}A_k}=\bigcap_{k=1}^{n}\overline{A}_k,\qquad \overline{\bigcap_{k=1}^{n}A_k}=\bigcup_{k=1}^{n}\overline{A}_k.$$

事件并可以写成互不相容的事件的加和:

$$A\cup B=A+(B-A)=A+B\overline{A}=A+(B-AB)=B+(A-AB),$$

多个事件的并也有类似的写法:

$$\begin{aligned}\bigcup_{k=1}^{n}A_k&=A_1+(A_2-A_1)+(A_3-A_2-A_1)+\cdots\\&\quad+(A_n-A_{n-1}-A_{n-2}-\cdots-A_1)\\&=A_1+A_2\overline{A}_1+A_3\overline{A}_2\overline{A}_1+\cdots+A_n\overline{A}_{n-1}\cdots\overline{A}_1\\&=A_1+\sum_{k=2}^{n}A_k\overline{A}_{k-1}\cdots\overline{A}_1\,.\end{aligned}$$

2.2 相对频率和概率准则

问题 随机事件发生的概率就是它发生的可能性的大小, 是一个客观存在的数. 能不能用试验来估计这个数呢?

定义 2.2.1 设 A 为 (随机) 事件, 重复观察 n 次, $n(A)$ 表示在 n 次试验 (或观察) 中 A 事件发生的次数. 则称

$$f_n(A):=\frac{n(A)}{n}$$

为事件 A 发生的 **(相对) 频率**.

例 2.2.1　掷硬币. 历史上很多统计学家都掷过硬币, 结果见表 2.1. 可以看出, 当 n 很大的时候, 正面出现的频率越来越稳定在 0.5 附近.

表 2.1　历史上掷硬币: 试验结果

试验者	总次数	正面出现次数	频率 (f_n)
De Morgan	2048	1061	0.5181
Buffon	4040	2048	0.5069
Feller	10000	4979	0.4979
Pearson	24000	12012	0.5005

一般地, 试验次数 n 趋于 $+\infty$, 事件 A 发生相对频率的极限值存在, 我们就称这个极限值为 A 发生的概率, 记为 $P(A)$, 即

$$f_n(A) \longrightarrow P(A), \quad n \longrightarrow +\infty.$$

易知, 频率有如下性质:

(1) $f_n(A) \geqslant 0$, 从而 $P(A) \geqslant 0$.

(2) $f_n(\Omega) = 1$, 从而 $P(\Omega) = 1$.

例 2.2.2　用计算机模拟掷 1 枚骰子 10000 次, 数据见表 2.2.

表 2.2

	1	2	3	4	5	6
频数	1667	1668	1649	1726	1628	1662
频率	0.1667	0.1668	0.1649	0.1726	0.1628	0.1662

令 $A = \{掷出的点数为偶数\} = \{2,4,6\}$, 则

$$\begin{aligned} f_n(A) = \frac{1668+1726+1662}{10000} &= \frac{1668}{10000} + \frac{1726}{10000} + \frac{1662}{10000} \\ &= f_n(\{2\}) + f_n(\{4\}) + f_n(\{6\}). \end{aligned}$$

由此, 我们可以得到如下性质:

(3) 若 $A \cap B = \varnothing$, 则 $f_n(A+B) = f_n(A) + f_n(B), P(A+B) = P(A) + P(B)$.

事实上,

$$\begin{aligned} f_n(A+B) &= \frac{n(A+B)}{n} \\ &= \frac{n(A)+n(B)}{n} \\ &= \frac{n(A)}{n} + \frac{n(B)}{n} \end{aligned}$$

$$\longrightarrow P(A)+P(B), \quad n \longrightarrow +\infty.$$

一般地, 如果 $A_1, \cdots, A_m$ 互不相容, 则 $f_n\left(\sum_{k=1}^{m} A_k\right)=\sum_{k=1}^{m} f_n\left(A_k\right)$. 于是, 概率也具有如下性质:

$$P\left(\sum_{k=1}^{m} A_k\right)=\sum_{k=1}^{m} P\left(A_k\right).$$

历史上抛硬币的试验结果 (相对频率) 见表 2.1, 利用大数定律 (见第 7 章) 可以证明:

(1) 当投硬币是在相同条件下且每次投掷互不影响, A={正面出现}, 则

$$\lim_{n \rightarrow+\infty} f_n(A)=\lim_{n \rightarrow+\infty} \frac{n(A)}{n}=\frac{1}{2} \qquad \text{(几乎处处收敛, 见第 7 章)}.$$

(2) 显然, 概率如果都用频率的极限值来确定, 一是试验做不到无穷次, 二是有些事件没法做试验, 三是有时也不需要做试验, 如对均匀对称的骰子, 无须做试验, 也可断定其各点数出现的概率都相等, 都为 $\frac{1}{6}$.

2.3 古典概型

问题 2.3.1 甲、乙两个赌徒, 同时掷两枚均匀的骰子, 如果两枚骰子的点数和为 5, 甲胜; 如果两枚骰子的点数和为 4, 乙胜. 这个游戏公平吗?

在这个问题中, 样本空间 $\Omega=\{(i, j): i=1,2, \cdots, 6, j=1,2, \cdots, 6\}$ 只有有限个样本点, 每一个基本事件发生的概率都相同: $P(\{(i, j)\})=\frac{1}{6}$, 这就是我们的古典概型.

定义 2.3.1 设样本空间 Ω 为有限集, 若每个样本点 (基本事件) 发生的概率相同, 我们就称其为**古典概型**. 对任意 $A \subset \Omega$, 事件 A 发生的概率为

$$P(A)=\frac{|A|}{|\Omega|}=\frac{A \text{ 中包含样本点个数}}{\Omega \text{ 中包含样本点个数}},$$

其中 $|A|$ 表示 A 中包含基本事件的个数.

显然, 它也满足如下三条性质:

(1) $P(A) \geqslant 0$;

(2) $P(\Omega)=1$;

(3) $P\left(\sum_{k=1}^{n} A_k\right) = \sum_{k=1}^{n} P(A_k)$.

另外, $P(\{\omega\}) = \dfrac{1}{|\Omega|}$. 对于古典概型来说, 有多少个事件就相当于有多少个子集.

易知, 古典概型中, 概率具有如下性质:

(1) $P(A) = P(\Omega - \overline{A}) = 1 - P(\overline{A})$;

(2) 如果 $B \subset A$, 则 $P(A-B) = P(A) - P(B)$;

(3) $P\left(\bigcup_{k=1}^{n} A_k\right) = P\left(\Omega - \bigcap_{k=1}^{n} \overline{A}_k\right) = 1 - P\left(\bigcap_{k=1}^{n} \overline{A}_k\right)$;

(4) $P\left(\bigcap_{k=1}^{n} A_k\right) = 1 - P\left(\bigcup_{k=1}^{n} \overline{A}_k\right)$.

古典概型中的概率看起来简单, 有时计算并不容易. 需要用到排列组合的知识.

2.3.1 复习排列组合

1. 排列数 (考虑顺序)

1) 有重复的排列数

从 n 个不同的元素中, 有放回地取 k 个元素进行排列, 一共有 n^k 种排法. 如 $0,1,2,\cdots,9$ 有放回地取 6 位数, 一共有 10^6 种取法.

2) 无重复的排列数

从 n 个不同的元素中, 不放回地取 k 个元素进行排列, 排列数为

$$\mathrm{A}_n^k = \frac{n!}{(n-k)!} = n(n-1)\cdots(n-k+1).$$

2. 组合数 (不考虑顺序)

1) 无重复的组合数

从 n 个元素中无放回地取 k 个, 且不考虑顺序地构成一组称为一个组合, 所有组合的组合数 $\mathrm{C}_n^k = \dfrac{\mathrm{A}_n^k}{k!} = \dfrac{n!}{k!(n-k)!}$.

2) 有重复的组合数

从 n 个不同元素中, 有放回地抽取 k 次, 不考虑顺序的组合数为 C_{n+k-1}^k.

把 n 个不同的元素看成不同的盒子, k 个不可区分的小球随机放入 n 个盒子中的排列数为 C_{n+k-1}^k.

归纳如表 2.3 所示.

表 2.3

	重复	不重复	
排列	n^k	A_n^k	有序
组合	C_{n+k-1}^k	C_n^k	无序

2.3.2 古典概型的概率计算举例

例 2.3.1 在问题 2.3.1中, 令 $A=\{甲胜\}$, $B=\{乙胜\}$, 则

$$P(A)=\frac{4}{36}=\frac{1}{9},\qquad P(B)=\frac{3}{36}=\frac{1}{12},$$

易知游戏是不公平的.

思考 我们将问题 2.3.1 改得有趣一些:

(1) 甲、乙两个赌徒, 同时掷两枚均匀的骰子, 如果两枚骰子的点数和为 5, 甲胜; 如果两枚骰子的点数和为 4, 乙胜; 如果点数和为其他数字, 游戏继续玩, 直到分出胜负为止. 如何求甲最终获胜的概率?

(2) 甲、乙两个赌徒, 同时掷两枚均匀的骰子, 如果两枚骰子的点数和超过 9, 甲胜; 如果两枚骰子的点数和小于 6, 乙胜; 如果点数和为其他数字, 游戏继续玩, 直到分出胜负为止. 如何求甲最终获胜的概率?

例 2.3.2 某班有 30 人, 现有两张电影票, 全班依次抓阄, 求第 k 个人抓到电影票的概率.

解 令 $A_k:=\{第\ k\ 个人抓到电影票\}$.

解法 1: 30 个人, 30 个阄, 相当于 30 个阄全排列, 第 k 个人抓到电影票的概率为

$$P(A_k)=\frac{2\mathrm{A}_{29}^{29}}{\mathrm{A}_{30}^{30}}=\frac{2}{30}=\frac{1}{15}.$$

解法 2: 30 个人依次来抓, 我们并不关心第 k 个人以后的抓取结果, 相当于 30 个阄中不放回取 k 个的排列数, 第 k 个人抓到电影票的概率为

$$P(A_k)=\frac{2\mathrm{A}_{29}^{k-1}}{\mathrm{A}_{30}^{k}}=\frac{1}{15}.$$

解法 3: 不考虑顺序, 只考虑 2 张电影票的位置, 第 k 个人拿到一张电影票, 另一张电影票是剩下 29 个人拿, 则

$$P(A_k)=\frac{\mathrm{C}_{29}^{1}}{\mathrm{C}_{30}^{2}}=\frac{1}{15}.$$ □

下面介绍常见的三类古典概型的概率计算.

1. 随机取数问题

例 2.3.3　从 $1,2,\cdots,n$ 中有放回 (无放回) 取 k 个数. 求: (1) n 至少出现 1 次的概率; (2) 取到最大数为 $k+1$ 的概率.

解　(1) 令 $A=\{n$ 至少出现 1 次$\}$, 则

有放回:　$P(A)=1-\dfrac{(n-1)^k}{n^k}$;

无放回:　$P(A)=1-\dfrac{\mathrm{A}_{n-1}^k}{\mathrm{A}_n^k}=\dfrac{k}{n}$.

(2) 令 $B=\{$取到最大数为 $k+1\}$, 则

有放回:　$P(B)=\dfrac{(k+1)^k-k^k}{n^k}$;

无放回:　$P(B)=\dfrac{\mathrm{C}_k^1\mathrm{A}_k^{k-1}}{\mathrm{A}_n^k}$.　□

2. 随机取球问题

例 2.3.4　袋中有 n 个白球、m 个黑球, 从中取 $a+b$ 个, 求恰有 a 个白球的概率.

解　令 $A=\{$恰有 a 个白球$\}$, 有如下几种情况.

(1) 不放回 (不考虑顺序):　$P(A)=\dfrac{\mathrm{C}_n^a\mathrm{C}_m^b}{\mathrm{C}_{n+m}^{a+b}}$.

(2) 不放回 (考虑顺序):　$P(A)=\dfrac{\mathrm{C}_n^a\mathrm{C}_m^b(a+b)!}{\mathrm{A}_{n+m}^{a+b}}$.

(3) 有放回 (考虑顺序):

$$P(A)=\frac{\mathrm{C}_{a+b}^a n^a m^b}{(n+m)^{a+b}}=\mathrm{C}_{a+b}^a\left(\frac{n}{n+m}\right)^a\left(\frac{m}{n+m}\right)^b.$$

(4) 有放回 (不考虑顺序), 球没有区别:　$P(A)=\dfrac{\mathrm{C}_{n+a-1}^a\mathrm{C}_{m+b-1}^b}{\mathrm{C}_{n+m+a+b-1}^{a+b}}$.　□

例 2.3.5 (同色问题)　袋中有 n 个白球、m 个黑球, 不放回地取球, 直到最后留在袋中的球颜色都相同为止, 求剩下球都是白球的概率.

解　令 $A:=\{$剩下都是白球$\}=B_0+B_1+\cdots+B_{n-1}$, 其中

$$B_i=\{\text{取出 } m \text{ 个黑球、} i \text{ 个白球, 而留在袋中都是白球}\},$$

则

$$P(B_i)=\frac{\mathrm{C}_n^i\mathrm{C}_m^{m-1}\mathrm{A}_{i+m-1}^{i+m-1}}{\mathrm{A}_{n+m}^{m+i}}=\frac{n!m!}{(n+m)!}\mathrm{C}_{i+m-1}^i.$$

因为

$$\sum_{i=0}^{n-1} \mathrm{C}_{i+m-1}^{i} = \mathrm{C}_{m+n-1}^{m},$$

从而

$$P(A) = \sum_{k=0}^{n-1} P(B_k) = \frac{n}{n+m}. \qquad \square$$

3. 随机投球入盒问题

例 2.3.6 把 n 个可区分的小球随机地放入 N ($N \geqslant n$) 个盒子中. 求: (1) 恰有 n 个盒子中各有一球的概率; (2) 某指定的盒子恰有 m 个球的概率.

解 (1) 令 $A = \{$恰有 n 个盒子中各有一球$\}$, 则

$$P(A) = \frac{\mathrm{C}_N^n n!}{N^n}.$$

(2) 令 $B = \{$某指定的盒子恰有 m 个球$\}$, 则

$$P(B) = \frac{\mathrm{C}_n^m (N-1)^{n-m}}{N^n}. \qquad \square$$

例 2.3.7 把 n 个不可区分的小球 (随机地) 分配到 N ($N < n$) 个盒子中. 求: (1) 没有空盒的概率; (2) 恰有 m 个空盒的概率.

解 (1) 令 $A = \big\{$没有空盒$\big\}$, 则

$$P(A) = \frac{\mathrm{C}_{n-1}^{N-1}}{\mathrm{C}_{n+N-1}^{N-1}}.$$

(2) 令 $B = \big\{$恰有 m 个空盒$\big\}$, 则

$$P(B) = \frac{\mathrm{C}_N^m \mathrm{C}_{n-1}^{N-m-1}}{\mathrm{C}_{n+N-1}^{N-1}}. \qquad \square$$

思考 (生日问题) 设一个班 n 个人, 求:

(1) 至少有两个人生日相同的概率;

(2) 有人今天过生日的概率;

(3) 本周恰有 2 个人过生日的概率.

2.4 几何概型

例 2.4.1 (约会问题)　甲、乙两人约定下午 1:00—2:00 到市区某公园相见, 约定先到者最多可以等 30 分钟后离去, 甲、乙到达公园的时间为 1:00 到 2:00 之间的任何时刻, 求两人能相见的概率.

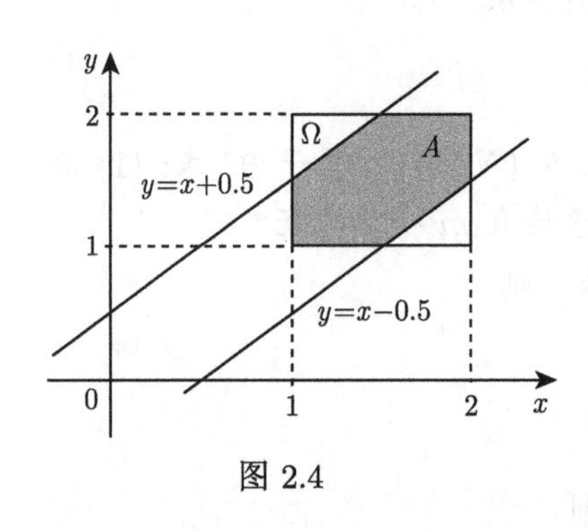

图 2.4

分析　如果我们用 x 表示甲到达的时刻 (单位: 小时), y 表示乙到达的时刻, 则样本空间为

$$\Omega := \{(x, y):\ 1 < x < 2, 1 < y < 2\},$$

我们关心的事件为

$$\begin{aligned} A &= \{\text{两人能相见}\} \\ &= \{(x, y):\ (x, y) \in \Omega, |x - y| \leqslant 0.5\}, \end{aligned}$$

如图 2.4 所示.

问题转变为在样本空间 Ω 中完全随机取一点, 问它落在区域 A 的概率.

$$P(A) = \frac{S_A}{S_\Omega} = 1 - 2 \times 0.5^2/1 = 0.75,$$

其中 S_A 表示区域 A 的面积. 可以看出, $P(A)$ 与区域 A 的大小成正比, 这就是我们的几何概型.

定义 2.4.1 (几何概型)　设样本空间 Ω 为满足 $0 < m(\Omega) < +\infty$ 的有限区域, 其中 $m(\Omega)$ 表示 Ω 的测度 (长度、面积、体积等). 在 Ω 中, 每个样本点等可能出现 (各个样本点等可能落入 Ω), 对于事件 $A \subset \Omega$ (A 为 Ω 的子区域), A 发生的概率与 A 的测度 $m(A)$ 成正比, 与 A 的形状无关, 即

$$P(A) = \frac{m(A)}{m(\Omega)} = \frac{A\ \text{的测度}}{\Omega\ \text{的测度}},$$

则称其为**几何概型**.

常见的几何概型有:

(1) 平面上随机取点 (投点);

(2) 约会问题;

(3) 求根问题.

在几何概型中, 概率具有如下性质:

(1) $0 \leqslant P(A) \leqslant 1$;

(2) $P(\Omega) = 1$;

(3) $P(A+B) = P(A) + P(B)$.

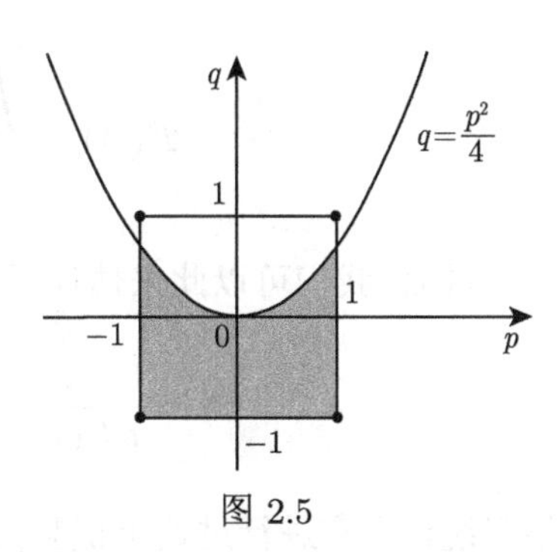

图 2.5

例 2.4.2 在如下正方形区域上随机投质点 (p,q) $(-1 \leqslant p \leqslant 1, -1 \leqslant q \leqslant 1)$, 其中 (p,q) 为质点落点的位置, 试求一元二次方程 $x^2 + px + q = 0$ 有实根的概率. 如图 2.5 所示.

解 令 $A = \left\{(p,q):\ p^2 - 4q \geqslant 0 \text{ 且 } -1 \leqslant p,\ q \leqslant 1\right\}$, 则

$$P(A) = \frac{2 + 2\displaystyle\int_0^1 \frac{p^2}{4}\mathrm{d}p}{2 \times 2} = \frac{13}{24}. \qquad \square$$

思考 将长度为 1 的线段随机折三段, 如何求这三段长能构成三角形的概率?

问题 2.4.1 (Buffon (蒲丰) (1777) 投针问题) 设我们有一个以平行且等距为 a 的木纹铺成的地板 (图 2.6), 现在随机抛一根长度 l 的针 $(a > l)$, 如何求针和其中一条木纹相交的概率?

解 我们用 θ 表示针所在的线与平行线相交的角度, y 表示针的中点离最近的平行线的距离, 则样本空间为 $\Omega = \left\{(\theta, y):\ 0 \leqslant \theta \leqslant \pi,\ 0 \leqslant y \leqslant \dfrac{a}{2}\right\}$, 我们关心的事件为

$$A = \{\text{针与线相交}\} = \left\{(\theta, y):\ 0 \leqslant \theta \leqslant \pi, 0 \leqslant y \leqslant \frac{l \sin\theta}{2}\right\},$$

如图 2.7 所示.

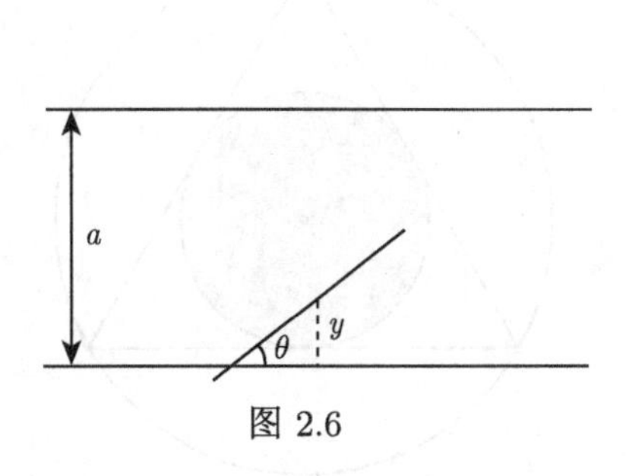

图 2.6

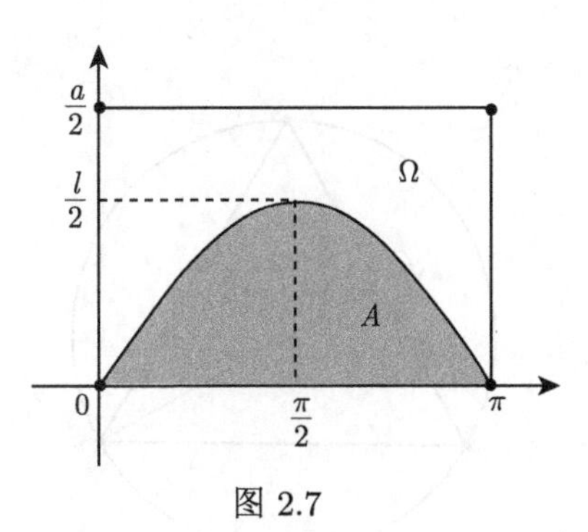

图 2.7

由于针是完全随机地投掷的, 相当于在 Ω 中完全随机地取一点 ω, 易知其为几何概型. 故

$$P(A)=\frac{\displaystyle\int_0^{\pi}\frac{l\sin\theta}{2}\mathrm{d}\theta}{\pi\times\dfrac{a}{2}}=\frac{l}{\pi\times\dfrac{a}{2}}=\frac{2l}{\pi a}.\qquad\square$$

进而, 我们可以此来估计无理数 π:

$$\pi=\frac{2l}{aP(A)}\approx\frac{2l}{af_n(A)},\qquad P(A)\approx f_n(A).$$

很多统计学家进行过这个试验, 结果见表 2.4.

表 2.4 投针试验 ($a=1$): 试验结果

试验者	年份	针长	投针次数	相交次数	π 的试验值
Welf	1850	0.8	5000	2532	3.1594
Smith	1855	0.6	3204	1218	3.1554
Fox	1884	0.75	1030	489	3.1595
Reina	1925	0.5419	2500	859	3.1795

例 2.4.3 (Bertrand (贝特朗) 悖论) 在半径为 1 的圆内任取一条弦, 求弦长大于等于 $\sqrt{3}$ 的概率.

解 设 $A=\{$弦长大于等于 $\sqrt{3}\}$, 则有如下三种解法.

解法 1: 考虑弦的某一端点固定, 另一端点"完全随机地"落在圆周上 (图 2.8), 则

$$P(A)=\frac{\dfrac{2\pi}{3}}{2\pi}=\frac{1}{3}.$$

解法 2: 设弦的中点等可能落在圆内 (图 2.9), 则

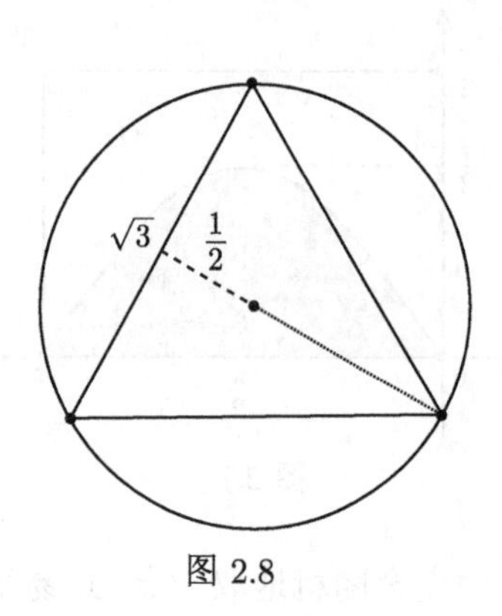

图 2.8

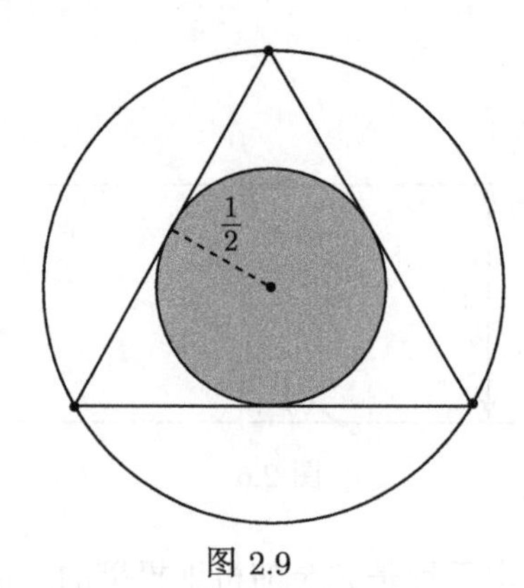

图 2.9

$$A = \{弦长大于等于\ \sqrt{3}\} = \{“中点落在中间的小圆内”\},$$

于是

$$P(A) = \frac{\pi \cdot \left(\frac{1}{2}\right)^2}{\pi \cdot 1^2} = \frac{1}{4}.$$

解法 3: 弦的中点等可能地落在通过此点并垂直的直径上 (当且仅当它与圆心的距离小于 $\frac{1}{2}$ 时, 其长度大于 $\sqrt{3}$, 图 2.10), 于是

$$P(A) = \frac{1}{2}.$$

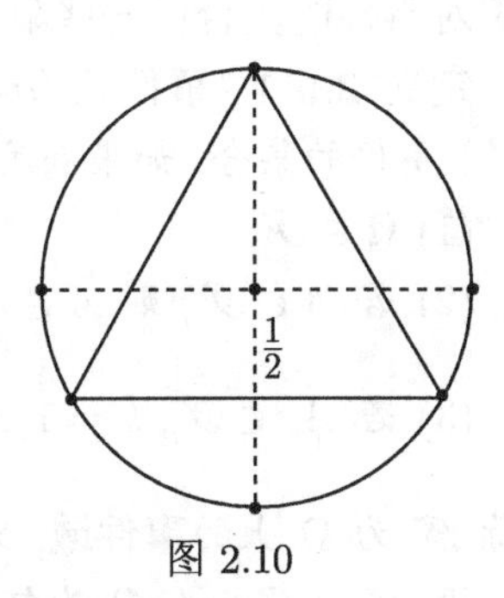

图 2.10

由此可以看出, 考虑不同的样本空间 Ω, 可得到不同的结果. □

注 贝特朗悖论为推动概率公理化起到很大作用.

2.5 概率的公理化

问题 概率的本质是什么? 有什么基本性质?

柯尔莫哥洛夫在他的论著《概率论基本概念》中曾写道: “像几何学和代数学一样, 概率论作为数学学科, 可以并且应该完全公理化. 这意味着, 在给出研究对象及其关系之后, 还应给出这些关系服从的公理, 在此之后全部的叙述应仅仅以这些公理为基础, 而不依赖于这些对象及其关系的一般的具体值” (施利亚耶夫, 2007). 也就是说, 我们要寻找概率在不同的样本空间和事件集合中都应满足的性质 (公理), 这些性质与具体的样本空间无关.

前面我们讲了频率极限概率、古典概型、几何概型, 其概率都具有如下性质:

(1) $0 \leqslant P(A) \leqslant 1$;

(2) $P(\Omega) = 1$;

(3) $A \cap B = \varnothing \Rightarrow P(A+B) = P(A) + P(B)$. 一般地, 若 $A_1, A_2, \cdots$ 两两互不相容, 即 $A_i \cap A_j = \varnothing\ (i \neq j)$, 则

$$P\left(\bigcup_i A_i\right) = \sum_i P(A_i).$$

这些性质构成了柯尔莫哥洛夫概率公理化的原型.

2.5.1　概率的公理化定义

我们知道概率是事件发生的可能性大小的度量. 而在几何概率模型中, 要计算事件的概率实际上就是计算事件所包含点的集合的长度、面积、体积等. 换句话说, 事件所包含点的集合是可以测量的, 事件的概率才有定义. 然而, 实变函数的理论告诉我们, 实数空间中确有不可测的集合 (周民强, 2008). 因此, 我们需要考虑对事件的集合做一些限制和要求.

定义 2.5.1 (事件域 (σ-代数))　我们用 $\mathscr{F}$ 表示样本空间 Ω 中某些 (我们关心的) 事件的集合, 如果满足下列条件:

(1) $\Omega \in \mathscr{F}$;

(2) 若 $A \in \mathscr{F}$, 则 $\overline{A} \in \mathscr{F}$;

(3) 若 $A_k \in \mathscr{F}, k = 1, 2, \cdots$, 则 $\bigcup\limits_{k=1}^{+\infty} A_k \in \mathscr{F}$.

则称 $\mathscr{F}$ 为 Ω 上的**事件域**, 又叫 **σ-域**或 **σ-代数**.

设 $\mathscr{A} \subset \mathscr{F}$, $\sigma(\mathscr{A})$ 为包含 $\mathscr{A}$ 的最小 σ-域, 我们称为**由 $\mathscr{A}$ 生成的** σ**-域**.

注　(1) σ-域对可列次逆、并、交、差运算封闭. 显然, $\mathscr{F} = \{\Omega, \varnothing\}$ 是一个平凡的最小事件域. $\mathscr{F} = \{\Omega, \varnothing, A, \overline{A}\}$ 是一个非平凡的最小事件域, 而 Ω 的所有子集 (包括空集) 的集合 $\mathscr{F}_M$ 是最大事件域.

(2) 由 $\mathbb{R}^n$ 上的所有开集 (任意非空开集都可表示为互不相交的开区间的并集) 生成的 σ-域, 称为 **Borel σ-域**, 记为 $\mathscr{B}(\mathbb{R}^n)$. $\mathscr{B}(\mathbb{R})$ 有时简记为 $\mathscr{B}$. 而区间 $[a, b]$ $(a < b)$ 上的 Borel σ-域, 记为 $\mathscr{B}([a, b])$.

(3) 设样本空间 $\Omega = (a, b)$ (a 可以取 $-\infty$, b 可以取 $+\infty$), 如果记 Ω 的所有子集 (包括空集) 的集合为 $\mathscr{F}$, 显然 $\mathscr{F}$ 是一个 σ-域, 但它包含不可测集合; 删去 $\mathscr{F}$ 中所有不可测集合, 就构成所谓的 Lebesgue 可测集的集合, 它也是一个 σ-域 (称为 Lebesgue σ-域). 由于 Lebesgue σ-域是由外测度导出的, 而 Borel σ-域是由开集生成的, 相比较来说, Borel σ-域更易于理解和掌握; 不仅如此, Borel σ-域还是包含 (a, b) 的最小 σ-域 (也是 Lebesgue σ-域的子域), 并且 Borel 可测集与 Lebesgue 可测集只差一个零测集, 所以, 我们在讨论并研究实数空间的事件域时, 通常只考虑 Borel σ-域.

下面举例说明, 如何根据问题选取不同的事件域.

问题 2.5.1　在 $1, 2, \cdots, 9$ 中重复取 n 个数, $n \geqslant 2$, 怎么求这 n 个数的积能被 10 整除的概率呢?

例 2.5.1　在问题 2.5.1 中, $\Omega = \big\{(x_1, \cdots, x_n),\ x_i = 1, 2, \cdots, 9\big\}$. 我们关心的是事件 $A = \big\{$这 n 个数的积能被 10 整除$\big\}$ 的概率, 引入如下事件:

$$A_1 = \big\{x_1, \cdots, x_n \text{中至少有一个} 5\big\}, \quad A_2 = \big\{x_1, \cdots, x_n \text{中至少有一个偶数}\big\},$$

则 $A = A_1 A_2$. 易知:

(1) 用 $\mathscr{F}_1$ 表示所有随机事件的全体, 则 $\mathscr{F}_1 = \{A : A \subset \Omega\}$ 为 Ω 上的最大的事件域;

(2) $\mathscr{F}_2 = \sigma(A) = \{\varnothing, \Omega, A, \overline{A}\}$, 则 $\mathscr{F}_2$ 也为 Ω 上的事件域;

(3) 引入

$$\begin{aligned}\mathscr{F}_3 &= \sigma\{A_1, A_2\} \\ &= \Big\{\Omega, A_1, A_2, A_1A_2, A_1 \cup A_2, A_1\overline{A}_2, A_2\overline{A}_1, A_1\Delta A_2, \\ &\qquad \varnothing, \overline{A}_1, \overline{A}_2, \overline{A}_1\overline{A}_2, \overline{A}_1 \cup \overline{A}_2, A_1 \cup \overline{A}_2, \overline{A}_1 \cup A_2, A_1A_2 \cup \overline{A}_1\overline{A}_2\Big\}.\end{aligned}$$

易知 $\mathscr{F}_3$ 也为 Ω 上的事件域.

有了对事件域的了解, 下面就给出概率的公理化定义.

定义 2.5.2 (概率的公理化定义) 设 $\mathscr{F}$ 为 Ω 上的事件域, 称定义在 $\mathscr{F}$ 上的非负函数 $P(\cdot)$ 为概率, 如果它满足

(1) 非负性: $\forall A \in \mathscr{F}, P(A) \geqslant 0$;

(2) 归一性: $P(\Omega) = 1$;

(3) 可列可加性: 设 $A_1, A_2, \cdots$ 为两两互不相容 $(A_iA_j = \varnothing, \forall i \neq j)$ 的随机事件序列, 则

$$P\left(\bigcup_{i=1}^{+\infty} A_i\right) = \sum_{i=1}^{+\infty} P(A_i).$$

这时称 $\mathscr{F}$ 中的事件是有概率的 (或称 $\mathscr{F}$ 中元素是 $P(\cdot)$ 可测的), $(\Omega, \mathscr{F}, P)$ 称为**概率空间**.

注 1 第三条公理保证了任何一个 $\mathscr{F}$ 中的事件都是有概率的. 而不满足可加性的集合 (事件), 称为不可测的集合 (不能定义概率的事件) (曹广福, 2000).

注 2 (1) 当样本空间 Ω 中的样本点的个数 $|\Omega|$ 有限时, 我们通常取 Ω 的所有子集 (包括空集) 的集合 $\mathscr{F}$ 作为事件域. 可以计算 $\mathscr{F}$ 所含事件的个数 $|\mathscr{F}| = 2^{|\Omega|}$. 若对每个样本点 ω (基本事件) 定义等概率 $P(\{\omega\}) = 1/|\Omega|$, 就是我们常见的古典概率模型, 此时, 也称 $(\Omega, \mathscr{F}, P)$ 为等概率空间.

(2) 当样本空间 Ω 可数无穷时, 我们可以考虑先取 Ω 中的所有有限子集的集合 (仍为可数), 记为 $\mathscr{A}$, 然后再取由 $\mathscr{A}$ 生成的最小 σ-域 $\sigma(\mathscr{A})$ 作为 Ω 上的事件域. 例如, 考察连续掷硬币直到首次出现正面为止的次数, 记 ω_k 表示 "首次出现正面的次数为 k", 则 $\Omega = \{\omega_k, k \geqslant 1\}$ 是可数无穷的样本空间. 此时, 取 $\mathscr{F} := \lim\limits_{n\to+\infty} \mathscr{F}_n$, 其中 $\mathscr{F}_n$ 是 $\Omega_n := \{\omega_k, 1 \leqslant k \leqslant n\}$ 中所有子集的集合, 假设

$p\ (0<p<1)$ 是硬币出现正面的概率, 则

$$P(\{\omega_k\}) = (1-p)^{k-1}p, \quad k \geqslant 1.$$

对任意 $A \in \mathscr{F}$, 定义

$$P(A) := \sum_{\omega_k \in A} P(\{\omega_k\}),$$

则 $P(\cdot)$ 为 $(\Omega, \mathscr{F})$ 上的概率, 即 $(\Omega, \mathscr{F}, P)$ 构成概率空间.

(3) 当样本空间 Ω 不可数无穷时, 我们一般不取 Ω 的所有子集的集合作为事件域, 因为其中有可能存在不可测的集合. 比如, 实数 (样本) 空间 $\Omega = (0, 1)$ 的所有子集的集合中, 就存在不可测集 (不能定义概率的事件). 举例: 由于掷无穷次硬币的所有可能的结果 (样本点) 所构成的样本空间 Ω 与实数区间 $(0, 1)$ 是等势的 ("势" 是比较无穷集合大小的一个量, 两个空间等势当且仅当它们的元素有一一对应的映射), 所以 Ω 的所有子集的集合所构成的事件域存在不可测的集合. 为避免不可测集, 我们可以考虑取样本空间 $(0,1)$ 上的 Borel σ-域 $\mathscr{B}((0,1))$ 作为 Ω 上的事件域, 而 $\mathscr{B}((0, 1))$ 上的概率 $P(\cdot)$ 就取 Lebesgue 测度.

以后我们的讨论都是在某个固定的概率空间 $(\Omega, \mathscr{F}, P)$ 上, 所讨论的事件都是 $\mathscr{F}$ 中的事件.

2.5.2 概率的性质

性质 2.5.1 设 $(\Omega, \mathscr{F}, P)$ 为概率空间, 则

(1) $P(\varnothing) = 0$;

(2) $P\left(\sum_{i=1}^{n} A_i\right) = \sum_{i=1}^{n} P(A_i)$;

(3) $P(\overline{A}) = 1 - P(A)$;

(4) $P(A-B) = P(A-AB) = P(A) - P(AB)$;

(5) $A \subset B \Rightarrow P(A) \leqslant P(B)$.

定理 2.5.1 (加法公式) (1) 对任意 $A \in \mathscr{F}$ 与 $B \in \mathscr{F}$, 有

$$P(A \cup B) = P(A) + P(B) - P(AB);$$

(2) 对任意 $A_i \in \mathscr{F}$, $i = 1, 2, \cdots, n$, 有

$$\begin{aligned} P\left(\bigcup_{i=1}^{n} A_i\right) &= \sum_{k=1}^{n} P(A_k) - \sum_{i<j} P(A_iA_j) + \cdots + (-1)^{n-1}P(A_1\cdots A_n) \\ &= \sum_{k=1}^{n}(-1)^{k-1} \sum_{1 \leqslant i_1 < \cdots < i_k \leqslant n} P(A_{i_1}\cdots A_{i_k}). \end{aligned}$$

思考 (1) 设 A, B 为 $(\Omega, \mathscr{F}, P)$ 的任意两个随机事件, 如何证明:

$$P(A \cup B)P(AB) \leqslant P(A)P(B)?$$

(2) 运用 (1) 的结果证明: 设 A, B, C 为任意 $(\Omega, \mathscr{F}, P)$ 随机事件, 则

$$P(A \cup B \cup C)P(AB \cup BC \cup AC)P(ABC) \leqslant P(A)P(B)P(C).$$

例 2.5.2 (问题 2.5.1 的求解) 我们现在来求问题 2.5.1 中 A (这 n 个数的积能被 10 整除) 发生的概率:

$$\begin{aligned} P(A) &= P(A_1A_2) \\ &= 1 - P(\overline{A}_1 \cup \overline{A}_2) \\ &= 1 - P(\overline{A}_1) - P(\overline{A}_2) + P(\overline{A}_1\overline{A}_2) \\ &= 1 - \frac{8^n}{9^n} - \frac{5^n}{9^n} + \frac{4^n}{9^n}. \end{aligned}$$

例 2.5.3 食品厂把印有《水浒传》108 将的画片装入某种儿童食品袋中, 每袋一片, 试求购买 n 袋而能收集全套画片的概率 $(n \geqslant 108)$.

解 令 $A_i = \{$收集到第 i 个将领画片$\}$, $B = A_1 \cap \cdots \cap A_{108} = \bigcap\limits_{i=1}^{108} A_i$, 则

$$P(B) = P(A_1 \cdots A_{108}) = P\left(\overline{\bigcup_i \overline{A}_i}\right) = 1 - P\left(\bigcup_{i=1}^{108} \overline{A}_i\right).$$

因为

$$\begin{aligned} P(\overline{A}_i) &= \frac{107^n}{108^n} = \frac{(108-1)^n}{108^n}, \\ P(\overline{A}_i\overline{A}_j) &= \frac{(108-2)^n}{108^n}, \\ P(\overline{A}_{i_1} \cdots \overline{A}_{i_k}) &= \frac{(108-k)^n}{108^n}, \end{aligned}$$

故 $P(B) = 1 - \sum\limits_{k=1}^{108} (-1)^{k-1} \mathrm{C}_{108}^k \dfrac{(108-k)^n}{108^n}$. □

例 2.5.4 (匹配问题) 有 n 个考生的录取通知书, 随机地将它们放入已写好地址 (n 个考生的地址) 的信封里, 问没有一个考生收到自己的录取通知书的概率 (都未收到各自的录取通知书).

解 令 $A_i=\{$第 i 个考生收到$\}$,

$$A=\{\text{都未收到自己的录取通知书}\}=\{\text{都不匹配}\},$$

则

$$P(A)=1-P\left(\bigcup_{i=1}^{n}A_i\right).$$

因为 $P(A_i)=\dfrac{(n-1)!}{n!}=\dfrac{1}{n}$ 且 $P(A_iA_j)=\dfrac{(n-2)!}{n!}=\dfrac{1}{n(n-1)}$, 我们可以得到

$$P(A_{i1}\cdots A_{ik})=\frac{(n-k)!}{n!},$$

从而

$$\begin{aligned}P(A)&=1-\sum_{k=1}^{n}(-1)^{k-1}\mathrm{C}_n^k\frac{(n-k)!}{n!}\\&=1-\sum_{k=1}^{n}\frac{(-1)^{k-1}}{k!}\\&=1+\sum_{k=1}^{n}\frac{(-1)^{k}}{k!}\\&\xrightarrow{n\to+\infty}\sum_{k=0}^{+\infty}\frac{(-1)^{k}}{k!}\\&=e^{-1}.\end{aligned}$$

□

2.6 条件概率、乘法公式及独立性

问题 2.6.1 设 $(\Omega,\mathscr{F},P)$ 为概率空间, A, B 为 $\mathscr{F}$ 中的两个事件, 我们现在知道了信息“B 已经发生”的条件下, 怎么求 A 发生的概率呢?

例 2.6.1 已知一个家庭有三个小孩且老大为男孩, 问这个家庭至少有一个女孩的概率?

解 设 b 表示男孩, g 表示女孩, 则样本空间

$$\Omega=\{bbb,bbg,bgb,bgg,gbb,gbg,ggb,ggg\},\quad |\Omega|=2^3.$$

令

$$A=\{\text{至少有一个女孩}\},\quad B=\{\text{老大为男孩}\}.$$

易知

$$B = \{bbb, bgb, bbg, bgg\},$$

则

$$P(A \mid B) = \frac{|AB|}{|B|} = \frac{3}{4} = \frac{\frac{|AB|}{|\Omega|}}{\frac{|B|}{|\Omega|}} = \frac{\frac{3}{2^3}}{\frac{4}{2^3}} = \frac{P(AB)}{P(B)}.$$ □

定义 2.6.1 (条件概率) 设 $A \in \mathscr{F}, B \in \mathscr{F}$, 且 $P(B) > 0$, 我们称

$$P(A|B) := \frac{P(AB)}{P(B)}$$

为给定 B 的条件下 A 发生的**条件概率**.

由条件概率定义可知:

(1) $\forall A \in \mathscr{F}, P(A \mid B) \geqslant 0$;

(2) $P(\Omega \mid B) = 1$;

(3) 若 $A_i \in \mathscr{F}, i = 1, 2, \cdots$ 为一列两两互不相容的事件, 则

$$P\left(\sum_{i=1}^{+\infty} A_i \middle| B\right) = \sum_{i=1}^{+\infty} P(A_i \mid B).$$

从而, $P(\cdot|B)$ 为 $(\Omega, \mathscr{F})$ 上的概率.

由条件概率的定义, 我们有如下乘法公式:

$$P(AB) = P(A)P(B \mid A) = P(B)P(A \mid B).$$

三个事件的乘法公式:

$$P\Big(A_1A_2A_3\Big) = P(A_1A_2)P(A_3 \mid A_2A_1) = P(A_1)P(A_2 \mid A_1)P(A_3|A_2A_1).$$

多个事件的乘法公式:

$$P\left(\prod_{k=1}^{n} A_k\right) = P(A_1)P(A_2 \mid A_1)\cdots P(A_n \mid A_{n-1}\cdots A_1).$$

例 2.6.2　n 把钥匙, 有 2 把可打开房间, 现无放回地开门, 问直到第 k $(k \leqslant n-1)$ 次才打开房门的概率是多少?

解　令 $A_i=\{$第 i 次打开门$\}$, $i=1,2,\cdots,n$, 利用乘法公式有

$$\begin{aligned}P(\overline{A}_1\cdots\overline{A}_{k-1}A_k)&=P(\overline{A}_1)P(\overline{A}_2\mid\overline{A}_1)\cdots P(A_k\mid\overline{A}_{k-1}\cdots\overline{A}_1)\\&=\frac{n-2}{n}\frac{n-3}{n-1}\frac{n-4}{n-2}\cdots\frac{n-k}{n-(k-2)}\frac{2}{n-k+1}\\&=\frac{2(n-k)}{n(n-1)}.\end{aligned}$$

□

注　这个例题我们也可以直接计算

$$P(\overline{A}_1\cdots\overline{A}_{k-1}A_k)=\frac{\mathrm{A}_{n-2}^{k-1}\times 2}{\mathrm{A}_n^k}=\frac{2(n-2)\cdots(n-2-k+1+1)}{n(n-1)\cdots(n-k+1)}=\frac{2(n-k)}{n(n-1)}.$$

定义 2.6.2 (随机事件的独立)　(1) 设 $A,B\in\mathscr{F}$, 称 A 与 B **相互独立**, 若

$$P(AB)=P(A)P(B).$$

(2) 设 $A_1,\cdots,A_n\in\mathscr{F}$, 称 $A_1,\cdots,A_n$ **相互独立**, 如果

$$P\left(A_{i_1}\cdots A_{i_k}\right)=P\left(A_{i_1}\right)\times\cdots\times P\left(A_{i_k}\right),\quad i_1<i_2<\cdots<i_k,\ k=2,\cdots,n,$$

共 2^n-n-1 个等式同时成立.

注　关于独立性, 两两相互独立并不能推出整体相互独立.

例 2.6.3　同时掷两枚硬币, 令

$$A=\left\{\text{第一枚出现正面}\right\},$$

$$B=\left\{\text{第二枚出现反面}\right\},$$

$$C=\left\{\text{两枚硬币同时出现正面或同时出现反面}\right\},$$

则

$$P(A)=P(B)=P(C)=\frac{1}{2},\qquad P(AB)=P(AC)=P(BC)=\frac{1}{4}.$$

这说明, A,B,C 两两独立, 但是

$$P(ABC)=0\neq P(A)P(B)P(C)=\frac{1}{8},$$

可见 A,B,C 两两独立推不出三个事件相互独立.

思考 如果 A 与 B 独立, B 与 C 独立, 能否得出 A 与 C 独立? (传递性) 不一定, 反例如下: 连续掷两次骰子, A={第一次出 2 点}, B={第二次出偶数点}, C={第一次出 4 点}.

例 2.6.4 掷 2 个骰子 24 次, 至少出现一次双 "6" 点的概率? 要保证至少出现一次双 "6" 点的概率大于 0.5, 至少应掷多少次?

解 令 $A_k = \{$第 k 次为双 "6" 点$\}$, $k = 1, 2, \cdots, 24$. 易知, $A_1, \cdots, A_{24}$ 相互独立. 于是

$$
\begin{aligned}
P\left(\bigcup_{k=1}^{24} A_k\right) &= 1 - P\left(\bigcap_{k=1}^{24} \overline{A}_k\right) \\
&= 1 - \prod_{k=1}^{24}(1 - P(A_k)) \\
&= 1 - (1 - P(A_1))^{24} \\
&= 1 - \left(\frac{35}{36}\right)^{24} \approx 0.4914,
\end{aligned}
$$

设需要掷 n 次, 则

$$
P\left(\bigcup_{k=1}^{n} A_k\right) = 1 - \left(\frac{35}{36}\right)^{n}.
$$

当 $\left(\frac{35}{36}\right)^{n} \leqslant \frac{1}{2}$ 时, 有

$$
n \geqslant \frac{\ln 2}{\ln 36 - \ln 35} \approx 25. \qquad \square
$$

易知

$$
\lim_{n\to+\infty} P\left(\bigcup_{k=1}^{n} A_k\right) = 1,
$$

这说明尽管 $P(A_k)$ 很小, 当 n 很大的时候, $\bigcup_{k=1}^{n} A_k$ 却为大概率事件.

例 2.6.5 (二项分布) 已知某人每次射击命中目标的概率为 p, 相互独立地射击 n 次, 求恰有 k 次命中目标的概率?

解 B_i ={第 i 次命中目标}, A_k={恰有 k 次命中目标}, 则

$$
A_k = \bigcup_{1\leqslant i_1,\cdots,i_n\leqslant n} \left\{B_{i_1}\cdots B_{i_k}\overline{B}_{i_{k+1}}\cdots\overline{B}_{i_n}\right\},
$$

$$P(A_k) = \mathrm{C}_n^k P\left(B_1 \cdots B_k \overline{B}_{k+1} \cdots \overline{B}_n\right)$$
$$= \mathrm{C}_n^k p^k (1-p)^{n-k}. \qquad \square$$

例 2.6.6　甲、乙、丙三人按下面的规则进行比赛: 第一局由甲、乙参加而丙轮空, 每一局获胜者与轮空者进行比赛, 而前一局的失败者轮空. 一直进行到其中一人连胜两局为止, 连胜两局将成为整场比赛的优胜者, 若甲、乙、丙胜每局的概率各为 $\frac{1}{2}$ (水平相当). 求甲、乙、丙成为整场比赛优胜者的概率各为多少?

解　令 $A=\{\text{甲胜}\}, B=\{\text{乙胜}\}, C=\{\text{丙胜}\}$, 则

$$P(A)=P(B), \qquad P(A)+P(B)=1-P(C).$$

于是

$$\begin{aligned} P(C) &= P(A_1C_2C_3)+P(B_1C_2C_3)+P(A_1C_2B_3A_4C_5C_6) \\ &\quad + P(B_1C_2A_3B_4C_5C_6)+\cdots \\ &= 2\times\frac{1}{2^3}+2\times\frac{1}{2^6}+2\times\frac{1}{2^9}+\cdots+2\times\frac{1}{2^{3n}}+\cdots \\ &= 2\left(\sum_{n=1}^{+\infty}\frac{1}{8^n}\right)=2\left(\frac{1}{1-\frac{1}{8}}-1\right)=2\left(\frac{8}{7}-1\right)=\frac{2}{7}. \end{aligned} \qquad \square$$

2.7　全概率公式及贝叶斯准则

问题 2.7.1　设有 N 个盒子, 第 i 个盒子有 n_i 个白球和 m_i 个黑球, 随机地取一个盒子并从中随机地取一个球.

(1) 求取出球为白球的概率.

(2) 如果我们已经知道取出球为白球, 这个白球来自哪个盒子的可能性最大?

分析　在问题 2.7.1 中, 如果引入 $B_i=\{\text{选中第 } i \text{ 个盒子}\}$, $A=\{\text{取出球是白球}\}$, 易知

(1) $B_i \cap B_j = \varnothing, i \neq j$;

(2) $\Omega = \bigcup_i B_i = \sum_i B_i$.

故

$$A=\Omega A=\left(\sum_{i=1}^{N} B_i\right) A=\sum_{i=1}^{N} A B_i,$$

从而

$$P(A)=\sum_{i=1}^{N}P(AB_i)=\sum_{i=1}^{N}P(B_i)P(A\mid B_i)$$

$$=\sum_{i=1}^{N}\frac{1}{N}\frac{m_i}{n_i+m_i}=\frac{1}{N}\sum_{i=1}^{N}\frac{m_i}{n_i+m_i}.$$

这就是我们的全概率公式.

定理 2.7.1 (全概率公式) 设随机事件 A, B_i $(i=1,2,\cdots)$ 满足

(1) $P(A)>0$ 且 $P(B_i)>0$, $i=1,2,\cdots$;

(2) $A\subset\sum_{i}B_i$;

(3) $B_i\cap B_j=\varnothing,\ i\neq j$.

则

$$P(A)=\sum_{i}P(B_i)P(A\mid B_i).$$

例 2.7.1 某工厂有甲、乙、丙三个车间生产同一型号的螺钉, 各车间的产量分别占全厂产量的 25%, 35%, 40%. 各车间的次品率分别为 5%, 4%, 2%. 现从全厂产品中任取一件.

(1) 问任抽一件产品, 抽到为不合格螺钉的概率为多少?

(2) 若抽到一件为不合格的螺钉, 并且该产品是哪个车间生产的标志已脱落, 问这件不合格品所造成的损失, 这三个车间如何分担? 这个问题实际上归结为分别求这件不合格品是甲、乙、丙车间生成的概率.

解 (1) $A=\{$不合格品$\}, B_1=\{$甲车间生产的螺钉$\}, B_2=\{$乙车间生产的螺钉$\}$, $B_3=\{$丙车间生产的螺钉$\}$, 则

$$\begin{aligned}P(A)&=P(B_1)P(A\mid B_1)+P(B_2)P(A\mid B_2)+P(B_3)P(A\mid B_3)\\&=0.25\times0.05+0.35\times0.04+0.4\times0.02\\&=0.0345.\end{aligned}$$

(2) 利用条件概率的定义和全概率公式有

$$P(B_i|A)=\frac{P(AB_i)}{P(A)}=\frac{P(B_i)P(A|B_i)}{\sum_{j=1}^{3}P(B_j)P(A|B_j)}$$

$$= \begin{cases} \dfrac{0.25 \times 0.05}{0.0345} = 0.362, & i=1, \\ \dfrac{0.35 \times 0.04}{0.0345} = 0.406, & i=2, \\ \dfrac{0.40 \times 0.02}{0.0345} = 0.232, & i=3. \end{cases}$$

乙车间应承担比较大的责任, 其次为甲车间. □

一般地, 我们有如下公式.

定理 2.7.2 (贝叶斯公式)　设随机事件 A, B_i $(i=1,2,\cdots)$ 满足

(1) $P(A)>0$ 且 $P(B_i)>0$, $i=1,2,\cdots$;

(2) $A \subset \sum\limits_i B_i$;

(3) $B_i \cap B_j = \varnothing$, $i \neq j$.

则

$$P(B_i|A) = \frac{P(B_i)P(A|B_i)}{\sum\limits_j P(B_j)P(A|B_j)}.$$

注　在贝叶斯统计中, $P(B_i)$ $(i=1,2,\cdots)$ 称为**先验概率**, 它是根据以往的经验或者数据得到的; $P(B_i|A)$ 称为**后验概率**, 是在信息"已知 A 发生"后得到的概率.

下面给出几个运用全概率公式和贝叶斯公式求概率的例子.

例 2.7.2 (利用传递性关系计算概率)　甲、乙两袋各装有一个白球和一个黑球, 从两袋中各取出一个球相互交换放入另一袋中, 这样进行了若干次, 以 p_n, q_n 和 r_n 分别表示第 n 次交换后, 甲袋中将包含两个白球、一白一黑、两个黑球的概率. 求: p_n, q_n 和 r_n 的传递关系式, 并求证

$$\lim_{n\to+\infty} p_n = \frac{1}{6}, \quad \lim_{n\to+\infty} q_n = \frac{2}{3}, \quad \lim_{n\to+\infty} r_n = \frac{1}{6}.$$

解　由 $p_n+q_n+r_n=1$, 以及全概率公式知

$$\begin{aligned} p_{n+1} &= P(A_{n+1}) \\ &= P(A_n)P(A_{n+1}|A_n) + P(B_n)P(A_{n+1}|B_n) + P(C_n)P(A_{n+1}|C_n), \end{aligned}$$

于是

$$p_n = r_n, \quad p_{n+1} = \frac{1}{4}q_n, \quad q_n = 1-2p_n.$$

从而

$$\begin{cases} r_{n+1} = p_{n+1} = \dfrac{1}{4}(1-2p_n), \\ q_{n+1} = 1 - 2p_{n+1}, \end{cases}$$

初始条件:

$$p_0 = r_0 = 0, \quad q_0 = 1.$$

可以验证 $\lim\limits_{n\to+\infty} p_n$ 存在, 记 $p := \lim\limits_{n\to+\infty} p_n$, 则

$$p = \frac{1}{4}(1-2p),$$

解得 $p = \dfrac{1}{6}$. □

例 2.7.3 (传球问题) 设 r 个人相互传球, 从甲开始, 每次传球时传球者等可能地把球传给另外 $r-1$ 个人中的任何一个人, 试求第 n 次传球时仍由甲传出的概率为 p_n, 并求 $\lim\limits_{n\to+\infty} p_n$.

解 (1) 当 $r=1$ 时, $p_n = 1$.

(2) 当 $r=2$ 时, $p_0 = 1$, $p_n = 1 - p_{n-1}$. 故

$$p_{2k} = 1, \quad p_{2k+1} = 0.$$

(3) 当 $r>2$ 时, q_n 表示第 n 次传球由某人 (非甲) 传出的概率, 则有

$$n \geqslant 2, \quad p_n + (r-1)q_n = 1 \implies q_n = \frac{1-p_n}{r-1} = \frac{1}{r-1} - \frac{1}{r-1}p_n.$$

易知

$$\begin{aligned} & p_0 = 1, \quad p_n = (r-1)\times\frac{q_{n-1}}{r-1} = q_{n-1}, \\ & p_n = \frac{1}{r-1} - \frac{1}{r-1}p_{n-1} \\ & \quad = \frac{1}{r-1} - \frac{1}{(r-1)^2} + \cdots + (-1)^{n-1}\frac{1}{(r-1)^n}p_0 \\ & \quad = -\left(\sum_{k=1}^{n}\frac{(-1)^k}{(r-1)^k}\right). \end{aligned}$$

由无穷项等比数列求和公式易知

$$p_n \longrightarrow \frac{1}{r}, \quad n \longrightarrow +\infty.$$ □

例 2.7.4 某车间某台机器每天开机时由师傅甲或者乙调试. 如果机器调试得好, 生产的产品的合格率为 0.9; 如果调试得不好, 合格率为 0.8. 师傅甲调试得好的概率为 0.7, 师傅乙调试得好的概率为 0.6. 每天抽签决定谁来调试机器. 现在从某天生产的产品中随机抽选 5 件产品进行检测, 发现 2 件不合格产品. 求: (1) 这一天机器调试得好的概率; (2) 这一天是师傅甲调试的概率.

解 令

$$A=\{\text{随机挑选 5 件产品进行检测, 发现 2 件不合格品}\},$$

$$B=\{\text{这一天机器调试得好}\},$$

$$C=\{\text{这一天机器是师傅甲调试}\}.$$

(1) 利用全概率公式得

$$P(B)=P(C)P(B|C)+P(\overline{C})P(B|\overline{C})=0.5\times 0.7+0.5\times 0.6=0.65,$$

从而 $P(\overline{B})=0.35$. 再一次利用全概率公式得

$$\begin{aligned}P(A)&=P(B)P(A|B)+P(\overline{B})P(A|\overline{B})\\&=0.65\times \mathrm{C}_5^2 0.9^3 0.1^2+0.35\times \mathrm{C}_5^2 0.8^3 0.2^2\\&=0.1191.\end{aligned}$$

利用贝叶斯公式可得

$$\begin{aligned}P(B|A)&=\frac{0.65\times \mathrm{C}_5^2 0.9^3 0.1^2}{0.65\times \mathrm{C}_5^2 0.9^3 0.1^2+0.35\times \mathrm{C}_5^2 0.8^3 0.2^2}\\&=\frac{0.0474}{0.0474+0.0717}=0.3980.\end{aligned}$$

(2) 易知

$$P(BC)=P(C)P(B|C)=0.5\times 0.7=0.35,$$

同理 $P(\bar{B}C)=0.5\times 0.3=0.15$, $P(B\overline{C})=0.5\times 0.6=0.3$, $P(\bar{B}\overline{C})=0.5\times 0.4=0.2$. 利用全概率公式有

$$\begin{aligned}P(A)=&P(BC)P(A|BC)+P(\bar{B}C)P(A|\bar{B}C)\\&+P(B\overline{C})P(A|B\overline{C})+P(\bar{B}\overline{C})P(A|\bar{B}\overline{C})\\=&0.35\times \mathrm{C}_5^2 0.9^3 0.1^2+0.15\times \mathrm{C}_5^2 0.8^3 0.2^2\end{aligned}$$

$$+0.3\times \mathrm{C}_5^2 0.9^3 0.1^2+0.2\times \mathrm{C}_5^2 0.8^3 0.2^2$$
$$=0.1191.$$

利用贝叶斯公式可得

$$\begin{aligned}&P(C|A)\\=&\frac{0.35\times \mathrm{C}_5^2 0.9^3 0.1^2+0.15\times \mathrm{C}_5^2 0.8^3 0.2^2}{0.35\times \mathrm{C}_5^2 0.9^3 0.1^2+0.15\times \mathrm{C}_5^2 0.8^3 0.2^2+0.3\times \mathrm{C}_5^2 0.9^3 0.1^2+0.2\times \mathrm{C}_5^2 0.8^3 0.2^2}\\=&\frac{0.0562}{0.1191}=0.4719.\end{aligned}$$

由此可以看出 $P(C|A)$ 比 $P(C)$ 变小了. □

2.8 事件列的极限、概率的连续性与 Borel-Cantelli 引理

问题 2.8.1 设 $A_1,A_2,\cdots$ 为概率空间 $(\Omega,\mathscr{F},P)$ 上的一列无穷多个事件.

(1) 如何刻画事件“$A_1,A_2,\cdots$ 发生无穷次”? 又如何刻画事件“$A_1,A_2,\cdots$ 中除了有限个外其余都发生”? 二者有什么区别和联系?

(2) 怎么分析 $A_1,A_2,\cdots$ 发生无穷次的概率?

2.8.1 事件列的极限

设 $\{A_n\}$ 为任意事件列, 我们定义一个单调减和一个单调增事件列:

$$C_n=\bigcup_{j=n}^{+\infty}A_j,\qquad D_n=\bigcap_{j=n}^{+\infty}A_j.$$

易知

(1) $\{C_n\}$ 为单调减事件列: $C_1\supset C_2\supset\cdots$;

(2) $\{D_n\}$ 为单调增事件列: $D_1\subset D_2\subset\cdots$.

1. 上限集

“$A_1,A_2,\cdots$ 中无穷多个发生”, 记为 $\{A_n \text{ i.o.}\}$, 等价于

$$\bigcap_{n=1}^{+\infty}\bigcup_{j=n}^{+\infty}A_j\text{ 发生}\Longleftrightarrow\bigcap_{n=1}^{+\infty}C_n\text{发生},$$

即

$$\{A_n \text{ i.o.}\}=\bigcap_{n=1}^{+\infty}\bigcup_{j=n}^{+\infty}A_j=\bigcap_{n=1}^{+\infty}C_n:=\varlimsup_{n\to+\infty}A_n\text{ (称为上限集)}.$$

2. 下限集

“$A_1, A_2, \cdots$ 中除了有限个外其余都发生” 等价于

$$\bigcup_{n=1}^{+\infty}\bigcap_{j=n}^{+\infty} A_j\text{发生} \Longleftrightarrow \bigcup_{n=1}^{+\infty} D_n\text{发生},$$

即

$$\begin{aligned}&\{A_1, A_2, \cdots\text{中除了有限个外其余都发生}\}\\ =&\bigcup_{n=1}^{+\infty} D_n = \bigcup_{n=1}^{+\infty}\bigcap_{j=n}^{+\infty} A_j := \varliminf_{n\to+\infty} A_n\ (\text{称为下限集}).\end{aligned}$$

显然

$$\varliminf_{n\to+\infty} A_n \subset \varlimsup_{n\to+\infty} A_n,$$

并且

$$C_n \downarrow C = \bigcap_{n=1}^{+\infty} C_n = \varlimsup_{n\to+\infty} A_n,$$

$$D_n \uparrow D = \bigcup_{n=1}^{+\infty} D_n = \varliminf_{n\to+\infty} A_n.$$

2.8.2 概率的连续性

定理 2.8.1 设 $(\Omega, \mathscr{F}, P)$ 为概率空间, 设 $\{D_n\} \subset \mathscr{F}$ 为单调增事件列, 则

$$P\left(\lim_{n\to+\infty} D_n\right) = \lim_{n\to+\infty} P(D_n).$$

证明 易知

$$D_n = D_1 + (D_2 - D_1) + \cdots + (D_n - D_{n-1}),$$

可得

$$\bigcup_{i=1}^{+\infty} D_i = \sum_{i=1}^{+\infty}(D_{i+1} - D_i).$$

由可列可加性得

$$P\left(\bigcup_{n=1}^{+\infty} D_n\right) = P\left(\lim_{n\to+\infty} D_n\right) = \sum_{k=1}^{+\infty} P\left(D_k - D_{k-1}\right).\qquad\square$$

推论 2.8.1 设 $(\Omega, \mathscr{F}, P)$ 为概率空间, 设 $\{C_n\} \subset \mathscr{F}$ 为单调减事件列, 则

$$P\left(\lim_{n\to+\infty} C_n\right) = \lim_{n\to+\infty} P(C_n).$$

定理 2.8.2 设 $P(\cdot)$ 为 $(\Omega, \mathscr{F})$ 上的非负集函数, $P(\Omega) = 1$, 则

$$P(\cdot)\text{为可列可加的} \iff \begin{cases} \text{(i) } P(\cdot) \text{ 为有限可加的}, \\ \text{(ii) } P(\cdot) \text{ 为连续的}. \end{cases}$$

2.8.3 Borel-Cantelli 引理

引理 2.8.1 (Borel-Cantelli (博雷尔-坎泰利) 引理)

(1) 若 $\sum_j P(A_j) < +\infty$, 则

$$P\left(\overline{\lim_{n\to+\infty}} A_n\right) = P(A_n \text{ i.o.}) = 0.$$

(2) 若 $\{A_j\}$ 相互独立, $\sum_j P(A_j) = +\infty$, 则 $P(A_n \text{ i.o.}) = 1$.

证明 (1) $P\left(\overline{\lim_{n\to+\infty}} A_n\right) = \lim_{n\to+\infty} P\left(\bigcup_{j=n}^{+\infty} A_n\right) \leqslant \lim_{n\to+\infty} \sum_{j=n}^{+\infty} P(A_j) = 0.$

(2)
$$\begin{aligned} 1 - P\left(\bigcup_{j=n}^{+\infty} A_j\right) &= P\left(\bigcap_{j=n}^{+\infty} \overline{A}_j\right) \\ &= \prod_{j=n}^{+\infty} P(\overline{A}_j) = \prod_{j=n}^{+\infty} (1 - P(A_j)) \\ &\leqslant \prod_{j=n}^{+\infty} e^{-P(A_j)} = \exp\left(-\sum_{j=n}^{+\infty} P(A_j)\right) \longrightarrow 0. \end{aligned}$$

这里使用了当 $0 < x < 1$ 时,

$$\ln(1-x) \leqslant -x \Longrightarrow 1 - x \leqslant e^{-x},$$

即有 $\lim_{n\to+\infty} P\left(\bigcup_{j=n}^{+\infty} A_j\right) = 1.$ □

推论 2.8.2 (0-1 律) 对于相互独立的随机事件列 $\{A_n\}$, 要么 $P(A_n \text{ i.o.}) = 0$, 要么 $P(A_n \text{ i.o.}) = 1$, 即不存在 $0 < P(A_n \text{ i.o.}) < 1$ 的情形.

习　题　2

1. 投掷两枚骰子, 事件 E 表示出现的点数之和为奇数, 事件 F 表示至少出现一个 1, 事件 G 表示出现的点数之和为 5, 试描述事件 $EF, E\cup F, FG, E\overline{F}$ 和 EFG 的含义.

2. 设 $\{A_j,\ j=1,2,\cdots\}$ 是一列事件, 求互不相容的事件列 $\{B_j,\ j=1,2,\cdots\}$, 使得

$$\bigcup_{j=1}^{+\infty} A_j = \bigcup_{j=1}^{+\infty} B_j.$$

3. (1) 考虑 7 位车牌号, 其中前 2 位是字母, 后 5 位是数字, 这样的不同组合一共有几种?

(2) 题设如 (1), 且要求字母和数字都没有重复, 那么会有多少种不同情况?

4. 现有 20 个工人和 20 份不同的工作, 要求每人都被分配到一份工作且不得重复分配, 这样的分配方案共有多少种?

5. (1) 三男三女坐成一排, 一共有几种坐法?

(2) 如果要求坐在男生旁边的必须是女生且坐在女生旁边的必须是男生, 一共有几种坐法?

(3) 如果要求三个男生坐在一起, 一共有几种坐法?

(4) 如果要求任何一个人的旁边至少有一个同性, 一共有几种坐法?

6. 一个舞蹈班有 22 名学生, 10 名女生、12 名男生, 现从中选择 5 名男生和 5 名女生两两组队 (1 名男生和 1 名女生组成一队), 一共有多少种组队方案?

7. 现有 12 个人, 需分成 3 组, 分别是 3 人一组、4 人一组、5 人一组, 一共有多少种分法?

8. 试证明: $\dbinom{n+m}{r} = \dbinom{n}{0}\dbinom{m}{r} + \dbinom{n}{1}\dbinom{m}{r-1} + \cdots + \dbinom{n}{r}\dbinom{m}{0}.$

提示: 考虑 n 个男生、m 个女生, 从中挑选 r 个人, 一共有几种方法?

9. 利用上题证明: $\dbinom{2n}{n} = \displaystyle\sum_{k=0}^{n} \dbinom{n}{k}^2.$

10. 钥匙串上的 5 把钥匙中只有一把可以开房门, 现在无放回地试开房门. 计算:

(1) 第三次打开房门的概率;

(2) 三次内打开房门的概率;

(3) 如果 5 把中有 2 把可以打开房门, 求三次内打开房门的概率.

11. 设每个人的生日随机落在 365 天中的任一天, 求 n 个人的生日互不相同的概率和至少有两个人生日相同的概率.

12. 在标有 1 至 N 的卡片中有放回地每次抽取一张, 共抽取 n 次, 求抽到的号码依次按严格上升次序排列的概率.

13. 在标有 1 至 N 的卡片中有放回地每次抽取一张, 共抽取 n 次, 求抽到的号码依次按单调不减次序排列的概率.

14. 投掷两枚均匀的骰子, 若给定点数之和为 $i, i=2,3,\cdots,12$, 求至少出现一个 6 点的概率.

15. 在湖中捕获了 80 条鱼, 做记号后放回, 之后又在湖中捕获 100 条鱼时发现其中有 4 条带有记号. 设湖中共有 N 条鱼, 问这一事件发生的概率是多少? 你对 N 的估计是多少?

16. n 个人将各自的帽子混在一起后任取一顶, 求恰有 k 个人拿对自己的帽子的概率.

17. 一个袋子里有 n 个白球和 m 个黑球, $n, m > 0$.

(1) 随机抽取两个球, 求颜色相同的概率;

(2) 先随机取出一个球, 再放回, 接着取出第二个球, 求两个球颜色相同的概率;

(3) 证明 (2) 求得的概率总大于 (1).

18. 抽屉里有 n 双袜子, 其中 3 双为红色, 随机取出两双袜子都为红色的概率为 $\dfrac{1}{2}$, 求 n.

19. 在 [0, 1] 中任取三点 X, Y, Z, 求线段 OX, OY, OZ 能构成三角形的概率.

20. 设 $A_1, A_2, \cdots$ 是 Ω 的子集, 证明: 包含 $A_1, A_2, \cdots$ 的最小事件域唯一存在.

21. 设 $A_1, A_2, \cdots, A_n$ 是 Ω 的完备事件组 $\left(\text{即 } A_iA_j = \varnothing\ (i \neq j) \text{ 并且 } \Omega = \sum\limits_{i=1}^{n} A_i\right)$, 每个 A_i 发生的概率是正数. 设 $\mathscr{F}$ 是包含所有 A_i 的最小事件域, 求 $\mathscr{F}$ 中的元素个数.

22. 设样本空间 Ω 是不可数的, $\mathscr{F} := \{A \subset \Omega : A \text{ 或 } \bar{A} \text{ 是可数的}\}$. 设 $m(\cdot)$ 是定义在 $\mathscr{F}$ 上的非负函数且满足: 如果 A 是可数的, $m(A) = 0$; 如果 A 的补集是可数的, $m(A) = 1$. 证明:

(1) $\mathscr{F}$ 是一个事件域;

(2) $m(\cdot)$ 是 $(\Omega, \mathscr{F})$ 上的一个概率测度;

(3) 任何 Ω 中的一个子集 C, 如果 C 与其补集都是不可数的, 则 C 关于测度 $m^*(\cdot)$ 是不可测的, 其中 $m^*(\cdot)$ 是由 $m(\cdot)$ 导出的外测度.

23. 假设 A 和 B 为互斥事件, $P(A) = 0.3, P(B) = 0.5$, 计算以下事件的概率:

(1) A 和 B 有一个事件会发生;

(2) A 发生但 B 不发生;

(3) A 和 B 都发生.

24. 若 $\forall i \geqslant 1, P(A_i) = 1$, 证明

$$P\left(\bigcap_{i=1}^{+\infty} A_i\right) = 1.$$

25. 一副眼镜第一次落地摔坏的概率是 0.5; 若第一次没摔坏, 第二次落地摔坏的概率是 0.7; 若第二次没摔坏, 第三次落地摔坏的概率是 0.9. 求该眼镜三次落地没有摔坏的概率.

26. 一个袋子中装有 6 个白球和 9 个黑球, 如果无放回地抽取 4 次, 每次 1 个, 求前两个球为白色且后两个球为黑色的概率.

27. 一个袋子中装有 12 个球, 其中 8 个为白球, 有放回 (无放回) 地抽取 4 个球, 已知恰好抽出 3 个白球, 求第一个和第三个为白球的概率.

28. 一个袋子中最初有 5 个白球和 7 个黑球, 每次从中抽一个球, 记下颜色之后放两个相同颜色的球进入袋子, 按照同样的方式取 4 次, 计算以下概率:

(1) 前两次抽出的为黑球、后两次抽出的为白球;

(2) 抽 4 个球, 恰好有两个黑球.

29. 一个盒子中有 15 个乒乓球, 其中有 9 个未曾使用. 现从中随机取出 3 个球, 用完后放回盒子, 重复一次以上步骤, 求取到 3 个都是新球的概率.

30. 甲、乙两人比赛, 如果甲获胜的概率 $p > 1/2$, 三局两胜的比赛规则对甲有利还是五局三胜的规则对甲有利?

31. 现有两枚均匀的骰子, 每枚骰子其中两面为红色, 两面为黑色, 一面为黄色, 一面为白色. 同时投掷两枚骰子, 求最后出现相同颜色的概率.

32. 投掷两枚均匀的骰子直到出现点数之和为 5 或者 7, 求和为 5 先出现的概率.

提示: 设事件 E_n 为第 n 次投掷的点数之和为 5 且在此之前没有出现点数之和为 5 或 7 的情况, 计算 $P(E_n)$ 并证明 $\sum\limits_{n=1}^{+\infty} P(E_n)$ 为所求概率.

33. 一枚深水炸弹击沉、击伤和击不中一艘潜水艇的概率分别是 1/3, 1/2, 1/6. 设击伤该潜水艇两次也使该潜水艇沉没, 求用 4 枚深水炸弹击沉该艘潜水艇的概率.

34. 从标有 1 至 n 的 n 个球中任取 m 个, 记下号码后放回. 再从这 n 个球中任取 k 个, 记下号码. 求两组号码中恰有 c 个号码相同的概率.

35. 如图 2.11 所示, 5 个继电器连入电路的概率为 $p_i, i = 1,2,3,4,5$. 所有继电器相互独立, 则图 (a) 和 (b) 中由 A 到 B 的电路流通的概率为多少?

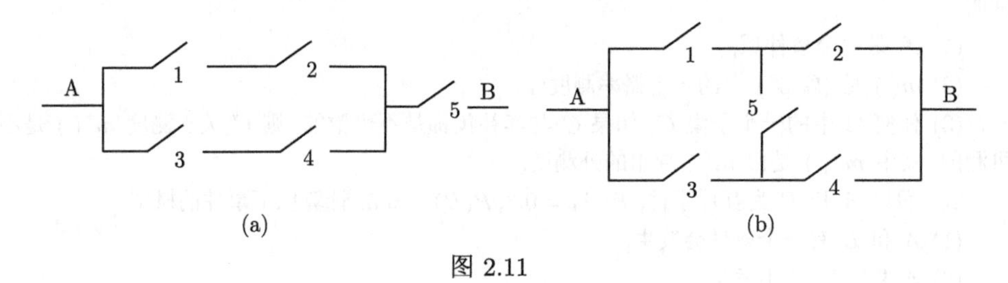

图 2.11

36. 两人下棋, 每局获胜者得一分, 累计多于对手两分者获胜. 设甲每局获胜的概率是 p, 求甲最终获胜的概率.

37. 一台机床工作状态良好时, 产品合格率是 99%, 机床发生故障时产品合格率是 50%. 设每次新开机器时机床处于良好状态的概率是 95%. 如果新开机器后生产的第一件产品是合格品, 求机器处于良好状态的概率.

38. Banach 火柴问题: 衣服上一个口袋中放了两盒火柴, 吸烟时在两盒火柴中任选一盒, 使用其中的一根火柴, 设每盒火柴中有 n 根火柴, 求遇到一盒空而另一盒剩下 r 根火柴的概率.

39. 瓮 I 中有 2 只白球和 3 只黑球, 瓮 II 中有 4 只白球和 1 只黑球, 瓮 III 中有 3 只白球和 4 只黑球. 随机选取一个瓮并从中随机抽取一只球, 发现是白球. 求瓮 I 被选到的概率.

40. 某发报台分别以概率 0.6 和 0.4 发出信号 "0" 及 "1". 由于通信系统受到干扰, 当发出信号 "0" 时, 收报台分别以概率 0.8 及 0.2 收到信息 "0" 和 "1"; 发出信号 "1" 时, 收报台分别以概率 0.9 及 0.1 收到信号 "1" 及 "0". 求当收报台收到 "0" 时, 发报台发出的信号确系为 "0" 的概率.

41. 有 $n+1$ 个口袋, 第 i $(0 \leqslant i \leqslant n)$ 个口袋中有 i 个白球、$n-i$ 个红球. 先在这 $n+1$ 个袋子中任选一个, 然后在这个袋子中有放回地抽取 r 个球. 如果这 r 个球都是红球, 求再抽一个也是红球的概率.

42. A 袋子中有 5 个白球、7 个黑球, B 袋子中有 3 个白球、12 个黑球. 投掷一枚硬币, 如果是正面向上, 则从 A 袋中取出一个球, 如果是反面向上, 则从 B 袋中取出一个球. 已知取出的球为白球, 求硬币反面向上的概率.

43. 一个盒子中有三枚硬币, 一枚是两面都为正面的硬币, 一枚为普通硬币, 一枚硬币会以 75%的概率正面向上. 从盒子中任取一枚硬币投掷, 结果为正面, 求这枚硬币是两正面硬币的概率.

44. 一个袋中装有 5 个白球和 10 个黑球, 投掷一枚均匀的骰子, 所得的点数即为从袋中抽取的球的个数. 求所有取出的球都为白球的概率. 当所有取出的球都为白球时, 骰子出现点数为 3 的概率.

45. 一个并行工作系统有 n 个元件, 只要至少一个元件正常运行, 系统就能工作, 假设每个元件互相独立且能正常运行的概率为 $\frac{1}{2}$, 已知系统正常运行, 求第一个元件正常运行的概率.

46. 口袋中有质地相同的 N 个球, 其中有 n 个白球, 从中无放回地取球, 每次取一个. 用 A_k 表示第 k 次才首次取到白球.

(1) 计算 $P(A_k)$;

(2) 证明等式

$$\frac{N}{n} = 1 + \frac{N-n}{N-1} + \frac{(N-n)(N-n-1)}{(N-1)(N-2)} + \cdots + \frac{(N-n)\cdots 2\cdot 1}{(N-1)\cdots(n+1)n}.$$

47. 有三个骰子, 一个红色、一个蓝色、一个黑色, 记 B, Y, R 分别为蓝色、黄色、红色骰子出现的点数.

(1) 求三枚骰子点数都不相同的概率;

(2) 已知三枚骰子点数不同的条件下, 求事件 $\{B < Y < R\}$ 发生的条件概率;

(3) 求 $P(B < Y < R)$.

48. 设 $\Omega = \{1, 2, \cdots, n\}$, A 和 B 独立且等可能地为 Ω 的 2^n 个子集之一 (包括空集和 Ω 本身).

(1) 证明 $P(A \subset B) = \left(\frac{3}{4}\right)^n$.

提示: 令 $N(B)$ 表示 B 中元素的个数, 利用等式

$$P(A \subset B) = \sum_{i=0}^{n} P(A \subset B | N(B) = i) P(N(B) = i).$$

(2) 证明 $P(A \cap B = \varnothing) = \left(\frac{3}{4}\right)^n$.

49. 现有一个掷骰子游戏, 规则如下: 一名玩家掷两枚骰子, 如果掷出的点数之和为 2, 3 或 12, 那么他输掉游戏; 如果点数之和为 7 或者 11, 那么他赢得游戏; 如果出现别的结果, 玩家需继续投掷, 直到出现的点数之和为 7 或者与他第一次掷出的点数之和相同, 如果 7 先出现, 玩家输掉游戏, 否则判其赢. 计算一名玩家赢得游戏的概率.

提示: 设事件 E_i 表示第一次投掷的点数之和为 i 且玩家赢得游戏, 那么所求概率为 $\sum_{i=2}^{12} P(E_i)$. 为计算 $P(E_i)$, 设事件 $E_{i,n}$ 为第一次投掷的点数之和为 i 且玩家在第 n 轮投掷赢得游戏, 则 $P(E_i) = \sum_{n=1}^{+\infty} P(E_{i,n})$.

50. 假设在两两对决中, 参赛者都有相同的技能且赢得比赛的概率为 $\frac{1}{2}$. 现有 2^n 名参赛者, 随机两两配对决出胜负, 留下的 2^{n-1} 名参赛者再继续两两配对, 重复此过程直至最后一名参赛者胜出. 只考虑两名特定的参赛者 A 和 B, 令事件 A_i $(i \leqslant n)$ 和 E_n 分别为

$$A_i = \{参赛者\ A\ 在第\ i\ 场比赛中参赛\},$$

$$E_n = \{两名参赛者\ A\ 和\ B\ 没有在同一场比赛中对决\}.$$

(1) 求 $P(A_i)$, $i = 1, \cdots, n$;

(2) 求 $P(E_n)$;

(3) 令 $P_n = P(E_n)$, 证明

$$P_n = \frac{1}{2^n - 1} + \frac{2^n - 2}{2^n - 1}\left(\frac{1}{2}\right)^2 P_{n-1},$$

利用此公式验证 (2).

提示: 法一: 当 A_i 发生时, 求 $P(E_n)$, 利用公式

$$\sum_{i=1}^{n-1} i x^{i-1} = \frac{1 - n x^{n-1} + (n-1)x^n}{(1-x)^2}.$$

法二: 注意到一共进行了 $2^n - 1$ 场比赛, 将每场比赛编号, 设 B_i, $i = 1, 2, \cdots, 2^n - 1$ 表示 B 参加的比赛, 思考 $P(B_i)$ 的意义, 以此来求出 $P(E_n)$.

51. 袋中有 $b + r$ 个红球、$a - r$ 个白球, 从中无放回地任取 b 个.

(1) 求恰有 k 个白球的概率;

(2) 证明 $\mathrm{C}_{a+b}^{b} = \sum\limits_{k=0}^{a-r} \mathrm{C}_{b+r}^{b-k} \mathrm{C}_{a-r}^{k}$;

(3) 证明 $\mathrm{C}_{a+b}^{a-r} = \sum\limits_{k=0}^{a-r} \mathrm{C}_{b}^{k} \mathrm{C}_{a}^{k+r}$.

52. 证明以下组合公式:

(1) $\sum\limits_{i=k}^{n} \mathrm{C}_{i-1}^{k-1} = \mathrm{C}_{n}^{k}$;

(2) $\sum\limits_{k=0}^{m} \mathrm{C}_{n-k-1}^{m-k} = \mathrm{C}_{n}^{m}$;

(3) $\sum\limits_{j=0}^{m} \mathrm{C}_{n+j}^{n} = \mathrm{C}_{n+m+1}^{n+1}$.

53. 在圆桌用餐时, 10 对夫妇随机入座, 计算没有一位妻子和她丈夫相邻的概率.

54. (1) 包括 A 和 B 在内的 N 个人随机排成一列, 求 A 和 B 相邻的概率;

(2) 如果队伍首尾相连, 求 A 和 B 相邻的概率.

第 3 章

随机变量及其分布

本章, 我们将根据具体实际问题引入随机变量, 讨论离散型随机变量及其分布列、分布函数及其性质、连续型随机变量及其密度函数、随机变量函数的分布以及随机变量的模拟实现.

3.1 随机变量的定义

问题 3.1.1 我们知道样本空间 Ω 是所有可能结果的全体, 很多时候样本空间中的元素不是数量, 可测空间 $(\Omega, \mathscr{F})$ 没有拓扑结构; 而实数的可测空间 $(\mathbb{R}, \mathscr{B})$ 却是非常简单、直观, 有 "距离" 这种很好的拓扑结构. 能不能通过将样本点量化(赋值)、建立一个从 $(\Omega, \mathscr{F})$ 映射到 $(\mathbb{R}, \mathscr{B})$ 的 "变量"?

例 3.1.1 掷一枚硬币, 样本空间为

$$\Omega = \{\text{硬币国徽一面朝上}, \text{硬币数字一面朝上}\}.$$

我们引入 $\omega =$ "硬币国徽一面朝上", $\omega' =$ "硬币数字一面朝上", 则样本空间可以简写为 $\Omega = \{\omega, \omega'\}$. 为了研究方便, 我们引入映射 $X : \Omega \xrightarrow{X} \mathbb{R}$:

$$X(\omega) = 1, \quad X(\omega') = 0.$$

例 3.1.2 掷骰子一次, 样本空间为

$$\Omega = \{\text{朝上面点数为 } 1, \cdots, \text{朝上面点数为 } 6\}.$$

为了记号简洁, 我们引入 $\omega_i :=$ "朝上面点数为 i", $i = 1, 2, \cdots, 6$, 则样本空间可简写为 $\Omega = \{\omega_1, \omega_2, \cdots, \omega_6\}$. 这时事件域 $\mathscr{F}$ 为 Ω 的所有子集 (2^6 个元素), 我们很难把 $\mathscr{F}$ 中的元素说清楚, 于是引入映射 $X : \Omega \xrightarrow{X} \mathbb{R}$:

$$X(\omega_k) := k, \quad k = 1, 2, \cdots, 6,$$

则 $\mathscr{F}$ 中的事件都可以通过 $X(\omega)$ 来说清楚.

(1) 基本事件: $\{\omega : X(\omega) = k\} = \{\omega_k\}$.

(2) $\{\omega : X(\omega) \leqslant 3\} = \{\omega_1, \omega_2, \omega_3\}$.

(3) 对任意 $A \in \mathscr{F}$, 存在 $B \in \mathscr{B}(\mathbb{R})$, 使得 $A = \{\omega : X(\omega) \in B\}$.

例 3.1.3 设 Ω 为有界区间 $[a,b]$, 我们在 Ω 上完全随机地任取一点 (在其上完全随机地掷质点, 或者计算机生成随机数), 则

$$\Omega := \{x : a < x \leqslant b\},$$

$$\mathscr{A} := \{(a,x] : a < x \leqslant b\},$$

$$\mathscr{F} := \sigma(\mathscr{A} \cap \Omega) = \sigma(\mathscr{A}) \cap \Omega = \mathscr{B} \cap \Omega.$$

我们引入

$$\begin{aligned} \Omega &\longrightarrow \Omega, \\ \omega &\longrightarrow X(\omega) = \omega, \end{aligned}$$

则对任意 $A \in \mathscr{B}$,

$$A = \{\omega : X(\omega) \in A\} \in \mathscr{F}.$$

下面, 给出一般的概率空间上的随机变量的定义:

定义 3.1.1 给定概率空间 $(\Omega, \mathscr{F}, P)$, 称从 Ω 到 $\mathbb{R}$ 上的映射 X 为**随机变量**, 如果对 $\forall x \in \mathbb{R}$ 有

$$\{\omega : X(\omega) \leqslant x\} = \{\omega : X(\omega) \in (-\infty, x]\} \in \mathscr{F}.$$

注 令 $\mathscr{A} := \{(-\infty, x] : x \in \mathbb{R}\}$, 则

(1) $\sigma(\mathscr{A}) = \mathscr{B}(\mathbb{R})$;

(2) X 为 $(\Omega, \mathscr{F})$ 上的随机变量等价于 $\forall B \in \mathscr{B}(\mathbb{R})$ 有 $\{\omega : X(\omega) \in B\} \in \mathscr{F}$, 见图 3.1.

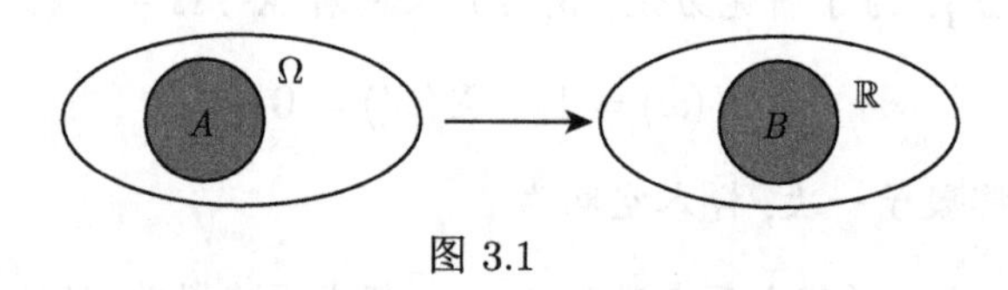

图 3.1

下面, 举一个不是 $(\Omega, \mathscr{F}, P)$ 上的随机变量的例子.

例 3.1.4 我们考虑样本空间 $\Omega = (-1,1)$, $A = (-1,0]$, $\overline{A} = (0,1)$, $\mathscr{F} = \{\varnothing, \Omega, A, \overline{A}\}$ 为 Ω 上的 σ-域. 令

$$X(\omega) := \begin{cases} -1, & \omega \in \left(-1, -\dfrac{1}{2}\right], \\ 0, & \omega \in \left(-\dfrac{1}{2}, \dfrac{1}{2}\right], \\ 1, & \omega \in \left(\dfrac{1}{2}, 1\right), \end{cases}$$

则

$$\{\omega: X(\omega) \leqslant x\}=\begin{cases}\varnothing, & x<-1, \\ \left(-1,-\frac{1}{2}\right], & -1 \leqslant x<0, \\ \left(-1, \frac{1}{2}\right], & 0 \leqslant x<1, \\ (-1,1), & 1 \leqslant x,\end{cases}$$

当 $-1<x<1$ 时, $\{X \leqslant x\} \notin \mathscr{F}$. 所以, X 不是 $(\Omega, \mathscr{F})$ 上的随机变量.

注 在例 3.1.4 中, 如果令

$$\begin{aligned}\widetilde{\mathscr{F}} &= \sigma\left(\left(-1,-\frac{1}{2}\right],\left(-\frac{1}{2}, \frac{1}{2}\right],\left(\frac{1}{2}, 1\right)\right) \\ &= \left\{\varnothing, \Omega,\left(-1,-\frac{1}{2}\right],\left(-\frac{1}{2}, \frac{1}{2}\right],\left(\frac{1}{2}, 1\right),\left(-1, \frac{1}{2}\right],\right. \\ &\quad \left.\left(-\frac{1}{2}, 1\right),\left(-1,-\frac{1}{2}\right] \cup\left(\frac{1}{2}, 1\right)\right\},\end{aligned}$$

则 X 为 $\left(\Omega, \widetilde{\mathscr{F}}\right)$ 上的随机变量.

3.2 离散型随机变量

3.2.1 离散型随机变量的概念

问题 3.2.1 设某网站某购物广告的点击率为 p, X 表示点击这个广告 r 次时该网站的访客量, 怎么刻画 X 的分布呢?

在问题 3.2.1 中, 随机变量 X 的取值为 $r, r+1, r+2, \cdots$, 取值是离散的, 这就是离散型随机变量. 一般的离散型随机变量的定义如下.

定义 3.2.1 设 X 为 $(\Omega, \mathscr{F})$ 上的随机变量, 如果 X 的取值为离散值 (有限个或可列个), 则称 X 为**离散型随机变量**.

设 X 为离散型随机变量, 取值为 $x_1, x_2, \cdots$, 则称

$$p_k=P(X=x_k), \quad k=1,2, \cdots$$

为随机变量 X 的**概率分布列** (**概率分布律**, 简称**分布列**), 也可以写为

X	x_1	x_2	$\cdots$	x_n	$\cdots$
P	p_1	p_2	$\cdots$	p_n	$\cdots$

概率分布列 (概率分布律) 的两条重要性质:

(1) $p_k \geqslant 0$;

(2) $\sum\limits_k p_k = 1$.

3.2.2　常用离散型随机变量的分布

问题 3.2.2　假设某品牌旗舰店将在某购物节进行购物促销, 预计在该购物节期间将有 N 个顾客点击某商品, N 为整数值随机变量. 每个点击该商品的人会以概率 p 购买 1 件. 怎么求该购物节期间该商品的销售量 X 的分布呢?

1. 0-1 分布 (两点分布)

一个随机试验, 有可能成功、失败, 令

$$X = \begin{cases} 1, & \text{成功}, \\ 0, & \text{失败}, \end{cases}$$

则 X 的分布列为

X	0	1
P	$1-p$	p

称 X 服从参数为 p $(0<p<1)$ 的 **0-1 分布**.

例 3.2.1　在问题 3.2.2 中, 我们考察第 i 个点击该商品的人的行为:

$$X_i = \begin{cases} 1, & \text{购买该商品}, \\ 0, & \text{不购买该商品}, \end{cases}$$

则 X_i 服从参数为 p 的 0-1 分布.

2. 二项分布 ($B(n,p)$, Binomial 缩写)

独立重复做同一个随机试验 n 次, 每次都可能成功、失败, 每次成功率都为 p, X 表示成功次数, 则随机变量 X 的分布列为

$$P(X=k) = \mathrm{C}_n^k p^k (1-p)^{n-k}, \quad k=0,1,2,\cdots,n.$$

则称 X 服从**二项分布**, 记为 $X \sim B(n,p)$.

例 3.2.2　在问题 3.2.2 中, 我们假设点击该商品的总人数 N 为 n, 每一个点击该商品的人是否购买看成一次随机试验, 就相当于独立重复做了 n 次随机试验, 则该购物节期间该商品的销售量 X 服从参数为 n,p 的二项分布, 即

$$P(X=k|N=n) = \mathrm{C}_n^k p^k (1-p)^{n-k}, \quad k=1,\cdots,n.$$

例 3.2.3 假设在某地区全部人口中某种病菌的带菌率为 10%, 带菌者呈阴性、阳性反应的概率分别为 0.05 和 0.95, 而不带菌者呈阴性、阳性反应的概率分别为 0.99 和 0.01. 求:

(1) 对某人独立检测 3 次, 发现 2 次呈阳性的概率;

(2) 在 (1) 中的事件发生的条件下, 求该人为带菌者的概率.

解 设 $A=\{$该人检测 3 次, 2 次呈阳性$\}$, $B=\{$该人为带菌者$\}$. 设 X 为该人检测 3 次呈阳性的次数.

(1) 利用全概率公式有

$$P(A)=P(B)P(A|B)+P(\overline{B})P(A|\overline{B}).$$

根据题意, 如果该人为带菌者, 每次检测呈阳性的概率为 0.95, 则 $X\sim B(3,0.95)$, 从而

$$P(A|B)=\mathrm{C}_3^2 0.95^2 0.05^1=0.1354.$$

如果该人为不带菌者, 每次检测呈阳性的概率为 0.01, 则 $X\sim B(3,0.01)$, 从而

$$P(A|\overline{B})=\mathrm{C}_3^2 0.01^2 0.99^1=0.0003.$$

从而

$$P(A)=0.1\times 0.1354+0.9\times 0.0003=0.0138.$$

(2) $$P(B|A)=\frac{0.1\times 0.1354}{0.1\times 0.1354+0.9\times 0.0003}=0.9804.$$ □

3. 超几何分布

一个口袋中有 M 个正品, $N-M$ 个次品, 不放回地任取 n 个产品, X 为其中的正品数, 则 X 的分布列为

$$P(X=m)=\frac{\mathrm{C}_M^m\mathrm{C}_{N-M}^{n-m}}{\mathrm{C}_N^n},\quad m=0,1,\cdots,M\wedge n,$$

则称 X 服从**超几何分布**. 当 $\dfrac{M}{N}\longrightarrow p, N\longrightarrow+\infty$ 时, 则有

$$P(X=m)=\frac{\mathrm{C}_M^m\mathrm{C}_{N-M}^{n-m}}{\mathrm{C}_N^n}\longrightarrow \mathrm{C}_n^m p^m(1-p)^{n-m}.$$

4. 几何分布

独立重复做同一个试验, 每次都可能成功、失败, X 为到第一次成功为止的试验次数, 则 X 的分布列为

$$P(X=k)=(1-p)^{k-1}p, \quad k=1,2,\cdots,$$

称 X 为服从参数为 p 的**几何分布**. 几何分布具有无记忆性:

$$P(X>l+k|X>l)=\frac{\dfrac{(1-p)^{l+k}p}{1-(1-p)}}{\dfrac{(1-p)^{l}p}{1-(1-p)}}=(1-p)^k=\frac{(1-p)^k p}{1-(1-p)}=P(X>k).$$

5. 负二项分布

在问题 3.2.1 中, X 表示点击这个广告 r 次时该网站的访客量, 怎么求 X 的分布呢?

一般地, 假设我们独立重复做某一个试验, 每次成功的概率为 p, 用 X 表示试验 r 次成功需要做的试验的总次数, 则对任意 $k=r,r+1,\cdots$, 有

$$P(X=k)=\mathrm{C}_{k-1}^{r-1}p^{r-1}(1-p)^{k-r}\times p=\mathrm{C}_{k-1}^{r-1}p^{r}(1-p)^{k-r}, \quad k=r,r+1,\cdots.$$

这时称 X 服从参数为 p,r 的**负二项分布** (又称 **Pascal 分布**).

6. Poisson 分布

设随机变量 X 的分布列为

$$P(X=k)=e^{-\lambda}\frac{\lambda^k}{k!}, \quad k=0,1,2,\cdots,$$

其中 $\lambda>0$, 则称 X 服从参数为 λ 的 **Poisson 分布**, 记为 $X\sim \mathrm{Poi}(\lambda)$.

易知: 超几何分布 $\xrightarrow{\frac{M}{N}\to p}$ 二项分布 $\xrightarrow{np\to\lambda}$ Poisson 分布.

例 3.2.4　在问题 3.2.2 中, 假设点击该商品的顾客数 $N\sim \mathrm{Poi}(\lambda)$, 每个点击该商品的人会以概率 p 购买 1 件, 以概率 $1-p$ 不买. 求该商品的总销量 X 的分布列.

解　易知, 对任意 $k=0,1,2,\cdots$, 有

$$P(X=k)=\sum_{n=k}^{+\infty}P(N=n)P(X=k|N=n)$$

$$
\begin{aligned}
&= \sum_{n=k}^{+\infty} e^{-\lambda} \frac{\lambda^n}{n!} \mathrm{C}_n^k p^k (1-p)^{n-k} \\
&= \frac{\lambda^k p^k}{k!} e^{-\lambda} \sum_{n=k}^{+\infty} \frac{\lambda^{n-k}}{(n-k)!} (1-p)^{n-k} \\
&= \frac{(\lambda p)^k}{k!} e^{-p\lambda}, \quad k = 0, 1, 2, \cdots.
\end{aligned}
$$

由此可以看出, $X \sim \mathrm{Poi}(\lambda p)$. □

7. 幂律分布

函数 $f(x)$ 称为**无尺度依赖** (scale-free) 的, 如果对任意 a, 存在 $b = b(a)$ 使得

$$
f(ax) = bf(x).
$$

定义 3.2.2 如果随机变量 X 的分布列为

$$
P(X = k) = \frac{c}{k^\alpha}, \quad k = 1, 2, 3, \cdots,
$$

其中 $\alpha(>1)$ 为参数, $c := \left(\sum_{k=1}^{+\infty} \frac{1}{k^\alpha}\right)^{-1}$, 则称 X 服从**幂律分布**. 它是一种无尺度依赖的分布, 即对任意自然数 a, 有

$$
P(X = ak) = \frac{1}{a^\alpha} P(X = k).
$$

例 3.2.5 (优先连接模型) 我们考察一个社交网络, 将其建模为 Barabási-Albert 有偏好连接的随机增长的演化网络 (Barabási and Albert, 1999; Bollobás et al., 2001), 如图 3.2 所示. 网络增长方式如下:

图 3.2

(1) 在初始时刻, $n=0$, 网络 X_0 由两个节点 (标号为 1 和 2) 和一条边连接.

(2) 在 n 时刻, 网络有 $n+1$ 个节点 (标号为 $1,2,\cdots,n+1$), 连接矩阵为 $X_n=(x_{ij}(n))$, $x_{ij}=1$ 表示节点 i 与节点 j 有一条边, $x_{ij}=0$ 表示节点 i 与节点 j 没有边; $d_i(n)$ 表示在 n 时刻的网络中节点 i 的度, $d_i(n)$ 越大说明 "节点 i 的粉丝越多", 节点 i 越 "活跃", 它是一种活跃度.

(3) 在 $n+1$ 时刻, 加入一个 "新节点" (标号为 $n+2$), "新节点" 会随机地和 n 时刻已有的节点中的一个节点连接, 连接的概率与其 "活跃度" 成正比, 即节点 $n+2$ 与节点 i 有一条边连接的概率为

$$\frac{d_i(n)}{\sum_{k=1}^{n+1} d_k(n)}.$$

(4) 依次演化下去. 设 $N_k(n)$ 表示 $n+2$ 个节点中度为 k 的节点的个数, 则可以证明 (韩东等, 2016) 度分布满足

$$\begin{aligned}\frac{N_k(n)}{(n+2)} \xrightarrow[n\to+\infty]{\text{a.e.}} p_k &= \frac{4}{k(k+1)(k+2)} \quad (k=1,2,\cdots)\\ &\approx \frac{4}{k^3}, \quad k\gg 1,\end{aligned}$$

即度分布的尾部可以用幂律分布近似.

注　如果连接变成无偏好连接 (等概率连接), 则度分布为几何分布

$$p_k=\frac{1}{2^k}.$$

3.3　分布函数

问题 3.3.1　设 X 为任意随机变量 (不一定为离散型随机变量), 怎么刻画它的分布规律?

为此我们引入分布函数.

定义 3.3.1　设 X 为 $(\Omega,\mathscr{F},P)$ 上的随机变量, 称

$$F(x):=P(X\leqslant x)=P(\{\omega: X(\omega)\leqslant x\})$$

为随机变量 X 的**分布函数**.

例 3.3.1 设 X 服从参数为 p 的 0-1 分布, 则 X 的分布函数为

$$F(x)=\begin{cases}0, & x<0,\\ 1-p, & 0\leqslant x<1,\\ 1, & x\geqslant 1.\end{cases}$$

图像如图 3.3 所示.

设 X 为离散型随机变量, 取值为 $x_1,x_2,\cdots,x_n,\cdots$, 概率分布列为

$$P(X=x_k)=p_k,\qquad k=1,2,\cdots,$$

则

(1) $$F(x)=P(X\leqslant x)=\sum_{k:\ x_k\leqslant x}P(X=x_k)=\sum_{k:\ x_k\leqslant x}p_k,$$

由此可知, 离散型随机变量的分布函数为阶梯函数, 图像如图 3.4 所示;

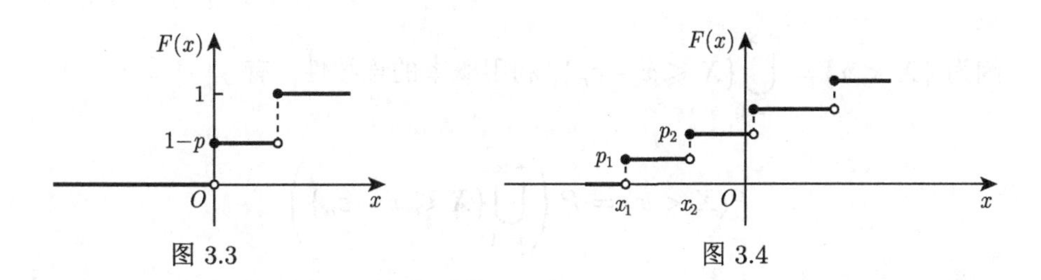

图 3.3　　图 3.4

(2) $p_k=F(x_k)-\lim\limits_{y\uparrow x_k}F(y)=F(x_k)-F(x_k-0)$;

(3) 对任意 $B\in\mathscr{B}(\mathbb{R})$, 有

$$P(X\in B)=\sum_{x_k\in B}P(X=x_k)=\sum_{k:\ x_k\in B}p_k.$$

分布函数的重要性质如下.

性质 3.3.1 设随机变量 X 的分布函数为 $F(x)$, 则

(1) 单调不减: $\forall x_1<x_2,\ F(x_1)\leqslant F(x_2)$;

(2) 右连续, 左极限存在: $F(x+0)=F(x),\ F(x-0)=P(X<x)$;

(3) $F(-\infty)=0, F(+\infty)=1$.

证明 (1) $x\leqslant x'$, 则 $\{\omega: X(\omega)\leqslant x\}\subset\{\omega: X(\omega)\leqslant x'\}$, 从而 $F(x)=P(X\leqslant x)\leqslant P(X\leqslant x')=F(x')$.

(2) 取 $x_k \downarrow x$, 记 $A_k = (-\infty, x_k]$, 则 $(-\infty, x] = \bigcap_{k=1}^{+\infty} A_k = A$. 根据概率的连续性 (定理 2.8.1), 有

$$\begin{aligned} F(x) = P(X \in A) = P\left(\bigcap_{k=1}^{+\infty}\{X \in A_k\}\right) &= \lim_{k\to+\infty} P(X \in A_k) \\ &= \lim_{k\to+\infty} F(x_k) \\ &= F(x+0), \end{aligned}$$

从而 $F(x)$ 右连续. 当 $\varepsilon_n \downarrow 0$ 时, $F(x-\varepsilon_n)$ 为单增有界序列, 故极限 $\lim\limits_{n\to+\infty} F(x-\varepsilon_n)$ 存在, 记为

$$F(x-0) := \lim_{n\to+\infty} F(x-\varepsilon_n), \quad \varepsilon_n \downarrow 0.$$

因为 $\{X < x\} = \bigcup_{n=1}^{+\infty}\{X \leqslant x-\varepsilon_n\}$, 利用概率的连续性, 有

$$\begin{aligned} P(X < x) = P\left(\bigcup_{n=1}^{+\infty}\{X \leqslant x-\varepsilon_n\}\right) &= \lim_{n\to+\infty} P(X \leqslant x-\varepsilon_n) \\ &= \lim_{n\to+\infty} F(x-\varepsilon_n) = F(x-0). \end{aligned}$$

进一步还有

$$F(x-0) = P(X < x) = P(X \leqslant x) - P(X = x) = F(x) - P(X = x),$$

从而, $P(X = x) = F(x) - F(x-0)$.

(3) 因为

$$\varnothing = \bigcap_{n=1}^{+\infty}\{X \leqslant -x_n\}, \quad x_n \uparrow +\infty,$$

$$\Omega = \bigcup_{n=1}^{+\infty}\{X \leqslant x_n\},$$

有

$$
\begin{aligned}
0 &= \lim_{n\to+\infty} P(X \leqslant -x_n) = \lim_{n\to+\infty} F(-x_n), \\
1 &= P(\Omega) = \lim_{n\to+\infty} P(X \leqslant x_n) = \lim_{n\to+\infty} F(x_n).
\end{aligned}
$$
□

注 (1) 任意给定一个函数 $F(x)$ 满足性质 3.3.1 中的 (1)—(3), 则一定存在一个概率空间 $(\Omega, \mathscr{F}, P)$, 并在其上构造一个随机变量 X, 使得 X 的分布函数正好为 $F(x)$.

(2) 给定随机试验或现象的概率空间 $(\Omega, \mathscr{F}, P)$, 以及定义它的随机变量 X, 如果我们知道其分布函数 $F(x)$, 则可以求如下事件的发生概率:

(i) $P(a < X \leqslant b) = F(b) - F(a)$;

(ii) $P(a < X < b) = F(b-0) - F(a)$;

(iii) $P(a \leqslant X \leqslant b) = F(b) - F(a-0)$;

(iv) 对任意 $a \in \mathbb{R}$, 有 $P(X = a) = F(a) - F(a-0)$.

3.4 连续型随机变量

问题 3.4.1 我们分析某五星级酒店在某手机 APP 上的订单, 考察后台系统显示的两个相邻订单的时间间隔 X (单位: 小时), 数据清洗得到 2347 个数据, 得到频率分布直方图 (图 3.5), 怎么刻画 X 的分布呢?

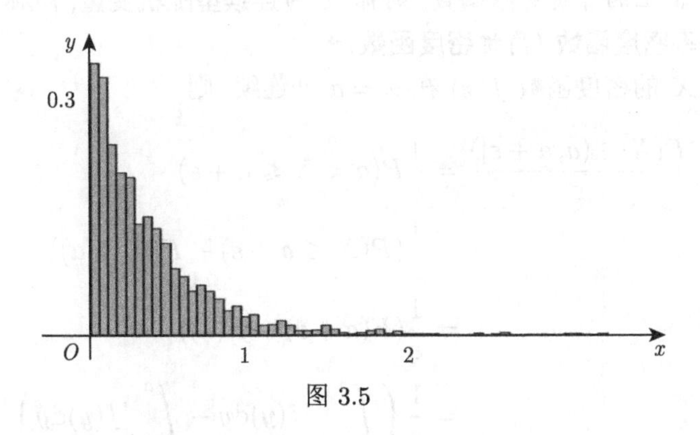

图 3.5

3.4.1 连续型随机变量的定义

在问题 3.4.1 中, 我们隐隐约约可以看到数据背后有一条曲线 $f(x)$ (图 3.6). 对任意 x, 考察 X 的分布函数:

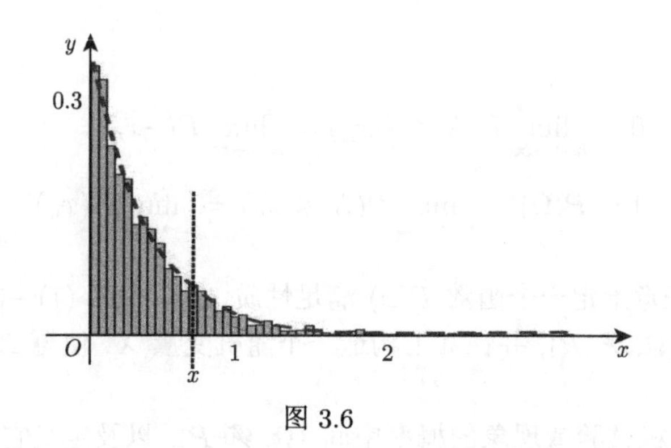

图 3.6

$$\begin{aligned}F(x) &= P(X \leqslant x)\\&\approx \{X \leqslant x\}\text{发生的频率}\\&= \int_{-\infty}^{x} f(t)\mathrm{d}t,\end{aligned}$$

这就是我们的连续型随机变量. 连续型随机变量的严格定义如下.

定义 3.4.1　若一个随机变量 X 的分布函数 $F(x)$ 能表示成如下积分形式

$$F(x) = \int_{-\infty}^{x} f(y)\mathrm{d}y, \quad \forall x \in \mathbb{R},$$

其中 $f(x)$ 为 $\mathbb{R}$ 上的非负有限函数, 则称 X 为**连续型随机变量**, 而称 $f(x)$ 为随机变量 X 的**概率密度函数** (简称**密度函数**).

注　设 X 的密度函数 $f(x)$ 在 $x = a$ 处连续, 则

$$\begin{aligned}\frac{P(X \in (a, a+\varepsilon])}{\varepsilon} &= \frac{1}{\varepsilon}P(a < X \leqslant a+\varepsilon)\\&= \frac{1}{\varepsilon}(P(X \leqslant a+\varepsilon) - P(X \leqslant a))\\&= \frac{1}{\varepsilon}(F(a+\varepsilon) - F(a))\\&= \frac{1}{\varepsilon}\left(\int_{-\infty}^{a+\varepsilon} f(y)\mathrm{d}y - \int_{-\infty}^{a} f(y)\mathrm{d}y\right)\\&= \frac{\int_{a}^{a+\varepsilon} f(y)\mathrm{d}y}{\varepsilon} \xrightarrow{\varepsilon\to 0} f(a),\end{aligned}$$

于是

$$f(a) \approx \frac{\int_a^{a+\varepsilon} f(y)\mathrm{d}y}{\varepsilon}.$$

对于连续型随机变量 X, 其分布函数和密度函数有如下性质:

性质 3.4.1 (1) $P(X=x)=F(x)-F(x-0)=0$, 即连续型随机变量取单点值的概率为 0, 从而 $F(x)$ 为连续函数.

(2) $\int_{-\infty}^{+\infty} f(x)\mathrm{d}x = 1$.

(3) 若 $f(y)$ 在 x 点连续, 则有 $F'(x)=f(x)$.

(4) $P(X\in B)=\int_B f(y)\mathrm{d}y, B\in\mathscr{B}(\mathbb{R})$ (Lebesgue 积分).

对一般的随机变量 X, 如果其分布函数为 $F(x)$, 则对任意 $B\in\mathscr{B}(\mathbb{R})$, 有

$$P(X\in B)=\int_B \mathrm{d}F(x)=\begin{cases}\int_B f(x)\mathrm{d}x, & X\text{为连续型随机变量},\\ \sum_{x_i\in B} P(X=x_i), & X\text{为离散型随机变量}.\end{cases}$$

证明 仅证 (4): $C\in\mathscr{C}=\left\{(-\infty,x]:x\in\mathbb{R}\right\}$, 由定义 3.4.1 知,

$$P(X\in C)=\int_C f(y)\mathrm{d}y,$$

引入

$$\mathscr{A}:=\left\{A\in\mathscr{B}(\mathbb{R}):\ P(X\in A)=\int_A f(y)\mathrm{d}y\right\},$$

易知, $\mathscr{A}\subset\mathscr{B}(\mathbb{R})$. 我们需证: $\mathscr{A}=\sigma(\mathscr{C})$. 事实上, 由 $\mathscr{C}\subset\mathscr{A}$, 因为 $\sigma(\mathscr{C})=\mathscr{B}(\mathbb{R})$, 只需证 $\mathscr{A}\supset\sigma(\mathscr{C})$. 容易验证 $\mathscr{A}$ 满足

(i) $(-\infty,+\infty)\in\mathscr{A}$;

(ii) $A\supset B, A,B\in\mathscr{A}\Rightarrow A-B\in\mathscr{A}$;

(iii) $A_n\uparrow A, A_n\in\mathscr{A}\Rightarrow A\in\mathscr{A}$.

于是由单调类定理知, $\mathscr{A}$ 包含 $\mathscr{C}$ 生成的 σ-代数, 即 $\sigma(\mathscr{C})\subset\mathscr{A}$. □

注 任意分布函数 $F(x)$ 总可分解为三部分:

$$F(x)=c_1F_d(x)+c_2F_c(x)+c_3F_s(x),$$

$$c_1 + c_2 + c_3 = 1, \quad c_i \geqslant 0,$$

其中

(1) $F_d(x)$ 为阶梯函数, 是某个离散型随机变量的分布函数 (离散部分);

(2) $F_c(x)$ 为某个连续型随机变量的分布函数 (绝对连续部分);

(3) $F_s(x)$ 连续, 且 $F_s'(x)$ 几乎处处为零, 即

$$\int_{-\infty}^{+\infty} F_s'(x)\mathrm{d}x = 0.$$

根据我们的定义, $F_s(x)$ 不是连续型随机变量所对应的分布函数, 是**奇异型**随机变量的分布函数 (在区间 $[0,1]$ 上的 Cantor (康托尔) 集的补集上定义阶梯函数, 可以得到奇异型随机变量的分布函数).

连续型随机变量的分布函数**绝对连续**. 本书中我们常见的取连续值的随机变量都是我们所说的连续型随机变量.

3.4.2 常见的连续型随机变量的分布

1. 均匀分布

如果随机变量 X 的密度函数为

$$f(x) = \begin{cases} \dfrac{1}{b-a}, & a < x < b, \\ 0, & \text{其他}, \end{cases}$$

如图 3.7 所示, 称 X 服从 (a,b) 上的**均匀分布**, 记为 $X \sim U(a,b)$.

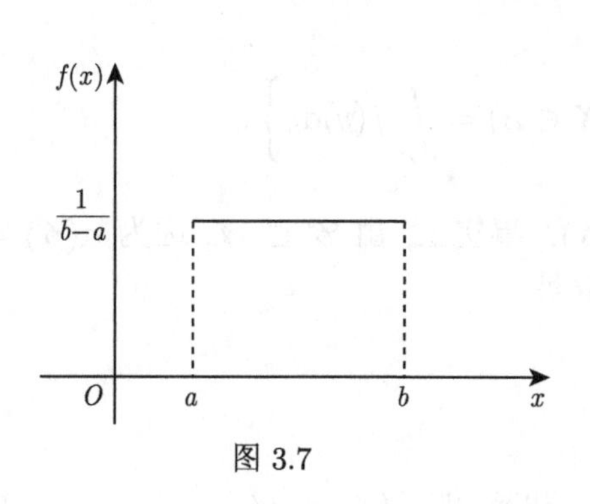

图 3.7

一般地, 设 $B \in \mathscr{B}(\mathbb{R})$ 为 Borel 集, 且 B 的测度 (长度) $\rho(B)$ 满足 $0 < \rho(B) < \infty$. 如果随机变量 X 的密度函数为

$$f(x) = \begin{cases} \dfrac{1}{\rho(B)}, & x \in B, \\ 0, & \text{其他}, \end{cases}$$

则称 X 服从 B 上的**均匀分布**, 记为 $X \sim U(B)$, 即对 $c < d$,

$$P\big(X \in (c,d) \cap B\big) = \int_{(c,d)\cap B} f(x)\mathrm{d}x = \frac{\rho\left((c,d)\cap B\right)}{\rho(B)}.$$

2. 幂律分布

如果随机变量 X 的密度函数为

$$f(x)=\begin{cases}\dfrac{\alpha}{x^{\alpha+1}}, & x\geqslant 1,\\ 0, & x<1,\end{cases}$$

则称 X 服从参数为 α (>0) 的**幂律分布**, 记为 $X\sim P(\alpha)$. 它具有厚尾性 (图 3.8).

3. 指数分布

如果随机变量 X 的密度函数为

$$f(x)=\begin{cases}\lambda e^{-\lambda x}, & x\geqslant 0,\\ 0, & x<0,\end{cases}$$

其中 $\lambda>0$, 称 X 服从参数为 λ 的**指数分布**, 记为 $X\sim\mathscr{E}(\lambda)$. 其密度函数的图像如图 3.9 所示.

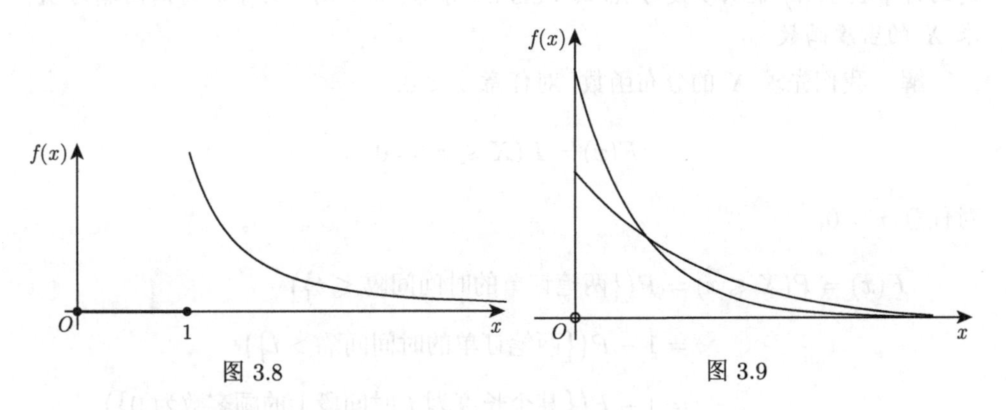

图 3.8　　图 3.9

产品使用寿命常用如下类型的指数分布来描述

$$f(x)=\begin{cases}\lambda e^{-\lambda(x-a)}, & x\geqslant a,\\ 0, & x<a,\end{cases}$$

其中 $a>0$.

与几何分布一样, 它也有所谓的无记忆性:

$$P(X>s+t|X>s)=\frac{P(X>s+t)}{P(X>s)}=P(X>t)=e^{-\lambda t},$$

由此知

$$P(X > s+t) = P(X > s)P(X > t).$$

反过来, 如果连续型随机变量 X 的分布具有无记忆性, 令 $G(t) := P(X > t)$, 则

$$G(s+t) = G(s)G(t),$$

由此, $G(x)$ 只有可能是如下三种情况之一:

$$G(x) \equiv 1,$$

$$G(x) \equiv 0,$$

$$G(x) = e^{-\lambda x},$$

我们可以得到 X 服从指数分布.

例 3.4.1 在问题 3.4.1 中, 我们分析某五星级酒店在某手机 APP 上的订单. 由文献 (韩东等, 2016) 可知, 我们可以假定在任意长为 t 的时间段 (单位: 小时) 内的订单数 $N(t)$ 服从参数为 λt 的 Poisson 分布, 相邻两个订单的时间间隔为 X, 求 X 的密度函数.

解 我们先求 X 的分布函数. 对任意 $x < 0$,

$$F(x) = P(X \leqslant x) = 0.$$

对任意 $x > 0$,

$$\begin{aligned} F(x) = P(X \leqslant x) &= P(\{\text{两笔订单的时间间隔} \leqslant t\}) \\ &= 1 - P(\{\text{两笔订单的时间间隔} > t\}) \\ &= 1 - P(\{\text{某个长度为 } t \text{ 时间段上的顾客数为 } 0\}) \\ &= 1 - P(N(t) = 0) \\ &= 1 - e^{-\lambda t}. \end{aligned}$$

故 X 的密度函数为

$$f(x) = \begin{cases} \lambda e^{-\lambda x}, & x \geqslant 0, \\ 0, & x < 0, \end{cases}$$

即 X 服从参数为 λ 的指数分布. □

4. Gamma 分布

我们先来介绍 Gamma 函数:

$$\Gamma(\alpha)=\int_0^{+\infty} t^{\alpha-1}e^{-t}\mathrm{d}t,\quad \alpha>0,$$

$$\Gamma(n)=(n-1)!,\quad \Gamma\left(\frac{1}{2}\right)=\sqrt{\pi}.$$

如果随机变量 X 的密度函数为

$$f(x)=\begin{cases}e^{-\lambda x}\lambda^{\alpha}\dfrac{x^{\alpha-1}}{\Gamma(\alpha)}, & x>0,\\ 0, & x\leqslant 0,\end{cases}$$

其中 $\lambda>0, \alpha>0$, 称 X 服从参数为 α, λ 的 **Gamma 分布**, 记为 $X\sim\Gamma(\alpha,\lambda)$.

注 当 $\alpha=1$ 时, $\Gamma(1,\lambda)$ 为指数分布 $\mathscr{E}(\lambda)$; Gamma 分布的密度函数图像见图 3.10 $\left(\lambda=\dfrac{2}{3}, \alpha=1,2,3,4,5\right)$. Gamma 分布可以用来描述保险公司每次理赔额, 某地区每年的降雨量, 贝叶斯统计中的先验分布, 等等.

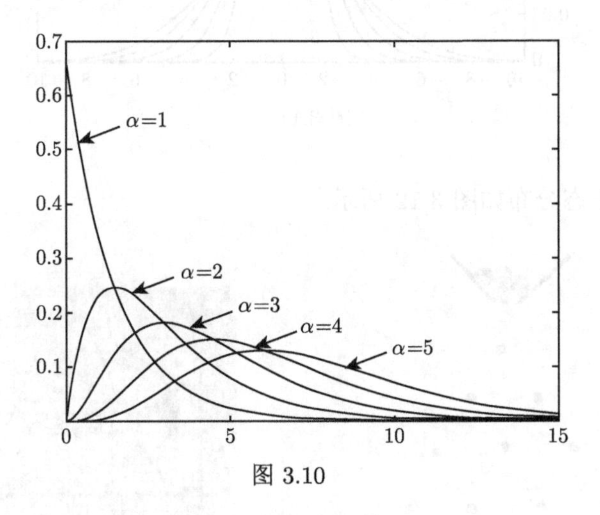

图 3.10

5. Cauchy 分布

设随机变量 X 的密度函数为

$$f(x)=\frac{1}{\pi(1+x^2)},\quad x\in\mathbb{R},$$

称随机变量 X 服从 **Cauchy (柯西) 分布**.

6. 正态分布

如果随机变量 X 的密度函数为

$$f_{\mu,\sigma}(x)=\frac{1}{\sigma\sqrt{2\pi}}e^{-\frac{(x-\mu)^2}{2\sigma^2}},\quad x\in\mathbb{R},\ \sigma>0,$$

称 X 服从参数为 μ,σ^2 的**正态分布** (normal distribution), 也称 Gauss(高斯) 分布, 记为 $X\sim N\left(\mu,\sigma^2\right)$. 其密度函数的图像 ($\mu=0,\ \sigma=1,1.5,2.0,2.5,3.0$) 如图 3.11 所示.

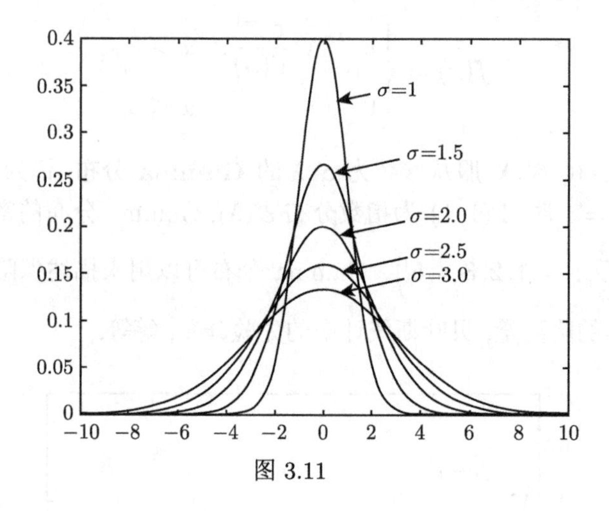

图 3.11

生活中的正态分布如图 3.12 所示.

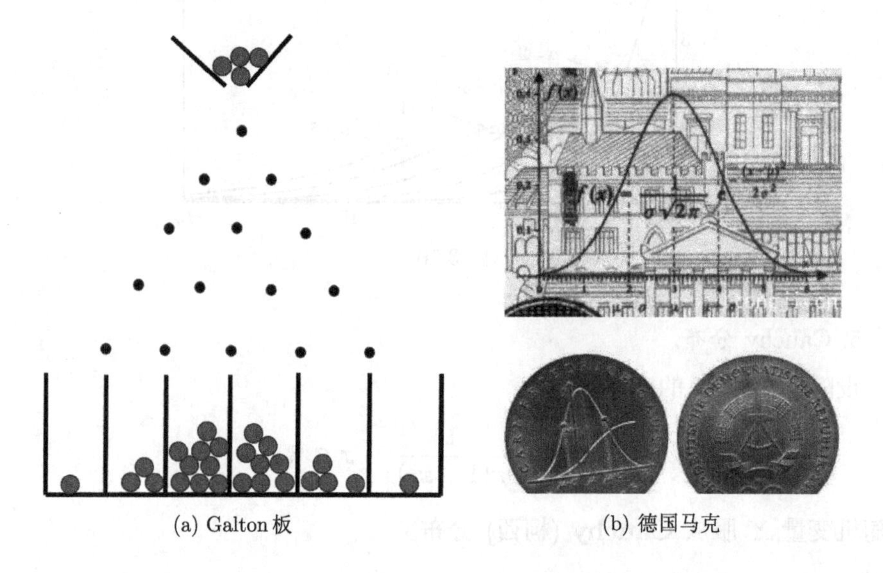

(a) Galton 板　　(b) 德国马克

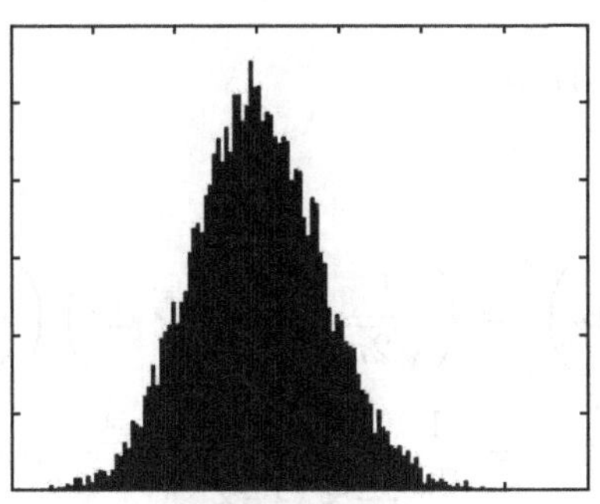

(c) 股价每日收益率

图 3.12

标准正态分布 $N(0,1)$, 密度函数为

$$\phi(x)=\frac{1}{\sqrt{2\pi}}e^{-\frac{x^2}{2}},\quad x\in\mathbb{R};$$

分布函数为

$$\Phi(x)=\int_{-\infty}^{x}\phi(t)\mathrm{d}t.$$

正态分布的性质:

(1) 密度函数关于 μ 对称, 在 μ 处取最大值, 最大值为 $\frac{1}{\sqrt{2\pi}\sigma}$.

(2) 密度函数在 $x=\mu\pm\sigma$ 处有拐点.

(3) 若 $X\sim N(\mu,\sigma^2)$, 则 $Y=\frac{X-\mu}{\sigma}\sim N(0,1)$.

事实上,

$$\begin{aligned}
P(Y\leqslant y)&=P\left(\frac{X-\mu}{\sigma}\leqslant y\right)\\
&=P(X\leqslant\mu+\sigma y)\\
&=\int_{-\infty}^{\mu+\sigma y}f_{\mu,\sigma}(x)\mathrm{d}x\\
&=\frac{1}{\sqrt{2\pi}\sigma}\int_{-\infty}^{\mu+\sigma y}e^{\frac{-(x-\mu)^2}{2\sigma^2}}\mathrm{d}x\qquad\left(令\frac{x-\mu}{\sigma}=t\right)\\
&=\frac{1}{\sqrt{2\pi}}\int_{\infty}^{y}e^{-\frac{t^2}{2}}\mathrm{d}t\\
&=\Phi(y).
\end{aligned}$$

(4) $\dfrac{1}{\sqrt{2\pi}}\displaystyle\int_{-\infty}^{+\infty} e^{-\frac{x^2}{2}}\mathrm{d}x = 1.$

事实上,

$$\begin{aligned}\left(\frac{1}{\sqrt{2\pi}}\int_{-\infty}^{+\infty} e^{-\frac{x^2}{2}}\mathrm{d}x\right)^2 &= \left(\frac{1}{\sqrt{2\pi}}\int_{-\infty}^{+\infty} e^{-\frac{x^2}{2}}\mathrm{d}x\right)\left(\frac{1}{\sqrt{2\pi}}\int_{-\infty}^{+\infty} e^{-\frac{y^2}{2}}\mathrm{d}y\right)\\ &= \frac{1}{2\pi}\int_{-\infty}^{+\infty}\int_{-\infty}^{+\infty} e^{-\frac{x^2+y^2}{2}}\mathrm{d}x\mathrm{d}y\\ &= \frac{1}{2\pi}\int_{0}^{2\pi}\int_{0}^{+\infty} re^{-\frac{r^2}{2}}\mathrm{d}\theta\mathrm{d}r\\ &= -e^{-\frac{r^2}{2}}\Big|_0^{+\infty} = 1.\end{aligned}$$

(5) $\Phi(-x) = 1 - \Phi(x).$

注　当 $\sigma^2 \longrightarrow 0$ 时,

$$\begin{aligned}1 &= \int_{-\infty}^{+\infty}\frac{1}{\sqrt{2\pi}\sigma}e^{-\frac{x^2}{2\sigma^2}}\mathrm{d}x\\ &= \lim_{\sigma\to 0}\int_{-\infty}^{+\infty}\frac{1}{\sqrt{2\pi}\sigma}e^{-\frac{x^2}{2\sigma^2}}\mathrm{d}x\\ &= \int_{-\infty}^{+\infty}\delta(x)\mathrm{d}x,\end{aligned}$$

其中

$$\delta(x) = \begin{cases} +\infty, & x = 0,\\ 0, & x \neq 0\end{cases}$$

为广义函数.

例 3.4.2　某企业招聘 330 人, 按考试成绩高低依次录取, 若有 1000 人报考, 假设报名者的考试成绩 $X \sim N(\mu,\sigma^2)$. 已知 90 分以上有 36 人, 60 分以下有 115 人, 问被录取者的最低分数为多少?

解　由题意得

$$\begin{aligned}0.036 = \frac{36}{1000} = P(X > 90) &= 1 - P(X \leqslant 90)\\ &= 1 - P\left(\frac{X-\mu}{\sigma} \leqslant \frac{90-\mu}{\sigma}\right)\end{aligned}$$

$$= 1 - \Phi\left(\frac{90-\mu}{\sigma}\right),$$

$$0.115 = \frac{115}{1000} = P(X < 60) = \Phi\left(\frac{60-\mu}{\sigma}\right).$$

由此可得

$$0.964 = \Phi\left(\frac{90-\mu}{\sigma}\right), \quad 0.115 = \Phi\left(\frac{60-\mu}{\sigma}\right).$$

由于 0.115 在标准正态分布表上没有, 利用 $\Phi(-x) = 1 - \Phi(x)$, 得

$$0.885 = \Phi\left(-\frac{60-\mu}{\sigma}\right),$$

查表得

$$\begin{cases} \dfrac{90-\mu}{\sigma} = 1.8, \\ \dfrac{\mu-60}{\sigma} = 1.2 \end{cases} \Longrightarrow \begin{cases} \sigma = 10, \\ \mu = 72. \end{cases}$$

将 μ, σ 代入得

$$\begin{aligned} \frac{1000-330}{1000} = 1 - \frac{330}{1000} = 0.67 = P(X \leqslant x_c) \\ = P\left(\frac{X-\mu}{\sigma} \leqslant \frac{x_c-\mu}{\sigma}\right) \\ = P\left(\frac{X-\mu}{\sigma} \leqslant \frac{x_c-72}{10}\right), \end{aligned}$$

故

$$0.44 = \frac{x_c-72}{10} \Longrightarrow x_c = 76.4.$$

□

例 3.4.3 男人身高服从 $X \sim N(1.75, 0.05^2)$, 问公交车车门高度至少为多少时, 使得其低头才能上车的概率不超过 0.5%?

解 设车门高度为 h. 因为 $X \sim N(1.75, 0.05^2)$, $\dfrac{X-1.75}{0.05} \sim N(0,1)$, 故

$$\begin{aligned} 0.995 = P(X \leqslant h) &= P\left(\frac{X-1.75}{0.05} \leqslant \frac{h-1.75}{0.05}\right) \\ &= \Phi\left(\frac{h-1.75}{0.05}\right). \end{aligned}$$

由此可得 $\dfrac{h-1.75}{0.05} \geqslant 2.58$, 即 $h \geqslant 1.8790$. □

7. 对数正态分布

设 P_n 为某股票第 n 天的价格, 则第 n 天的收益率为

$$\frac{P_n - P_{n-1}}{P_{n-1}} = R_n,$$

因而

$$\begin{aligned}
&\frac{P_n}{P_{n-1}} = 1 + R_n, \\
&\ln(P_n) - \ln(P_{n-1}) = \ln(1 + R_n), \\
&\ln(P_n) = \ln(P_0) + \sum_{k=1}^{n}(\ln(P_k) - \ln(P_{k-1})) \\
&\qquad\quad = \ln(P_0) + \sum_{k=1}^{n}\ln(R_k + 1),
\end{aligned}$$

通常 $\ln(P_0)$ 为常数. 也就是说, 股票价格的对数可以写成多个随机因素的叠加, 由中心极限定理 (第 7 章) 知其近似服从正态分布, 因而 P_n 近似服从对数正态分布 (lognormal distribution), 即

$$\ln P_n \overset{\text{近似}}{\sim} N(\mu, \sigma^2).$$

3.5　随机变量函数的分布

问题 3.5.1　如果我们已经知道了随机变量 X 的分布, 如何求随机变量 $Y = g(X)$ 的分布?

3.5.1　离散型随机变量函数的分布

设 X 为离散型随机变量, 其分布列为

X	-5	-4	-3	-2	-1	0	$\cdots$	5
P	p_0	p_1	p_2	p_3	p_4	p_5	$\cdots$	p_{10}

易知 $Y = |X|$ 的分布列为

$Y = \|X\|$	0	1	2	3	4	5
P	p_5	$p_4 + p_6$	$p_3 + p_7$	$p_2 + p_8$	$p_1 + p_9$	$p_0 + p_{10}$

事实上,

$$
\begin{aligned}
P(Y=1) &= P(|X|=1) \\
&= P\Big(\{X=1\}\cup\{X=-1\}\Big) \\
&= p_4+p_6,
\end{aligned}
$$

其余可以类似求.

假设我们已经知道 X 的分布列 $P(X=x_i)=p_i, i=1,2,\cdots$, 对一般的确定函数 $g(x)$, 令 $Y:=g(X)$, 现在来求随机变量 Y 的分布列. 引入事件 $A_k=\{g(X)=y_k\}$, 则

$$
\begin{aligned}
P(Y=y_k) &= P(\{\omega: g(X(\omega))=y_k\}) \\
&= P(\{\omega: X(\omega)=x_i\in A_k\}) \\
&= \sum_{x_i:\, x_i\in A_k} P(X=x_i) = \sum_{i:\, x_i\in A_k} p_i.
\end{aligned}
$$

3.5.2 连续型随机变量函数的分布

例 3.5.1 (Cauchy 分布) 如图 3.13 所示, 在 $(1,0)$ 处有一个手电筒, 向 y 轴扫描照射, 设手电筒的角度为 $X\sim U\left(-\frac{\pi}{2},\frac{\pi}{2}\right)$, Y 为光束在 y 轴上的位置, $Y:=\tan(X)$, 我们求 Y 的密度函数.

解

$$
\begin{aligned}
F_Y(y) &= P(Y\leqslant y) \\
&= P\big(\tan X\leqslant y\big) \\
&= P\big(X\leqslant \arctan y\big) \\
&= \frac{\arctan y+\dfrac{\pi}{2}}{\pi}.
\end{aligned}
$$

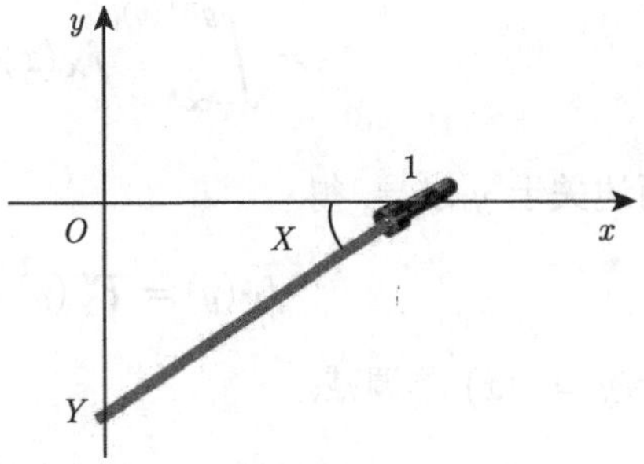

于是

$$
f_Y(y)=F_Y'(y)=\frac{1}{\pi(1+y^2)},\quad y\in\mathbb{R}.
$$

图 3.13

这就是 Cauchy 分布的密度函数.

由例 3.5.1 可以看出: 如果已知随机变量 X 的密度函数 $f_X(x)$, $Y=g(X)$, 怎么求 Y 的密度函数呢? 我们可以按照下面两步来求:

(1) 分析 Y 的分布函数

$$F_Y(y) = P(Y \leqslant y) = P(g(X) \leqslant y) = \int_{\{x:\, g(x) \leqslant y\}} f_X(x)\mathrm{d}x;$$

(2) $f_Y(y) = \dfrac{\mathrm{d}}{\mathrm{d}y} F_Y(y)$.

下面我们再来看几个例子.

例 3.5.2 (对数正态分布) 设随机变量 $X \sim N(0,1)$, $Y = e^X$, 求 Y 的密度函数.

解

$$P(Y \leqslant y) = P(e^X \leqslant y) = P(X \leqslant \ln y) = \int_{-\infty}^{\ln y} \phi(x)\mathrm{d}x,$$

从而

$$f_Y(y) = \frac{1}{\sqrt{2\pi}\sigma} \frac{1}{y} \exp\left(-\frac{(\ln y)^2}{2}\right), \quad y > 0. \qquad \square$$

一般地, 我们有如下定理.

定理 3.5.1 设 $f_X(x)$ 为连续型随机变量 X 的密度函数, 并设 $y = g(x)$ 为严格单增或单减的可微函数. 记它的反函数为 $x = g^{-1}(y)$, 则 $Y = g(X)$ 的密度函数为

$$f_Y(y) = f_X\left(g^{-1}(y)\right) |(g^{-1}(y))'|, \quad a \leqslant y \leqslant b,$$

其中, $a := \min\limits_x g(x)$, $b := \max\limits_x g(x)$.

证明 先设 $y = g(x)$ 为单调增函数, 则

$$\begin{aligned} F_Y(y) &= P(Y \leqslant y) = P(g(X) \leqslant y) = P\left(X \leqslant g^{-1}(y)\right) \\ &= \int_{-\infty}^{g^{-1}(y)} f_X(x)\mathrm{d}x, \end{aligned}$$

两边关于 y 求导, 得

$$f_Y(y) = F_Y'(y) = f_X(g^{-1}(y))(g^{-1}(y))'.$$

若 $y = g(x)$ 单调减,

$$f_Y(y) = F_Y'(y) = -f_X(g^{-1}(y))(g^{-1}(y))'. \qquad \square$$

例 3.5.3 (自由度为 1 的 χ^2 分布) 若 $X \sim N(0,1)$, $Y := X^2$, 求 Y 的密度函数.

解 对 $y > 0$,

$$P(Y \leqslant y) = P\left(X^2 \leqslant y^2\right) = P\left(|X| \leqslant \sqrt{y}\right)$$

$$= P\Big(-\sqrt{y} \leqslant X \leqslant \sqrt{y}\Big)$$
$$= P\Big(X \leqslant \sqrt{y}\Big) - P\Big(X \leqslant -\sqrt{y}\Big)$$
$$= \int_{-\infty}^{\sqrt{y}} \varphi(t)\mathrm{d}t - \int_{-\infty}^{-\sqrt{y}} \varphi(t)\mathrm{d}t,$$

两边关于 y 求导, 得

$$f_Y(y) = \phi(\sqrt{y})\frac{1}{2\sqrt{y}} + \phi(-\sqrt{y})\frac{1}{2\sqrt{y}}$$
$$= \phi(h_1(y))|h_1'(y)| + \phi(h_2(y))|h_2'(y)|,$$

其中, $h_1(y) := \sqrt{y}, h_2(y) := -\sqrt{y}$. □

由上面例子可以看出, 对于一般连续可微函数 $y = g(x)$, 可以将 $g(x)$ 分成多段, 每一段上都是单调可微函数 (图 3.14), 即

$$g(x) = \sum_{i=1}^{m} g_i(x) I_{(x_i, x_{i+1}]}(x),$$

其中, $I_{(a,b]}(x) = \begin{cases} 1, & x \in (a,b], \\ 0, & \text{其他}. \end{cases}$

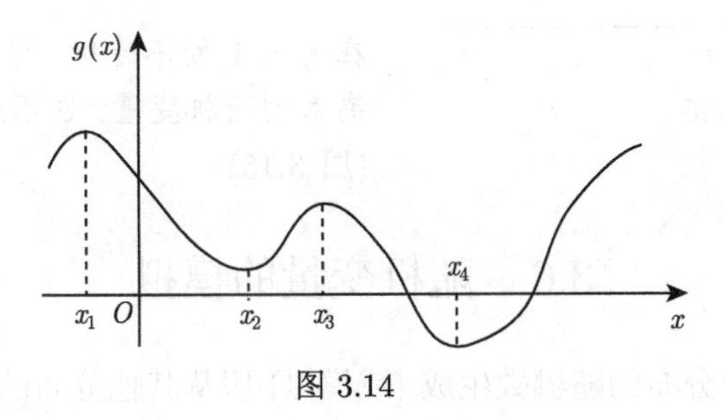

图 3.14

则 $Y = g(X)$ 的密度函数为

$$f_Y(y) = \begin{cases} \displaystyle\sum_{i=1}^{m} f_X(h_i(y))|(h_i(y))'|, & y \in \mathcal{D}, \\ 0, & \text{其他}, \end{cases}$$

其中, $h_i(y)$ 为 $y = g(x)$ 的反函数, $\mathcal{D} = (\min_x g(x), \max_x g(x))$.

设 X 为连续型随机变量, $Y = g(X)$, 则 Y 不一定是连续型随机变量.

例 3.5.4　(1) 设 $X \sim U(-1,1)$,

$$Y := \operatorname{sgn}(X) = \begin{cases} 1, & X > 0, \\ 0, & X = 0, \\ -1, & X < 0, \end{cases}$$

则 Y 为离散型随机变量;

(2) 如果 $X \sim U(0,2)$,

$$Y = g(X) = \begin{cases} X, & 0 \leqslant X \leqslant 1, \\ 1, & 1 \leqslant X \leqslant 2, \\ 0, & \text{其他}, \end{cases}$$

则 Y 的分布函数为

$$F_Y(y) = \begin{cases} 0, & y < 0, \\ \dfrac{y}{2}, & 0 \leqslant y < 1, \\ 1, & y \geqslant 1, \end{cases}$$

在 $y=1$ 处不连续. 可以看出, Y 既不是离散型随机变量, 也不是连续型随机变量 (图 3.15).

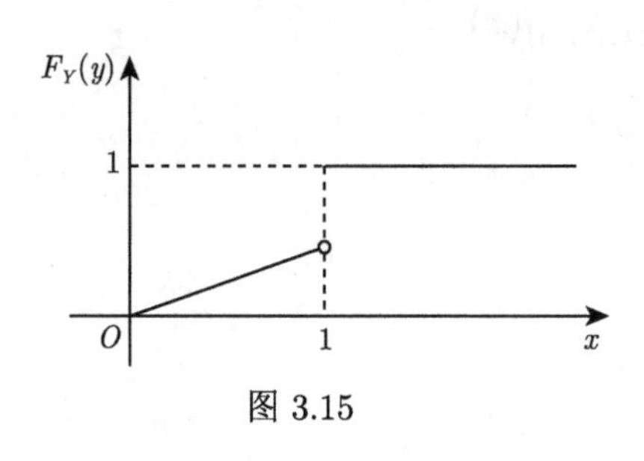

图 3.15

*3.6　随机变量的模拟

本节将由均匀分布的随机数生成 (或模拟) 服从其他分布的随机变量.

3.6.1　随机数生成

如果 $X \sim U(0,1)$, 我们就称 X 为均匀分布的随机数. 本小节先大致介绍计算机产生均匀分布随机数的步骤. 它主要是通过同余法产生伪随机数, 具体步骤如下.

第一步: $X_n = aX_{n-1}\,(\text{modulo}(m))$ 或 $X_n = aX_{n-1} + b\,(\text{modulo}(m))$, 即 X_n 为 $aX_{n-1}|m$ 的余数 (不超过 m 就取原数, 超过 m 取余数 $0,1,2,\cdots,m-1$).

第二步: $\dfrac{X_n}{m}$ 就生成 [0,1] 上的伪随机数.

这种方式产生的随机数是一个 [0,1] 取值的确定性的周期数列, 可以取足够大的 m 和 a, 使得它的周期非常长, 看起来像完全随机的随机数 (称为 “伪随机数”), 实际上这种方式生成的 “随机数” 能通过分布拟合优度检验和独立性检验, 在实践中广泛使用. 通常取

$$\begin{aligned} &32\text{bit}:\ m = 2^{31} - 1, \quad a = 7^5 = 16807, \\ &36\text{bit}:\ m = 2^{35} - 1, \quad a = 5^5. \end{aligned}$$

均匀分布的随机数可以模拟实现服从其他分布的随机变量, 这种方法简称为随机变量的模拟.

3.6.2 离散型随机变量的模拟

设随机变量 X 为离散型随机变量, 其分布列为

X	x_1	x_2	$\cdots$	x_k	$\cdots$
P	p_1	p_2	$\cdots$	p_k	$\cdots$

其中 $x_1 < x_2 < \cdots < x_k < \cdots$. 怎么用来模拟实现这个随机变量呢?

设 U 为均匀分布的随机数, $U \sim U(0,1)$, 令

$$X := \begin{cases} x_1, & 0 \leqslant U \leqslant p_1, \\ x_2, & p_1 < U \leqslant p_1 + p_2, \\ \cdots\cdots & \\ x_k, & \sum_{i=1}^{k-1} p_i < U \leqslant \sum_{i=1}^{k} p_i, \\ \cdots\cdots & \end{cases}$$

由于对任意 $0 < a < b < 1$, $P(a < U < b) = b - a$, 从而

$$P(X = x_k) = P\left(\sum_{i=1}^{k-1} p_i < U \leqslant \sum_{i=1}^{k} p_i\right) = p_k.$$

例 3.6.1 如果我们想模拟实现如下分布

X	1	2	3	4
P	0.2	0.15	0.25	0.4

我们只需要产生 $[0,1]$ 上均匀分布的随机数, 根据 U 的取值作判断:

(1) 如果 $U \leqslant 0.20$, 令 $X = 1$;

(2) 如果 $0.20 < U \leqslant 0.35$, 令 $X = 2$;

(3) 如果 $0.35 < U \leqslant 0.60$, 令 $X = 3$;

(4) 如果 $0.60 < U \leqslant 1$, 令 $X = 4$.

则这样得到的随机变量 X 的分布就是给定的分布.

3.6.3 连续型随机变量的模拟

设 $F(x)$ 是给定的分布函数, 假定 $F(x)$ 连续. 根据 p-分位数 $(0 \leqslant p \leqslant 1)$ 的定义 (详见 4.3 节数值特征 (7))

$$F^{-1}(p) = \inf\{x : F(x) \geqslant p\} = \sup\{x : F(x) \leqslant p\}.$$

我们可以生成 $[0,1]$ 上均匀分布的随机数 U, $U \sim U(0,1)$. 令

$$X := F^{-1}(U),$$

则 X 的分布函数为

$$P(X \leqslant x) = P\left(F^{-1}(U) \leqslant x\right) = P(U \leqslant F(x)) = F(x).$$

例 3.6.2 用分布函数法生成服从参数为 λ 的指数分布的随机数.

解 因为分布函数

$$F(x) = \begin{cases} 1 - e^{-\lambda x}, & x \geqslant 0, \\ 0, & x < 0, \end{cases}$$

则

$$F^{-1}(y) = -\frac{1}{\lambda}\ln(1-y).$$

于是生成 $[0,1]$ 上均匀分布的随机数 U, 令

$$X = -\frac{1}{\lambda}\ln(1-U),$$

则 $X \sim \mathscr{E}(\lambda)$. □

但很多分布只能写出其密度函数的形式, 其分布函数形式写不出, 如正态分布

$$F(x) = \int_{-\infty}^{x} \frac{1}{\sqrt{2\pi}\sigma} e^{-\frac{(y-\mu)^2}{2\sigma^2}} \mathrm{d}y,$$

$F(x)$ 的形式写不出来. 这时, 我们通常采取舍取法, 详见 (Ross, 2014).

习 题 3

1. 投掷两枚骰子, 记 X 为点数之积, 计算 $P(X=i),\ i=1,2,\cdots,36$.

2. 甲、乙击中目标的概率分别是 0.6, 0.7, 如果各射击 3 次, 计算:

(1) 击中次数相同的概率;

(2) 甲击中的次数多的概率.

3. 设 $P(X=a)=p, P(X=b)=1-p$, 求常数 c,d, 使得

$$Y=cX+d\sim B(1,p).$$

4. 设车间有 100 台型号相同的机床相互独立地工作, 每台机床发生故障的概率是 0.01. 一台机床发生故障时只需要一人维修. 考虑两种配备维修工人的方法:

(1) 5 个工人每人负责 20 台机床;

(2) 3 个工人同时负责这 100 台机床.

以上两种情况下求机床发生故障时不能及时维修的概率, 比较哪种方案的效率更高.

5. 收藏家在拍卖会上将参加对五件艺术品的竞买, 各拍品是否竞买成功是相互独立的. 如果他成功购得每一件艺术品的概率是 0.1, 计算:

(1) 成功竞买到两件的概率;

(2) 至少成功竞买到三件的概率;

(3) 至少竞买一件成功的概率.

6. 一辆汽车需要通过多个有红绿灯的路口, 设各路口的红绿灯独立工作, 且红灯和绿灯的显示时间相同. 用 X 表示首次遇到红灯时已经通过的路口数. 求 X 的分布列.

7. 连续投掷一枚均匀的硬币直到正面朝上出现 10 次, 记 X 为反面朝上的次数, 计算 X 的分布函数.

8. 一个房间有三扇完全相同的玻璃窗, 其中只有一扇是打开的. 两只麻雀飞入房间后试图飞出房间.

(1) 第一只麻雀是无记忆的, 求它飞出房间时试飞次数 X 的分布列;

(2) 第二只麻雀是有记忆的, 求它飞出房间时试飞次数 Y 的分布列.

9. 5 个玩家被随机分配 5 个不同的数字, 任两个玩家中数字大的一方获胜. 首先玩家 1 和玩家 2 比较大小, 赢得一方和玩家 3 比较, 以此类推. 记 X 为玩家 1 赢的次数, 计算 $P(X=i),\ i=0,1,2,3,4$.

10. 设一个质点从原点出发在直线上做随机游动, 每次向右移动一个单位的概率是 $p\in(0,1)$, 向左移动一个单位的概率是 $q=1-p$. 用 X_n 表示 n 时质点的位置, 计算 $P(X_n=k)$.

11. (带吸收壁的随机游动) 设 a,b 是正整数, 在第 10 题的假设下, 设质点从 a 出发, 一旦到达 0 或者 $a+b$ 就永远停留在 0 或者 $a+b$, 我们称 0, $a+b$ 是两个吸收壁. 证明质点被 0 吸收的概率为

$$p_a=\begin{cases}\dfrac{1-(p/q)^b}{1-(p/q)^{a+b}}, & p\neq q,\\[2ex] \dfrac{b}{a+b}, & p=q.\end{cases}$$

12. 某赌博玩家有赌资 100 万元, 庄家有赌资 1 亿元. 现在玩家和庄家每局赌 1000 元.

(1) 如果玩家每局获胜的概率是 0.5, 求玩家破产的概率;

(2) 如果玩家每局获胜的概率是 0.499, 求玩家破产的概率;

(3) 如果庄家只有赌资 100 万元, 而玩家的本金无穷多, 玩家每局获胜的概率是 0.499, 求庄家破产的概率.

13. 设 X 服从参数是 λ 的 Poisson 分布, 求 $p_k=P(X=k)$ 的最大值点 k.

14. 假设高速公路上每天发生车祸的次数服从参数 $\lambda=3$ 的 Poisson 分布.

(1) 求今天至少发生 3 起车祸的概率;

(2) 求今天至少发生 1 起车祸的概率.

15. 假设随机变量 X 服从几何分布, 证明 $P\left(X=n+k \middle| X>n\right)=P(X=k)$.

16. 假设 X 的分布函数为

$$F(x)=\begin{cases}0, & x<0,\\ \dfrac{x}{4}, & 0\leqslant x<1,\\ \dfrac{1}{2}+\dfrac{x-1}{4}, & 1\leqslant x<2,\\ \dfrac{11}{12}, & 2\leqslant x<3,\\ 1, & 3\leqslant x.\end{cases}$$

(1) 求 $P(X=i),\ i=1,2,3$;

(2) 求 $P\left(\dfrac{1}{2}<X<\dfrac{3}{2}\right)$.

17. 独立地投掷一枚均匀的硬币 4 次, 记 X 为正面朝上的次数, 画出随机变量 $X-2$ 的分布函数.

18. 对分布函数 $F(x)=P(X\leqslant x)$, 定义

$$g(x)=\begin{cases}F'(x), & \text{导数存在},\\ 0, & \text{导数不存在}.\end{cases}$$

利用性质

$$\int_a^b g(t)\mathrm{d}t\leqslant F(b)-F(a),\quad a<b,$$

证明: 如果 $\displaystyle\int_{-\infty}^{+\infty} g(t)\mathrm{d}t=1$, 则 $g(x)$ 是 X 的密度函数.

19. (1) 设连续函数 $f(x)$ 满足 $f(x+y)=f(x)+f(y),\ x,y>0$, 则有常数 a, 使得 $f(x)=ax,\ x\geqslant 0$;

(2) 如果非零连续函数 $g(x)$ 满足 $g(x+y)=g(x)g(y),\ x,y>0$, 则有常数 b, 使得 $g(x)=e^{bx},\ x\geqslant 0$.

20. 随机变量 X 的密度函数为

$$f(x)=\begin{cases}c(1-x^2), & -1<x<1,\\ 0, & \text{其他}.\end{cases}$$

(1) 求 c;

(2) 求 X 的分布函数.

21. 假设 $X \sim U(-1,1)$, 求:

(1) $P\left(|X| > \frac{1}{2}\right)$;

(2) $|X|$ 的密度函数.

22. 假设 $Y \sim U(0,5)$, 求方程 $4x^2 + 4xY + Y + 2 = 0$ 有两个实根的概率?

23. 在某个比赛中, 只有连赢三场才能获得胜利. 假设 U 服从 $(0,1)$ 上的均匀分布, 如果 $U > 0.1$, 你会赢得第一场比赛; 如果 $U > 0.2$, 你会赢得第二场比赛; 如果 $U > 0.3$, 你会赢得第三场比赛.

(1) 求赢得第一场比赛的概率;

(2) 在已经赢得第一场比赛的情况下, 赢得第二场比赛的概率;

(3) 在前两场都赢的情况下, 赢得第三场的概率;

(4) 你获得最终胜利的概率.

24. 某种模具的宽度服从 $\mu = 0.9000, \sigma = 0.0030$ 的正态分布, 它的规格为 0.9000 ± 0.0050.

(1) 次品的比例会有多少?

(2) 如果 100 件模具中至多有 1 件次品, 求使模具的宽度服从 $N(0.9000, \sigma^2)$ 的最大的 σ 值.

25. 机床加工的部件长度服从正态分布 $N(10, \sigma^2)$. 当部件的长度在 10 ± 0.01 内为合格品时, 要使该机床生产的部件的合格率达到 99%, 应当如何控制机床的 σ.

26. 设 T 是表示寿命的非负随机变量, 有连续的密度函数 $f(x)$. 引入 T 的生存函数 $S(x) = P(T \geqslant x)$ 和失效率函数 $\lambda(t) = f(t)/S(t)$, 证明:

$$S(x) = \exp\left(-\int_0^x \lambda(t)\mathrm{d}t\right).$$

27. 假设洗衣机的寿命 T 为随机变量且它的失效率函数为

$$\lambda(t) = \begin{cases} 0.2, & 0 < t < 2, \\ 0.2 + 0.3(t-2), & 2 \leqslant t < 5, \\ 1.1, & t \geqslant 5. \end{cases}$$

(1) 求购买 6 年后洗衣机还能正常使用的概率;

(2) 在购买 6 年后洗衣机还能正常使用的情况下, 求未来两年洗衣机坏掉的概率.

28. 设 X 的密度函数为 $f(x)$. 求:

(1) $Y = X^{-1}$ 的密度函数;

(2) $Y = |X|$ 的密度函数;

(3) $Y = \tan(X)$ 的密度函数.

29. 设 $X \sim U(0, 6\pi)$ 且 $r > 0$ 为常数, 求 $Y = r\cos(X)$ 的密度函数.

30. 设 $X \sim \mathscr{E}(\lambda)$, 计算 $Y = \cos(X)$ 的密度函数.

31. 假设 X 服从参数为 λ 的指数分布, 且 $c > 0$ 为常数, 证明: cX 服从参数为 λ/c 的指数分布.

32. 假设 $X \sim U(0,1)$, 求 $Y = e^X$ 的密度函数.

第 4 章

随机变量的数值特征

这一章, 我们将讨论一维随机变量的数值特征, 如数学期望、方差、变异系数、峰度、偏度、中位数、分位数、期望效用、熵等, 这些数值分别反映了随机变量某些方面的分布特性.

4.1 数学期望

4.1.1 数学期望的定义

例 4.1.1 (引例) 甲、乙两射手各射击 10 次, 设 X 表示甲的成绩, Y 表示乙的成绩. 其命中环数分布如下

X	6	7	8	9	10
P	$\frac{1}{10}$	$\frac{2}{10}$	$\frac{3}{10}$	$\frac{1}{10}$	$\frac{3}{10}$

Y	6	7	8	9	10
P	0	$\frac{2}{10}$	$\frac{4}{10}$	$\frac{3}{10}$	$\frac{1}{10}$

求他们的平均命中环数.

$$
\begin{aligned}
甲_{平} = \frac{总环数}{10} &= 6\times\frac{1}{10}+7\times\frac{2}{10}+8\times\frac{3}{10}+9\times\frac{1}{10}+10\times\frac{3}{10}\\
&= 8.3,\\
乙_{平} = \frac{总环数}{10} &= 7\times\frac{2}{10}+8\times\frac{4}{10}+9\times\frac{3}{10}+10\times\frac{1}{10}\\
&= 8.3.
\end{aligned}
$$

由此可以看出, 平均命中环数 = 命中的环数乘以命中环数的概率之和.

问题 4.1.1 一般的随机变量, 如何定义平均值?

定义 4.1.1 (1) 设 X 为离散型随机变量, 其分布列为 $p_k = P(X = x_k)$, $k = 1, 2, \cdots$. 若

$$\sum_k |x_k| p_k < +\infty,$$

则称

$$E(X) := \sum_k x_k p_k$$

为 X 的**数学期望**.

(2) 设 X 为连续型随机变量, 其密度函数为 $f(x)$. 若

$$\int_{-\infty}^{+\infty} |x| f(x) \mathrm{d}x < +\infty,$$

则称

$$E(X) := \int_{-\infty}^{+\infty} x f(x) \mathrm{d}x$$

为 X 的**数学期望**.

注 (1) 数学期望实质上是一种加权平均.

(2) 离散型随机变量与连续型随机变量的数学期望可以统一表示为

$$E(X) = \int_{-\infty}^{+\infty} x \mathrm{d}F_X(x) \quad \text{(Riemann-Stieltjes 积分)}$$

$$= \begin{cases} \displaystyle\sum_i x_i [F(x_i) - F(x_i - 0)], & X\text{为离散型随机变量}, \\ \displaystyle\int_{-\infty}^{+\infty} x f(x) \mathrm{d}x, & X\text{为连续型随机变量}. \end{cases}$$

性质 4.1.1 (1) $X = c \Longrightarrow E(X) = c$;

(2) $X \geqslant 0 \Longrightarrow E(X) \geqslant 0$;

(3) $b \geqslant X \geqslant a \Longrightarrow b \geqslant E(X) \geqslant a$;

(4) 设 a, b 为常数, 则 $E(aX + b) = aE(X) + b$.

例 4.1.2 发行某彩票 10 万张, 每张 10 元, 设一等奖 1 个, 奖金 5 万元, 二等奖 4 个, 奖金各 1 万元, 三等奖 10 个, 奖金各 1000 元. 某人买了 1 张彩票, 他期望得奖多少元?

解 用 X 表示他获得的奖金, 则 X 的分布列为

X	50000	10000	1000	0
P	0.00001	0.00004	0.0001	$1-0.00015$

故 $E(X)=0.5+0.4+0.1=1$. □

例 4.1.3 某保险公司制订赔偿方案, 如果在一年内一个顾客的投保事件 A (财产保险) 发生, 该公司就赔偿该顾客 a 元. 若已知一年内事件 A 发生的概率为 p, 为使公司收益的期望值等于 a 的 5%, 该公司应要求顾客交多少元的保险费?

解 设一个顾客如果交纳 x 元保险费, 公司收益为 Y 元, 则

$$Y=\begin{cases}x, & \text{若事件 } A \text{ 不发生},\\ x-a, & \text{若事件 } A \text{ 发生}\end{cases}$$

$$=x-aX,$$

其中

$$X=\begin{cases}0, & \text{若事件 } A \text{ 不发生},\\ 1, & \text{若事件 } A \text{ 发生}.\end{cases}$$

易知

$$E(Y)=x-aE(X)=x-ap=a\times 5\%,$$

从而

$$x=ap+5a\%=a(0.05+p).$$ □

注 一般地, 有 N 个顾客参加投保, 则公司收益为

$$Y=Nx-\sum_{k=0}^{N}aX_k,$$

$$X_k=\begin{cases}1, & \text{第 } k \text{ 个顾客发生理赔},\\ 0, & \text{第 } k \text{ 个顾客不发生理赔}.\end{cases}$$

假设 N 服从参数为 λ 的 Poisson 分布:

$$P(N=n)=e^{-\lambda}\frac{\lambda^n}{n!},$$

我们也可以计算保险费问题.

4.1.2 常用分布的数学期望

(1) 0-1 分布: 设 X 服从参数为 p 的 0-1 分布, 则 $E(X)=1\times p+0\times(1-p)=p$.

(2) 二项分布: 设 $X\sim B(n,p)$, 则 $E(X)=\sum\limits_{k=0}^{n}k\mathrm{C}_n^k\,p^k\,(1-p)^{n-k}=np$.

(3) 几何分布: 设 X 服从参数为 p 的几何分布, 则 $E(X)=\sum\limits_{k=1}^{+\infty}k(1-p)^{k-1}p=\dfrac{1}{p}$.

(4) Poisson 分布: 设 $X\sim \mathrm{Poi}(\lambda)$, 则 $E(X)=\sum\limits_{k=0}^{+\infty}ke^{-\lambda}\dfrac{\lambda^k}{k!}=\lambda$.

(5) 均匀分布: 设 $X\sim U(a,b)$, 则 $E(X)=\displaystyle\int_a^b\frac{x}{b-a}\mathrm{d}x=\frac{b+a}{2}$.

(6) 指数分布: 设 $X\sim \mathscr{E}(\lambda)$, 则 $E(X)=\displaystyle\int_0^{+\infty}x\lambda e^{-\lambda x}\mathrm{d}x=\frac{1}{\lambda}$.

(7) 正态分布: 设 $X\sim N(\mu,\sigma^2)$, 则 $E(X)=\displaystyle\int_{-\infty}^{+\infty}x\frac{1}{\sqrt{2\pi}\sigma}e^{\frac{(x-\mu)^2}{2\sigma^2}}\mathrm{d}x=\mu$.

(8) Cauchy 分布: $E(|X|)=\displaystyle\int_{-\infty}^{+\infty}\frac{|x|}{\pi}\frac{\mathrm{d}x}{1+x^2}=+\infty$, 即期望不存在.

4.1.3 重要的计算公式

定理 4.1.1 设 X 为非负随机变量, 且 $E(X)<+\infty$, 则

$$E(X)=\begin{cases}\displaystyle\sum_{k=0}^{+\infty}P(X>k), & X\text{为取值为非负整数的随机变量},\\ \displaystyle\int_0^{+\infty}P(X>x)\mathrm{d}x, & X\text{为非负连续型随机变量}.\end{cases}$$

证明 (1) 设 X 为离散型随机变量, 取值为 $0,1,2,\cdots$, 则

$$\begin{aligned}EX&=\lim_{N\to+\infty}\sum_{k=1}^{N}kP(X=k)\\&=\lim_{N\to+\infty}\sum_{k=1}^{N}k[P(X>k-1)-P(X>k)],\end{aligned}$$

因为

$$\sum_{k=1}^{N}k[P(X>k-1)-P(X>k)]$$

$$
\begin{aligned}
&= \sum_{k=1}^{N} kP(X > k-1) - \sum_{k=1}^{N} kP(X > k) \\
&= \sum_{k=1}^{N} P(X > k-1) + \sum_{k=1}^{N} (k-1)P(X > k-1) - \sum_{k=1}^{N} kP(X > k) \\
&= \sum_{k=1}^{N} P(X > k-1) - NP(X > N),
\end{aligned}
$$

同时

$$
\begin{aligned}
NP(X \geqslant N+1) &= N \sum_{n=N+1}^{+\infty} P(X = k) \\
&\leqslant \sum_{n=N+1}^{+\infty} kP(X = k) \xrightarrow[n \to +\infty]{} 0,
\end{aligned}
$$

从而

$$
EX = \lim_{N \to +\infty} \sum_{k=1}^{N} P(X > k-1) = \sum_{k=1}^{+\infty} P(X > k-1).
$$

(2) 如果 X 为非负的连续型随机变量, 则

$$
\begin{aligned}
\int_0^{+\infty} P(X > x)\mathrm{d}x &= \int_0^{+\infty} [1 - F(x)]\mathrm{d}x \\
&= x[1 - F(x)]\Big|_0^{+\infty} + \int_0^{+\infty} xf(x)\mathrm{d}x,
\end{aligned}
$$

因为

$$
x(1 - F(x)) = x\int_x^{+\infty} f(t)\mathrm{d}t \leqslant \int_x^{+\infty} tf(t)\mathrm{d}t,
$$

由 $\int_0^{+\infty} |x|f(x)\mathrm{d}x < +\infty$ 可知

$$
\lim_{x \to +\infty} x(1 - F(x)) = 0,
$$

从而有

$$
\int_0^{+\infty} P(X > x)\mathrm{d}x = \int_0^{+\infty} xf(x)\mathrm{d}x = E(X). \qquad \square
$$

4.1.4 随机变量函数的期望

问题 4.1.2 根据空气动力学, 某种气体分子的速度 X 服从 Maxwell (麦克斯韦尔) 分布, 其密度为

$$f_X(x) = \frac{4}{\sqrt{\pi}}\frac{1}{\sigma^3}x^2e^{-\frac{x^2}{2\sigma^2}}, \quad x > 0,$$

其中 σ 为与温度有关的参数. 设 $Y := \frac{1}{2}mX^2$ 表示分子的动能 (其中 m 为分子质量). 怎么求分子的平均动能 $E(Y)$ 呢?

分析 在这个问题中, 令 $g(x) = \frac{1}{2}mx^2$, 欲求 $E[g(X)]$, 先求 $Y = g(X) = \frac{1}{2}mX^2$ 的分布:

$$\begin{aligned} F_Y(y) &= P(Y \leqslant y) = P\left(\frac{1}{2}mX^2 \leqslant y\right) \\ &= P\left(X \leqslant \sqrt{\frac{2y}{m}}\right) = \int_{-\infty}^{\sqrt{\frac{2y}{m}}} f_X(t)\mathrm{d}t, \end{aligned}$$

故 Y 的密度函数为

$$f_Y(y) = f_X\left(\sqrt{\frac{2y}{m}}\right)\frac{1}{\sqrt{2m}\sqrt{y}}, \quad y > 0.$$

从而

$$E[g(X)] = E(Y) = \int_0^{+\infty} yf_Y(y)\mathrm{d}y = \int_0^{+\infty} yf_X\left(\sqrt{\frac{2y}{m}}\right)\frac{1}{\sqrt{2m}\sqrt{y}}\mathrm{d}y.$$

如果令 $\sqrt{\frac{2y}{m}} = x$, 则 $y = \frac{1}{2}mx^2$, 有

$$E[g(X)] = \int_0^{+\infty} \frac{1}{2}mx^2 f_X(x)\mathrm{d}x = \int_0^{+\infty} g(x)f_X(x)\mathrm{d}x.$$

一般地, 我们有如下结果.

定理 4.1.2 设随机变量 X 的分布函数为 $F_X(x)$, $g(x)$ 为可测函数且满足

$$\int_{\mathbb{R}} |g(x)|\mathrm{d}F_X(x) < +\infty,$$

则

$$E(Y)=Eg(X)=\int_{\mathbb{R}}g(x)\mathrm{d}F_X(x)$$
$$=\begin{cases}\displaystyle\sum_i g(x_i)P(X=x_i), & \text{如果 } X \text{ 为离散型随机变量},\\ \displaystyle\int_{\mathbb{R}}g(x)f_X(x)\mathrm{d}x, & \text{如果 } X \text{ 为连续型随机变量}.\end{cases}$$

注　如果取 $g(x)=I_B(x)$, $B\in\mathscr{B}$, 则

$$E[I_B(X)]=\int_{\mathbb{R}}I_B(x)\mathrm{d}F_X(x)=P(X\in B).$$

证明　(1) 如果 X 为离散型随机变量, 令

$$A_i:=\{x_j:\ g(x_j)=y_i\},$$

则

$$\begin{aligned}E(Y)&=\sum_i y_iP(Y=y_i)\\&=\sum_i y_i\Big(\sum_{x_j\in A_i}P(X=x_j)\Big)\\&=\sum_i\sum_{x_j\in A_i}g(x_j)P(X=x_j)\\&=\sum_j g(x_j)P(X=x_j).\end{aligned}$$

(2) 如果 X 为连续型随机变量, 密度函数为 $f_X(x)$, 对于一般连续可微函数 $y=g(x)$, 我们可以将 $g(x)$ 分成多段, 每一段上都是单调可微函数, 即

$$g(x)=\sum_{i=1}^m g_i(x)I_{(x_i,x_{i+1}]}(x),$$

其中 $I_{(a,b]}(x)=\begin{cases}1, & x\in(a,b],\\ 0, & \text{其他}.\end{cases}$ 则 $Y=g(X)$ 的密度函数为

$$f_Y(y)=\begin{cases}\displaystyle\sum_{i=1}^m f_X(h_i(y))|h_i'(y)|, & y\in\mathcal{D},\\ 0, & \text{其他},\end{cases}$$

其中 $h_i(y)$ 为 $y=g(x)$ 的反函数. 令 $\mathcal{D}_i := \left(\min\limits_{x\in[x_i,x_{i+1}]} g(x), \max\limits_{x\in[x_i,x_{i+1}]} g(x)\right)$, 由于 $h_i'(y)=1/g'(x)$, 故

$$
\begin{aligned}
E(Y) &= \int_{-\infty}^{+\infty} y f_Y(y)\mathrm{d}y \\
&= \sum_{i=1}^{m} \int_{\mathcal{D}_i} y f_X(h_i(y))|h_i'(y)|\mathrm{d}y \\
&= \sum_{i=1}^{m} \int_{x_i}^{x_{i+1}} g(x) f_X(x)|h_i'(y)g'(x)|\mathrm{d}x \\
&= \int_{-\infty}^{+\infty} g(x) f_X(x)\mathrm{d}x.
\end{aligned}
$$

如果 $g(x)$ 为一般的可测函数, 我们可以用测度论的方法证明 (严加安, 2004). □

注 如果 X 为连续型随机变量, 密度函数为 $f_X(x)$. 如果 $g(x)\geqslant 0$ 为连续函数, 由定理 4.1.1 可知

$$
\begin{aligned}
E[g(X)] &= \int_0^{+\infty} P(g(X)>y)\mathrm{d}y \\
&= \int_0^{+\infty} \left(\int_{\{x:\, g(x)>y\}} f_X(x)\mathrm{d}x\right)\mathrm{d}y \\
&= \int_0^{+\infty} \left(\int_{\mathbb{R}} I_{\{x:\, g(x)>y\}} f_X(x)\mathrm{d}x\right)\mathrm{d}y \\
&= \int_{\mathbb{R}} \left(\int_0^{+\infty} I_{\{y:\, g(x)>y\}}\mathrm{d}y\right) f_X(x)\mathrm{d}x \qquad \text{(交换积分顺序)} \\
&= \int_{\mathbb{R}} \left(\int_0^{g(x)} \mathrm{d}y\right) f_X(x)\mathrm{d}x \\
&= \int_{-\infty}^{+\infty} g(x) f_X(x)\mathrm{d}x.
\end{aligned}
$$

这可以看成连续型随机变量情形的另外一种证明.

推论 4.1.1 设 X 为满足 $E(X^\alpha)<+\infty$ $(1<\alpha<+\infty)$ 的非负随机变量, 则

$$
E(X^\alpha) = \begin{cases} \displaystyle\sum_{i=1}^{+\infty} (x_i^\alpha - x_{i-1}^\alpha) P(X\geqslant x_i), & X\text{为离散型随机变量}, \\ \displaystyle\int_0^{+\infty} \alpha x^{\alpha-1} P(X\geqslant x)\mathrm{d}x, & X\text{为连续型随机变量}, \end{cases}
$$

这里规定 $x_0 := 0$.

证明 仅证连续型随机变量的情形. 因为

$$x^\alpha(1-F(x)) = x^\alpha \int_x^{+\infty} f(u)\mathrm{d}u \leqslant \int_x^{+\infty} u^\alpha f(u)\mathrm{d}u,$$

故

$$\lim_{x\to+\infty} x^\alpha(1-F(x)) \leqslant \lim_{x\to+\infty} \int_x^{+\infty} u^\alpha f(u)\mathrm{d}u = 0.$$

利用定理 4.1.2, 有

$$\int_0^{+\infty} x^{\alpha-1}P(X>x)\mathrm{d}x = \frac{x^\alpha}{\alpha}[1-F(x)]\Big|_0^{+\infty} + \frac{1}{\alpha}\int_0^{+\infty} x^\alpha f(x)\mathrm{d}x = \frac{1}{\alpha}E(X^\alpha),$$

从而得证. □

例 4.1.4 (问题 4.1.2 的求解) 在问题 4.1.2 中, 分子的平均动能为

$$\begin{aligned}
EY &= E\left(\frac{1}{2}mX^2\right) \\
&= \frac{1}{2}mE\left(X^2\right) \\
&= \frac{1}{2}m\int_0^{+\infty} x^2 \frac{4}{\sqrt{\pi}}\frac{1}{\sigma^3}x^2 e^{-\frac{x^2}{2\sigma^2}}\mathrm{d}x \\
&= \frac{2m}{\sqrt{\pi}\sigma^3}\int_0^{+\infty} x^4 e^{-\frac{x^2}{2\sigma^2}}\mathrm{d}x \quad \left(\frac{x}{\sigma} := t\right) \\
&= \frac{2m\sigma^2}{\sqrt{\pi}}\int_0^{+\infty} t^4 e^{-\frac{t^2}{2}}\mathrm{d}t \quad (\text{运用 Gamma 函数的性质}) \\
&= \frac{3}{4}m\sigma^2.
\end{aligned}$$

由此可以看出, 气体分子的温度越高, 平均动能越大.

例 4.1.5 设市场对某商品的需求量 X (单位: 吨) 是一个服从 $[2,4]$ 上的均匀分布的随机变量, 每销量一吨可获利 3 万元, 但若销不出去, 每吨损失 1 万元, 问应进多少吨货才能得到最大的平均收益?

解 设进货量为 a ($a\in[2,4]$) (单位: 吨), 收益为 Y (单位: 万元), 则

$$Y = g(X) = \begin{cases} 3X-(a-X), & 2\leqslant X\leqslant a, \\ 3a, & a<X\leqslant 4, \end{cases}$$

这里

$$
\begin{aligned}
g(x) &:= \begin{cases} 3x-(a-x), & 2 \leqslant x \leqslant a, \\ 3a, & a < x \leqslant 4 \end{cases} \\
&= (4x-a)I_{\{2\leqslant x\leqslant a\}} + 3aI_{\{a<x\leqslant 4\}}.
\end{aligned}
$$

从而

$$
\begin{aligned}
E(Y) &= \int_2^4 g(x)p_X(x)\mathrm{d}x \\
&= \int_2^a (4x-a)\frac{\mathrm{d}x}{2} + 3a\int_a^4 \frac{\mathrm{d}x}{2} \\
&= -a^2+7a-4 = -(a-3.5)^2+3.5^2-4,
\end{aligned}
$$

易知当 $a=3.5$ 吨时才能得到最大的收益. □

4.2 方　差

问题 4.2.1 在例 4.1.1 中, 两射手数学期望是一样的, 如何评价谁更好? 谁的水平发挥更加稳定?

一般地, 我们如何用一个数描述随机变量的"随机"的程度? 如何刻画某资产投资回报率的"风险"?

为此, 我们引入方差.

定义 4.2.1 假设 X 为随机变量, 且 $E(X^2)<+\infty$, 称

$$
D(X) := E\left[\{X-E(X)\}^2\right]
$$

为随机变量 X 的**方差**, 称 $\sigma := \sqrt{D(X)}$ 为 X 的**标准差**. 直观地说, 方差反映了随机变量与其均值的平均离差程度.

在问题 4.2.1 中,

$$
\begin{aligned}
D(X) = &(6-8.3)^2 \times \frac{1}{10} + (7-8.3)^2 \times \frac{2}{10} + (8-8.3)^2 \times \frac{3}{10} + (9-8.3)^2 \times \frac{1}{10} \\
&+ (10-8.3)^2 \times \frac{3}{10} = 1.81, \\
D(Y) = &(7-8.3)^2 \times \frac{2}{10} + (8-8.3)^2 \times \frac{4}{10} + (9-8.3)^2 \times \frac{3}{10} + (10-8.3) \times \frac{1}{10} \\
&= 0.81,
\end{aligned}
$$

$D(Y) < D(X)$.

所以乙比甲更稳定.

注　在 Markowitz (马科维茨) 证券投资组合中, $\sigma = \sqrt{D(X)}$ 常作为收益 X 的风险度量.

4.2.1　方差的计算公式

由方差的定义知

$$\begin{aligned}
D(X) =& E\left[\left\{X - E(X)\right\}^2\right] \\
=& \int_{-\infty}^{+\infty} \left\{x - E(X)\right\}^2 \mathrm{d}F_X(x) \\
=& \begin{cases} \sum_i \left\{x_i - E(X)\right\}^2 p_i, & \text{如果 } X \text{ 为离散型随机变量}, \\ \int_{\mathbb{R}} \left\{x - E(X)\right\}^2 f(x)\mathrm{d}x, & \text{如果 } X \text{ 为连续型随机变量}. \end{cases}
\end{aligned}$$

我们换一个角度看,

$$\begin{aligned}
D(X) &= E\left[\left\{X - E(X)\right\}^2\right] \\
&= E\left[X^2 - 2XE(X) + \left\{E(X)\right\}^2\right].
\end{aligned}$$

于是有如下计算公式:

$$D(X) = E\left(X^2\right) - \{E(X)\}^2.$$

注　如果 X 为取非负整数值的随机变量, 则

$$D(X) = 2\sum_{k=1}^{+\infty} kP(X > k) + E(X) - \{E(X)\}^2.$$

证明留作习题.

4.2.2　常用分布的方差

(1) 二项分布: 设 $X \sim B(n,p)$, 则 $D(X) = np(1-p)$.

(2) Poisson 分布: 设 $X \sim \mathrm{Poi}(\lambda)$, 则 $D(X) = \lambda$.

(3) 几何分布: 设 X 服从参数为 p 的几何分布, 则 $D(X) = \dfrac{1-p}{p^2}$.

(4) 均匀分布: 设 $X \sim U(a,b)$, 则 $D(X)=\dfrac{(b-a)^2}{12}$.

(5) 指数分布: 设 $X \sim \mathscr{E}(\lambda)$, 则 $D(X)=\dfrac{1}{\lambda^2}$.

(6) 正态分布: 设 $X \sim N(\mu,\sigma^2)$, 则 $D(X)=\sigma^2$.

4.2.3 方差的性质

性质 4.2.1 设 X 为随机变量, $E(X^2)<+\infty$, a,b,c 为常数, 则

(1) 如果 c 为常数, 则 $D(c)=0$;

(2) $D(aX+b)=a^2D(X)$;

(3) $D(X)=E\left[\{X-E(X)\}^2\right]=\min\limits_x E(X-x)^2$.

证明 仅证 (3): 利用数学期望的性质, 有

$$
\begin{aligned}
E\left[(X-x)^2\right] &= E\left(X^2-2xX+x^2\right)\\
&= E(X^2)-2xE(X)+x^2\\
&= D(X)+[x-E(X)]^2\\
&\geqslant D(X).
\end{aligned}
$$

□

问题 4.2.2 我们考察某大学生群体每天用手机某款 APP 上网的时间 (单位: 分钟), 该生每天手机上网时间 X 为连续型随机变量, 密度函数为 $f(x)$, 假设我们并不知道 $f(x)$ 的具体形式. 由数据分析可知 $E(X)=90$ 和 $D(X)=225$, 如何求每天用手机这款 APP 上网的时间在 60 分钟到 120 分钟之间的概率?

为此, 我们需要引入 Chebyshev 不等式.

定理 4.2.1 (Chebyshev 不等式) 设 X 为随机变量, $E(X^2)<+\infty$, 则对任意 $\varepsilon>0$ 有

$$
P\left(\left|X-E(X)\right|\geqslant\varepsilon\right)\leqslant\frac{D(X)}{\varepsilon^2}.
$$

证明 利用方差的定义, 可得

$$
\begin{aligned}
D(X) &= E\left(|X-E(X)|^2\right)\\
&= \int_{\mathbb{R}}|x-E(X)|^2\mathrm{d}F(x)\\
&\geqslant \int_{\{x:|x-E(X)|\geqslant\varepsilon\}}|x-E(X)|^2\mathrm{d}F(x)
\end{aligned}
$$

$$\geqslant \int_{\{x:|x-E(X)|\geqslant\varepsilon\}} \varepsilon^2 \mathrm{d}F(x)$$
$$= \varepsilon^2 P\big(|X-E(X)|\geqslant\varepsilon\big). \qquad \square$$

用类似方法我们可以证明如下一般结论.

定理 4.2.2　设 X 为随机变量, $\alpha>0$, $E(|X|^\alpha)<+\infty$, 则对任意 $\varepsilon>0$ 有

$$P\big(|X-E(X)|\geqslant\varepsilon\big)\leqslant\frac{E\big(|X-E(X)|^\alpha\big)}{\varepsilon^\alpha}.$$

例 4.2.1　在问题 4.2.2 中, 利用 Chebyshev 不等式, 有

$$P\big(X\in(60,120)\big)=P(|X-90|\leqslant 30)\geqslant 1-\frac{225}{30^2}=0.75.$$

故每天用手机这款 APP 上网的时间在 60 分钟到 120 分钟之间的概率至少是 75%.

定义 4.2.2　设 X 为随机变量, a 为常数, 如果

$$P(X=a)=1,$$

则称 X **几乎处处** (almost everywhere) **等于** a, 记为 $X=a$, a.e..

性质 4.2.2　设 X 为随机变量, $E(X^2)<+\infty$, 则

$$D(X)=0 \Longleftrightarrow X=E(X), \quad \text{a.e.}.$$

证明　利用 Chebyshev 不等式有

$$P\left(|X-E(X)|\geqslant\frac{1}{n}\right)\leqslant n^2 DX=0,$$

利用概率的次可加性, 有

$$P(|X-E(X)|>0)=P\left(\bigcup_{n=1}^{+\infty}\left\{|X-E(X)|\geqslant\frac{1}{n}\right\}\right)$$
$$\leqslant\sum_{n=1}^{+\infty}P\left(|X-E(X)|\geqslant\frac{1}{n}\right)$$
$$=0. \qquad \square$$

4.3 随机变量的其他数值特征

问题 4.3.1 除了数学期望、方差, 还有哪些其他常用的数值特征? 它们分别反映了随机变量的哪些分布特性?

(1) 变异系数 (coefficient of variance): $C_v(X)=\dfrac{\sqrt{D(X)}}{E(X)}$ $(E(X)\neq 0)$, 易知

$$|C_v(X)|=\sqrt{\frac{E(X^2)}{(EX)^2}-1}.$$

若 X 服从参数为 λ 的指数分布, $E(X)=\dfrac{1}{\lambda}$, $D(X)=\dfrac{1}{\lambda^2}$, 从而 $C_v(X)=1$. 若 $X\sim\Gamma(\alpha,\lambda)$, 易知 $E(X)=\dfrac{\alpha}{\lambda}$, $D(X)=\dfrac{\alpha}{\lambda^2}$, 从而 $C_v(X)=\dfrac{1}{\sqrt{\alpha}}$.

(2) 偏度 (skewness): $E\left(\dfrac{X-\mu}{\sigma}\right)^3$.

分布 $\Gamma(\alpha,\lambda)$ 的偏度为 $\dfrac{2}{\sqrt{\alpha}}$.

(3) 峰度 (kurtosis): $E\left(\dfrac{X-\mu}{\sigma}\right)^4-3$.

均匀分布 $U(0,1)$ 的峰度为 $-1.2<0$; 正态分布的峰度为 0; 参数为 λ 的指数分布的峰度为 6; 分布 $\Gamma(\alpha,\lambda)$ 的峰度为 $\dfrac{6}{\alpha}$.

(4) k 阶原点矩: $E\big(X^k\big)$.

(5) k 阶中心矩: $E\big[\{X-E(X)\}^k\big]$.

更一般地, α-阶矩: $E\big(|X|^\alpha\big)$, $E\big(|X-E(X)|^\alpha\big)$.

(6) 中位数 (median): 如果存在 m 使得

$$P(X\geqslant m)\geqslant\frac{1}{2},\quad P(X\leqslant m)\geqslant\frac{1}{2},$$

则称 m 为 X 的分布的**中位数**. 如果 X 的分布函数连续, 则 $F(m)=\dfrac{1}{2}$.

参数为 λ 的指数分布的中位数为 $\dfrac{\ln 2}{\lambda}$.

例 4.3.1 设 $X\sim U(0,1)$, $y=g(x)=\dfrac{1}{x}$,

$$Y=\frac{1}{X}=g(X),$$

求 Y 的分布的中位数与数学期望.

解 先求 Y 的中位数, 即求 y 使得

$$P(Y \leqslant y) = P(Y \geqslant y) = \frac{1}{2}.$$

因为

$$P(Y \leqslant y) = P\left(X \geqslant \frac{1}{y}\right) = 1 - F_X\left(\frac{1}{y}\right) = 1 - \frac{1}{y} = \frac{1}{2},$$

得 $y = 2$, 即 Y 的中位数为 2. 但是 $E(Y) = \int_0^1 \frac{\mathrm{d}x}{x} = \ln x\Big|_0^1 = +\infty$. 说明此时数学期望不存在, 但是存在中位数. □

例 4.3.2 设随机变量 X 的分布列为

X	-1	0	1
P	$\frac{1}{4}$	$\frac{1}{2}$	$\frac{1}{4}$

求中位数.

解 由 $P(X \geqslant m) \geqslant \frac{1}{2}$ 可得 $m = 0$, 由 $P(X \leqslant m) \geqslant \frac{1}{2}$ 可得 $m = 0$, 所以此时中位数为 0. □

例 4.3.3 设随机变量 X 的分布列为

X	-3	-1	2	4
P	$\frac{1}{4}$	$\frac{1}{4}$	$\frac{1}{4}$	$\frac{1}{4}$

求中位数.

解 由 $P(X \leqslant m) = \frac{1}{2}$ 可得 $m = -1$, 由 $P(X \geqslant m) = \frac{1}{2}$ 可得 $m = 2$, 所以此时中位数为 $[-1, 2]$ 上的所有数. 此时, 中位数不唯一! □

结论 若 X 是连续型随机变量, 其密度函数 $p_X(x)$ 关于其期望值 $\mu = E(X)$ 对称, 则中位数与期望值 μ 相等.

(7) **p-分位数** 设随机变量 X 的分布函数为 $F(x)$, 如果

$$\begin{aligned} x_p = F^{-1}(p) &= \sup\{x:\ P(X \leqslant x) < p\} \\ &= \inf\{x:\ P(X \leqslant x) \geqslant p\}, \end{aligned}$$

则称 x_p 为分布函数 $F(x)$ 的 p-**分位数**. 当 $p=\dfrac{1}{2}$ 时, x_p 就是中位数.

易证:

$$x < F^{-1}(p) \Longleftrightarrow F(x) < p, \tag{4.1}$$

$$x \geqslant F^{-1}(p) \Longleftrightarrow F(x) \geqslant p. \tag{4.2}$$

事实上, 若 $F(x) < p$, 由右连续性知 $F(x+\varepsilon) < p$, $F^{-1}(p) \geqslant x+\varepsilon > x$.

特别是如果 X 为连续型随机变量, $F(x_p)=p$, 则

$$x_p = F^{-1}(p) = \inf\big\{x:\ P(X>x)=1-p\big\}.$$

设 $E(X)=\mu, D(X)=\sigma^2$, $\widetilde{X} := \dfrac{X-\mu}{\sigma}$ 的分布函数为 $\widetilde{F}(x)$, 则

$$p = P\big(X \leqslant x_p\big) = P\left(\frac{X-\mu}{\sigma} \leqslant \frac{x_p-\mu}{\sigma}\right) = P\left(\widetilde{X} \leqslant \frac{x_p-\mu}{\sigma}\right),$$

从而

$$\frac{x_p-\mu}{\sigma} = \widetilde{F}^{-1}(p),$$

故

$$x_p = \mu + \sigma \widetilde{F}^{-1}(p).$$

注 若 X 表示某个资产可能的损失 (负值表示损失, 正值表示盈利), p 很小, 则 X 以概率 p 至少损失 x_p, 因此人们常用 p-分位数

$$x_p = F^{-1}(p)$$

来刻画投资风险, 这种风险度量称为**在险值或风险值** (value at risk)

$$\mathrm{VaR} = F^{-1}(p).$$

性质 4.3.1 任意给定右连续单增函数 $F(x)$, $F(-\infty)=0$, $F(+\infty)=1$, 令

$$F^{-1}(y) = \sup\big\{\ x:\ F(x) < y\big\},$$

若 $Y \sim U(0,1)$ 均匀分布, 则 $X = F^{-1}(Y)$ 的分布函数为 $F(x)$.

证明　由式 (4.1) 或式 (4.2) 知 $y > F(x) \Longleftrightarrow F^{-1}(y) > x$. 等价地,

$$y \leqslant F(x) \Longleftrightarrow F^{-1}(y) \leqslant x.$$

于是, 事件 $\{Y \leqslant F(x)\}$ 与 $\{F^{-1}(Y) \leqslant x\}$ 是同一个事件. 从而

$$\begin{aligned} P\big(X \leqslant x\big) &= P\big(F^{-1}(Y) \leqslant x\big) \\ &= P\big(Y \leqslant F(x)\big) \\ &= F(x), \end{aligned}$$

这里用到了 $Y \sim U(0,1)$, $P(Y \leqslant F(x)) = F(x)$. □

注　由这个命题可知, 我们可以利用服从均匀分布 $U(0,1)$ 的随机数 X, 通过变换 $X = F^{-1}(Y)$ 生成分布函数为 $F(x)$ 的随机数.

(8) **众数** (mode)　设 X 为随机变量, 若存在 x_m 使得

(i) 对离散型随机变量, $p_X(x_m) = P(X = x_m) \geqslant p(x_i), \quad i = 1, 2, \cdots$;

(ii) 对连续型随机变量, $f_X(x_m) \geqslant f_X(x), \quad x \in \mathbb{R}$.

则称 x_m 为随机变量 X 的**众数**, 即最可能出现 (概率最大) 的值.

*4.4　期望效用与风险偏好

问题 4.4.1　*如何合理描述投资者的心理价值观与风险偏好?*

所谓风险实质上就是某种不确定性. 效用 (utility) 是人们 “价值观”“满意度”“获得感”“风险偏好程度” 在决策活动中的综合表现. 效用函数 $U(x): \Omega \to \mathbb{R}$, 其中 Ω 为策略收益或消费的集合, 是这种 “满意度”“风险偏好程度” 的度量.

设某一项投资其可能的收益为 X, 分布如下

X	x_1	$\cdots$	x_k	$\cdots$	x_n
P	p_1	$\cdots$	p_1	$\cdots$	p_k

如果策略收益或消费 $X = x$, 其投资效用为 $U(x)$, 其期望效用为

$$E[U(X)] = \sum_{i=1}^{n} U(x_i) p_i.$$

下面通过分析期望效用的性质来判断人们对风险的态度.

例 4.4.1 假设有两种投资方式, 收益如下:

X: 到期可得 1000 元 (存入银行);

Y: 到期时以 $\frac{1}{3}$ 的概率可得 5000 元, 以 $\frac{2}{3}$ 的概率亏 1000 元.

显然, 对于 Y, 平均所得为 1000 元, 从某人对选择如下 A,B,C 的态度可判断他对风险的态度.

A: 选择 X. $P(X=1000)=1$ 属于稳妥型, 没有风险.

B: 选择 Y. 有风险 (亏损), 但有可能获得高额的收益, 不怕风险.

C: 选择 X, Y 都可以, 无所谓, 无差异.

由 $E(Y)=px+(1-p)y$, 选 X 意味着

$$
\begin{aligned}
U(1000) &= U\left(\frac{5000}{3}-\frac{2\times 1000}{3}\right) \\
&= U(EY) \\
&> E[U(Y)] \\
&= \frac{1}{3}U(5000)+\frac{2}{3}U(-1000);
\end{aligned}
$$

选 Y 意味着

$$
E[U(Y)]>U(EY);
$$

选 X 或者 Y 无所谓意味着

$$
E[U(Y)]=U(EY).
$$

由

$$
U(px+(1-p)y) \lesseqqgtr pU(x)+(1-p)U(y),
$$

我们可以总结出一般的特性:

(1) 若效用函数是上凸函数, 即 $U(EY)>E[U(Y)]$ (保守型效用函数), 则对应回避风险者 (图 4.1).

(2) 若效用函数是下凸函数, 即 $U(EY)<E[U(Y)]$ (冒险型效用函数), 则对应风险追求者 (图 4.2).

(3) 若效用函数满足 $U(EY)=E[U(Y)]$, 则对应风险中立者.

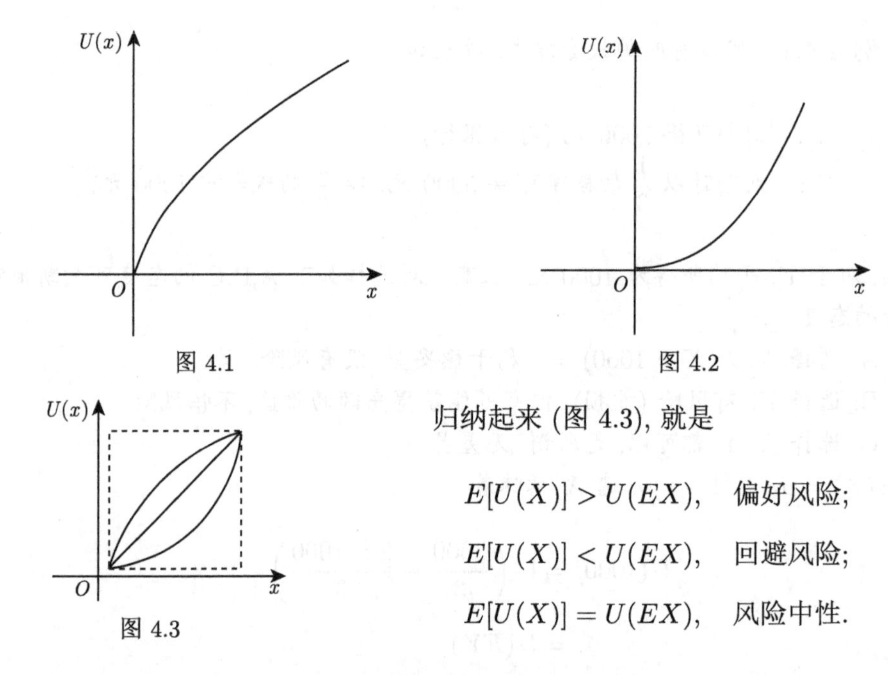

图 4.1　　图 4.2　　图 4.3

归纳起来 (图 4.3), 就是

$$E[U(X)] > U(EX), \quad \text{偏好风险;}$$

$$E[U(X)] < U(EX), \quad \text{回避风险;}$$

$$E[U(X)] = U(EX), \quad \text{风险中性.}$$

*4.5　信息熵与概率分布

熵 (entropy) 的概念由德国物理学家 Clausius (克劳修斯) 于 1865 年所提出. 最初是用来描述 "能量退化" 的物质状态参数之一, 在热力学中有广泛的应用.

热力学第二定律 (second law of thermodynamics) 是热力学基本定律之一, 其表述为: 不可能把热从低温物体传到高温物体而不产生其他影响, 或不可能从单一热源取热使之完全转换为有用的功而不产生其他影响, 或不可逆热力过程中熵的微增量总是大于零. 又称 "熵增定律", 表明了在自然过程中, 一个孤立系统的总混乱度 (即 "熵") 不会减小.

1877 年, Boltzmann (玻尔兹曼) 用下面的关系式来表示系统无序性的大小:

$$S \propto \ln \Omega.$$

1900 年, Planck (普朗克) 引进了比例系数 k, 将上式写为

$$S = k \ln \Omega.$$

该公式后来刻在玻尔兹曼的墓碑上. 其中 k 为玻尔兹曼常量, S 是宏观系统熵值, 也是分子运动或排列混乱程度的衡量尺度. Ω 是可能的微观态数. Ω 越大, 系统就越混乱无序. 由此看出熵的微观意义: 熵是系统内分子热运动无序性的一种度量.

问题 4.5.1　如何利用热力学的熵来刻画一个随机变量分布的不确定性?

设 X 为离散型随机变量, 分布列为 $p_k = P(X = x_k),\ k = 1, 2, \cdots$. 从直观上说, 事件 $\{X = x\}$ 发生带来的信息量 $I(x)$ 与 $P(X = x) = p(x)$ 有关, 事件 $\{X = x\}$ 发生的概率越大, 则它发生带来的信息量 $I(x)$ 越小. 事件 $X = x$ 发生带来的信息量 $I(x)$ 应该满足如下公理.

(1) 非负性: $I(x) \geqslant 0$.

(2) 如果 $p(x) = P(X = x) = 0$, 则 $I(x) = +\infty$.

(3) 如果 $p(x) = P(X = x) = 1$, 则 $I(x) = 0$.

(4) 严格单减: 如果 $p(x) > p(y)$, 则 $I(x) < I(y)$.

(5) 如果随机变量 X, Y 独立, 事件 $\{X = x, Y = y\}$ 发生带来的信息量应该等于事件 $\{X = x\}$ 发生带来的信息量与事件 $\{Y = y\}$ 发生带来的信息量之和: $I(x, y) = I_X(x) + I_Y(y)$.

我们很自然假定

$$I(x) = f\left(\frac{1}{p(x)}\right),$$

则 $f(y)$ 应该满足

$$\begin{cases} f(y) \geqslant 0, \\ f(1) = 0, \qquad f(+\infty) = +\infty, \\ f(y) \text{ 关于 } y \text{ 单增}, \end{cases}$$

则由 $I(x, y) = I_X(x) + I_Y(y)$ 可得

$$f\left(\frac{1}{p_X(x)p_Y(y)}\right) = f\left(\frac{1}{p_X(x)}\right) + f\left(\frac{1}{p_Y(y)}\right),$$

从而有

$$f(y) = c\ln y,$$

取 $c = 1$, 有

$$I(x) = -\ln(p(x)),$$

再求平均值得

$$H(X) = E[I(X)] = -\sum_k p(k)\ln p(k),$$

这就是 Shannon (香农) 提出的熵, 也称**信息熵**.

定义 4.5.1 (Shannon, 1948) (1) 设 X 为离散型随机变量, 其分布列为 $p_k = P(X = x_k), k = 1, 2, \cdots$, 称

$$H(X) := -\sum_k p_k \ln p_k$$

为 X 的**熵**.

(2) 设 X 为连续型随机变量, 其密度函数为 $f(x)$, 称

$$H(X) := -\int_{-\infty}^{+\infty} f(x)\ln f(x)\mathrm{d}x$$

为 X 的**熵**. 这里假定 $0\ln 0 = 0$.

(3) 设 (X,Y) 为二维随机变量, 联合密度函数为 $f(x,y)$, 则称

$$H(X,Y) := -\int_{-\infty}^{+\infty}\int_{-\infty}^{+\infty} f(x,y)\ln f(x,y)\mathrm{d}x\mathrm{d}y$$

为随机变量 (X,Y) 的**熵**.

注　对于连续型随机变量 X, 其熵 $H(X)$ 可以为负值.

例 4.5.1　掷一枚均匀的骰子, X 表示所得的点数, 求 X 的分布的熵.

解　因为 $P(X=i)=\dfrac{1}{6}$, $i=1,2,\cdots,6$,

$$H(X) = -\sum_{i=1}^{6}\frac{1}{6}\ln\left(\frac{1}{6}\right) = \ln(6) = 1.7918. \qquad \square$$

例 4.5.2　设随机变量 X 服从参数为 $\lambda>0$ 的指数分布, 求 $H(X)$.

解　因为 $f(x)=\lambda e^{-\lambda x}$, 故

$$\begin{aligned} H(X) &= -\int_{0}^{+\infty} \lambda e^{-\lambda x}\{\ln\lambda - \lambda x\}\mathrm{d}x \\ &= -E(\ln\lambda - \lambda X) \\ &= -\ln\lambda + \lambda E(X) = -\ln\lambda + 1. \end{aligned} \qquad \square$$

性质 4.5.1　(1) 若 X 为离散型随机变量, 则

$$H(X)=0 \Longleftrightarrow P(X=c)=1 \quad (\text{没有不确定性}).$$

(2) 如果 X 为取有限个值的离散型随机变量, 则等可能概型 (古典概型) 具有最大熵.

(3) 如果 X 为在区间 $[a,b]$ 取值的连续型随机变量, 则均匀分布具有最大熵.

(4) 如果 X 为在区间 $(0,+\infty)$ 取值的连续型随机变量, 且 $E(X)<+\infty$, 则指数分布具有最大熵.

(5) 如果 X 为在区间 $(-\infty, +\infty)$ 取值的连续型随机变量, 且 $D(X) = \sigma^2 < +\infty$, 则正态分布具有最大熵.

(6) 如果 X, Y 独立, 则 $H(X,Y) = H(X) + H(Y)$.

证明 (1), (6) 显然. 我们只需证明 (2), (3), (4), (5).

证 (2): 设随机变量 X 为离散型随机变量, 取值为 $x_1, x_2, \cdots, x_n$, 分布列为

$$P(X = x_k) = p_k,$$

则 $H(X) = -\sum_{k=1}^{n} p_k \ln p_k$. 我们考虑如下具有约束的优化问题:

$$\begin{cases} \max\limits_{p_1,\cdots,p_n} \left\{ -\sum_{k=1}^{n} p_k \ln p_k \right\}, \\ \sum_{k=1}^{n} p_k = 1. \end{cases}$$

引入 Lagrange (拉格朗日) 乘子

$$L(p_1, \cdots, p_n) = -\sum_{k=1}^{n} p_k \ln p_k - \lambda \left\{ \sum_{k=1}^{n} p_k - 1 \right\},$$

关于 p_k 求偏导

$$\frac{\partial}{\partial p_k} L(p_1, \cdots, p_n) = -\ln p_k - 1 - \lambda = 0,$$

得

$$p_1 = \cdots = p_n = \frac{1}{n}.$$

证 (3): 设连续型随机变量 X 的密度函数为 $f(x)$, $x \in [a, b]$, 则

$$H(X) = -\int_a^b f(x) \ln f(x) \mathrm{d}x.$$

我们考虑如下具有约束的优化问题:

$$\begin{cases} \max\limits_{f} \left\{ -\int_a^b f(x) \ln f(x) \mathrm{d}x \right\}, \\ \int_a^b f(x) \mathrm{d}x = 1. \end{cases}$$

引入 Lagrange 乘子

$$L(f)=-\int_a^b f(x)\ln f(x)\mathrm{d}x-\lambda\left\{\int_a^b f(x)\mathrm{d}x-1\right\},$$

欲求 f 使 $L(f)$ 最大, 我们只需要使被积分项最大, 利用变分原理得

$$-\ln f(x)-1-\lambda=0,$$

从而

$$f(x)=e^{-(1+\lambda)},\quad x\in[a,b].$$

因为 $\int_a^b f(x)\mathrm{d}x=1$, 故

$$f(x)=\frac{1}{b-a},\quad x\in[a,b].$$

证 (4): 设连续型随机变量 X 的密度函数为 $f(x)$, $x\in[0,+\infty)$, $E(X)=\mu$, $\mu>0$ 为事先给定的值, 则

$$H(X)=-\int_0^{+\infty} f(x)\ln f(x)\mathrm{d}x.$$

我们考虑如下具有约束的优化问题:

$$\begin{cases}\max\limits_f\left\{-\int_0^{+\infty} f(x)\ln f(x)\mathrm{d}x\right\},\\ \int_0^{+\infty} f(x)\mathrm{d}x=1,\\ \int_0^{+\infty} xf(x)\mathrm{d}x=\mu.\end{cases}$$

引入 Lagrange 乘子

$$L(f)=-\int_0^{+\infty} f(x)\ln f(x)\mathrm{d}x-\lambda_1\left\{\int_0^{+\infty} f(x)\mathrm{d}x-1\right\}$$
$$-\lambda_2\left\{\int_0^{+\infty} xf(x)\mathrm{d}x-\mu\right\},$$

利用变分原理得

$$-\ln f(x)-1-\lambda_1-\lambda_2 x=0,$$

从而

$$f(x)=e^{-(1+\lambda_1+\lambda_2 x)},\quad x\in[0,+\infty).$$

因为 $\int_0^{+\infty} f(x)\mathrm{d}x=1$ 且 $\int_0^{+\infty} xf(x)\mathrm{d}x=\mu$, 所以

$$f(x)=\frac{1}{\mu}e^{-\frac{1}{\mu}x},\quad x\in[0,+\infty).$$

证 (5): 设连续型随机变量 X 的密度函数为 $f(x), x\in(-\infty,+\infty), E(X)=\mu$, $D(X)=\sigma^2$, μ, $\sigma^2(>0)$ 为事先给定的值, 则

$$H(X)=-\int_{-\infty}^{+\infty} f(x)\ln f(x)\mathrm{d}x.$$

我们考虑如下具有约束的优化问题:

$$\begin{cases}\max\limits_f\left\{-\int_{-\infty}^{+\infty} f(x)\ln f(x)\mathrm{d}x\right\},\\ \int_{-\infty}^{+\infty} f(x)\mathrm{d}x=1,\\ \int_{-\infty}^{+\infty} xf(x)\mathrm{d}x=\mu,\\ \int_{-\infty}^{+\infty} x^2f(x)\mathrm{d}x=\sigma^2+\mu^2.\end{cases}$$

引入 Lagrange 乘子

$$\begin{aligned}L(f)=&-\int_{-\infty}^{+\infty} f(x)\ln f(x)\mathrm{d}x-\lambda_1\left\{\int_{-\infty}^{+\infty} f(x)\mathrm{d}x-1\right\}\\&-\lambda_2\left\{\int_{-\infty}^{+\infty} xf(x)\mathrm{d}x-\mu\right\}-\lambda_3\left\{\int_{-\infty}^{+\infty} x^2f(x)\mathrm{d}x-\mu^2-\sigma^2\right\},\end{aligned}$$

利用变分原理得

$$-\mathrm{d}\ln f(x)-1-\lambda_1-\lambda_2 x-\lambda_3 x^2=0,$$

从而

$$f(x)=\exp\left(-\left(1+\lambda_1+\lambda_2 x+\lambda_3 x^2\right)\right),\quad x\in(-\infty,+\infty).$$

由约束条件知

$$f(x)=\frac{1}{\sqrt{2\pi}\sigma}e^{-\frac{(x-\mu)^2}{2\sigma^2}},\quad x\in(-\infty,+\infty).$$ □

习　题　4

1. 投掷两枚硬币, 第一枚硬币正面朝上的概率为 0.6, 第二枚正面朝上的概率为 0.7, 假设投掷两枚硬币相互独立, 记 X 为正面朝上的硬币的个数, 求:

(1) $P(X=1)$;　　(2) $E(X)$.

2. 随机变量 X 的概率密度函数为

$$f(x)=\begin{cases} a+bx^2, & 0\leqslant x\leqslant 1,\\ 0, & \text{其他}. \end{cases}$$

如果 $E(X)=\dfrac{3}{5}$, 求 a 和 b.

3. 设 X 服从 $(0,1)$ 均匀分布, 计算 $E(X^n)$.

4. 两组队伍玩同一个游戏, 直到有一组队伍先赢得 i 局, 假设每场游戏相互独立且 A 组赢得游戏的概率为 p, 求当 (1) $i=2$, (2) $i=3$ 时, 平均需要玩几局游戏才能决出胜负? 证明在以上两种情况下, 当 $p=\dfrac{1}{2}$ 时, 计算出的结果最大.

5. (1) 一个消防站需建在一条长为 A 的道路旁边, $A<+\infty$, 如果火灾发生的位置服从 $(0,A)$ 上的均匀分布, 为使消防车平均出勤距离最短, 求消防站的最佳位置, 即 $X\sim U(0,A)$, 求 a 使得 $E(|X-a|)$ 最小.

(2) 假设路有无限长, 即从 0 到 $+\infty$, 如果火灾离 0 点的距离服从参数为 λ 的指数分布, 消防站应该建在哪里?

6. 假设你的公司参加一个工程项目的投标, 如果竞标获胜, 你们打算用 10 万元来完成该工程. 如果其他投标人的出标价 (单位: 万元) 服从 (7, 14) 上的均匀分布, 请问什么样的出标价才能使你们公司的期望收益最高?

7. 设商店每销售 1 吨大米获利 a 元 (去除库存损失后的纯利润), 每库存 1 吨大米损失 b 元. 假设大米的销售量 Y (单位: 吨) 服从指数分布 $\mathscr{E}(\lambda)$, 问库存多少吨大米才能获得最大的平均利润.

8. 在一副扑克牌的 52 张牌中有放回地每次抽取一张, 计算:

(1) 第一张抽到的扑克再次被抽到时, 抽取次数的数学期望;

(2) 直到首次出现重复时, 抽取次数的数学期望.

9. 某人投掷一枚均匀的硬币直到第一次出现反面, 如果在第 n 次投掷时出现反面, 此人将获得 2^n 元. 记 X 为此人获得的金额, 证明 $E(X)=+\infty$.

(1) 你愿意花 100 万元玩一局游戏吗?

(2) 仍然是 100 万元一局游戏, 如果你可以连续玩, 且只需将费用在游戏停止时结清, 你愿意吗?

10. 假设随机变量 X 的分布函数为 $F(x)=1-e^{-x^2}, x>0$, 计算:

(1) $P(X<2)$;

(2) $P(1<X<3)$;

(3) 该分布的失效率函数;

(4) $E(X)$;

(5) $D(X)$.

11. 题设如第 4 题, 当 $i=2$ 时, 计算平均玩的总局数的方差, 并证明当 $p=\frac{1}{2}$ 时方差达到最大.

12. 如果 $E(X)=1, D(X)=5$, 求:

(1) $E[(2+X)^2]$;

(2) $D(4+3X)$.

13. 假设 y 为实数, 定义 $y^+ := \max(y,0)$. 设 c 为常数.

(1) 设 Z 服从标准正态分布, 证明 $E[(Z-c)^+]=\frac{1}{\sqrt{2\pi}}e^{-c^2/2}-c(1-\Phi(c))$;

(2) 当 $X\sim N(\mu,\sigma^2)$ 时, 求 $E[(X-c)^+]$.

14. 假设 Z 服从标准正态分布, 对固定的 x, 令

$$X := \begin{cases} Z, & Z>x, \\ 0, & \text{其他}, \end{cases}$$

证明 $E(X)=\frac{1}{\sqrt{2\pi}}e^{-x^2/2}$.

15. 如果 X 服从以下分布, 求 X 的中位数:

(1) (a,b) 上的均匀分布;

(2) 服从 μ,σ^2 的正态分布;

(3) 参数为 λ 的指数分布.

16. 盒中装有标号 $1,2,\cdots,N$ 的卡片各一张, 从中每次抽取一张, 共抽取 $n\ (\leqslant N)$ 次. 计算:

(1) 有放回抽取时, 抽得最大号码的数学期望;

(2) 无放回抽取时, 抽得最大号码的数学期望.

17. 设随机变量 X 的密度函数为 $f(x)=\frac{x^m}{m!}e^{-x}$, $x\geqslant 0$. 证明

$$P\big(0<X<2(m+1)\big)\geqslant \frac{m}{m+1}.$$

18. 如果 $E(|X|^\alpha)<+\infty$, 证明

$$\lim_{x\to+\infty} x^\alpha P\big(|X|>x\big)=0.$$

19. (1) 假设 X 为离散型随机变量, 可能的取值为 $1,2,\cdots$. 如果 $P(X=k)$ 非增, 证明

$$P(X=k)\leqslant 2\frac{E(X)}{k^2};$$

(2) 假设 X 为非负连续型随机变量, 其密度函数非增, 证明

$$f(x)\leqslant \frac{2E(X)}{x^2}, \quad \forall x>0.$$

第 5 章

多维随机变量及其分布

本章我们将研究如下问题:

(1) 如何描述多维随机变量的分布规律?

(2) 如何刻画多维随机变量各分量之间的关系?

5.1 多维随机变量及联合分布函数

问题 5.1.1 考察某高校数学学院每个学生的两门课程“数学分析”和“概率论”的成绩. 我们任取一个学生, 用 X 表示他的“数学分析”成绩, Y 表示该生的“概率论”成绩. 我们知道这两门课程的成绩之间是有关系的, 要刻画这种关系, 我们需要将 X 与 Y 合起来考虑, 怎么刻画多维随机变量的分布呢?

5.1.1 多维随机变量的定义

例 5.1.1 考察人体多项指标之间的关系, 如身高、体重、血脂等. 设随机取一个人 ω, 令

$$X_1(\omega)=\omega \text{ 的身高 } \omega_1,$$

$$X_2(\omega)=\omega \text{ 的体重 } \omega_2,$$

$$X_3(\omega)=\omega \text{ 的血脂 } \omega_3,$$

我们可以构造样本空间

$$\Omega:=\Omega_1\times\Omega_2\times\Omega_3=\big\{\omega=(\omega_1,\omega_2,\omega_3):\omega_i\in\mathbb{R},i=1,2,3\big\}$$

及事件域

$$\mathscr{F}:=\mathscr{B}(\mathbb{R}^3)=\sigma\big(\{A_1\times A_2\times A_3:A_i\in\mathscr{B}(\mathbb{R}),i=1,2,3\}\big),$$

则对任意 $B_1\times B_2\times B_3\in\mathscr{B}(\mathbb{R}^3)$, 都有

$$\big\{\omega:(X_1(\omega),X_2(\omega),X_3(\omega))\in B_1\times B_2\times B_3\big\}=B_1\times B_2\times B_3\in\mathscr{B}(\mathbb{R}^3)=\mathscr{F},$$

从而 (X_1,X_2,X_3) 为 $(\Omega,\mathscr{F})$ 上的随机变量.

一般地, 设 $(\Omega_k, \mathscr{F}_k)$ $(k=1,2,\cdots,n)$ 为可测空间, X_k 是 $(\Omega_k, \mathscr{F}_k)$ 上的随机变量, 即

$$\Big\{\omega_k : X_k(\omega_k) \leqslant x\Big\} \in \mathscr{F}_k,$$

我们可以构造如下样本空间:

$$\begin{aligned}\Omega &:= \Omega_1 \times \Omega_2 \times \cdots \times \Omega_n \\ &= \Big\{\omega = (\omega_1, \omega_2, \cdots, \omega_n) :\ \omega_i \in \Omega_i,\ 1 \leqslant i \leqslant n\Big\}\end{aligned}$$

及事件域

$$\mathscr{F} := \sigma\left(\Big\{A_1 \times A_2 \times \cdots \times A_n :\ A_k \in \mathscr{F}_k,\ k=1,2,\cdots,n\Big\}\right),$$

则

(1) $\mathscr{F}$ 为 Ω 上的 σ-代数 (域);

(2) $X(\omega) = (X_1(\omega_1), X_2(\omega_2), \cdots, X_n(\omega_n))$ 为定义在 $(\Omega, \mathscr{F})$ 上的随机变量, 我们称其为 n **维随机变量**或 n **维随机向量**.

事实上, 对任意 $x = (x_1, \cdots, x_n) \in \mathbb{R}^n$,

$$\begin{aligned}\{\omega : X(\omega) \leqslant x\} &:= \Big\{(\omega_1, \cdots, \omega_n) :\ X_1(\omega_1) \leqslant x_1, \cdots, X_n(\omega_k) \leqslant x_n\Big\} \\ &= A_1 \times \cdots \times A_n \in \mathscr{F},\end{aligned}$$

其中 $A_k = \{\omega_k : X_k(\omega_k) \leqslant x\} \in \mathscr{F}_k$.

例 5.1.2 掷 1 枚骰子 3 次, 我们用 X 表示“点数为偶数的次数”, Y 表示“点数为 6 的次数”, 我们能否构造样本空间 Ω 及相应的 $\mathscr{F}$, 使得 (X, Y) 为 $(\Omega, \mathscr{F})$ 上的二维随机变量?

解 假设 ω_i 为第 i 次掷出的点数, 我们可以很自然地这样构造样本空间:

$$\Omega = \Big\{\omega = (\omega_1, \omega_2, \omega_3) :\ \omega_i = 1, \cdots, 6,\ i = 1, 2, 3\Big\}$$

及事件域

$$\mathscr{F} = \big\{A : A \subset \Omega\big\}.$$

根据题意, 我们建立如下:

$$\begin{aligned}\Omega &\longrightarrow \mathbb{R}^2 \\ \omega &\longrightarrow (X(\omega), Y(\omega)),\end{aligned}$$

其中 $X(\omega) =$ “$\omega_1, \omega_2, \omega_3$ 中的偶数个数”, $Y(\omega) =$ “$\omega_1, \omega_2, \omega_3$ 中为 6 的个数”, 则 (X, Y) 为 $(\Omega, \mathscr{F})$ 上的随机变量. □

一般地, 我们有如下结果.

引理 5.1.1　设 $(\Omega, \mathscr{F})$ 为任意可测空间, $X_i\ (i=1,\cdots,n)$ 为 $(\Omega, \mathscr{F})$ 上的 n 个一维随机变量, 则 $(X_1,\cdots,X_n)$ 为 $(\Omega, \mathscr{F})$ 的 n 维随机变量.

5.1.2　二维随机变量的 (联合) 分布函数

定义 5.1.1　设 (X,Y) 为二维随机变量, 记

$$F(x,y) := P\big(X \leqslant x, Y \leqslant y\big),$$

则称 $F(x,y)$ 为 (X,Y) 的**联合分布函数** (简称**分布函数**).

例 5.1.3　在问题 5.1.1 中, 我们考察某高校数学学院每个学生的两门课程 “数学分析” 和 “概率论” 的成绩. 我们任取一个学生, 用 X 表示他的 “数学分析” 成绩, Y 表示该生的 “概率论” 成绩. 这里有 70 人的数据散点图 (图 5.1). 由散点图可以看出

$$\begin{aligned} F(60,60) &= P(X \leqslant 60, Y \leqslant 60) \\ &\approx \text{事件 } \{X \leqslant 60\} \cap \{Y \leqslant 60\} \text{ 发生的频率} \\ &= \frac{3}{70}. \end{aligned}$$

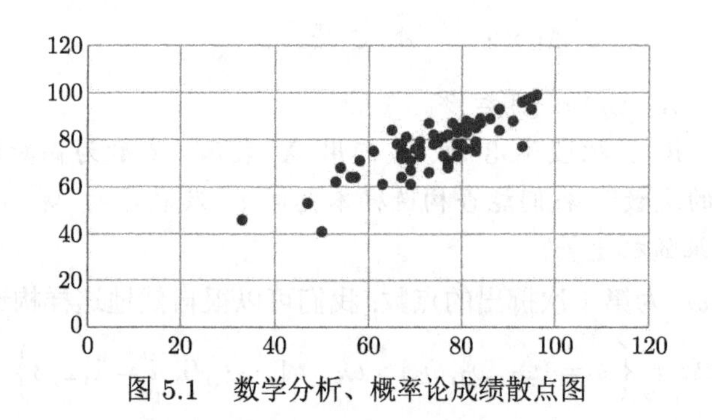

图 5.1　数学分析、概率论成绩散点图

例 5.1.4 (例 5.1.2 续)　掷 1 枚骰子 3 次, 我们用 X 表示 “点数为偶数的次数”, Y 表示 “点数为 6 的次数”, 设 $F(x,y)$ 为 (X,Y) 的联合分布函数, 求 $F(1.5, 1.1)$.

解　易知, $X=0,1,2,3$, $Y=0,1,2,3$, $X \geqslant Y$, 故 $\{X \leqslant 1.5, Y \leqslant 1.1\} = \{(0,0),(0,1),(1,0),(1,1)\}$. 于是

$$\begin{aligned} F(1.5,1.1) &= P(X \leqslant 1.5, Y \leqslant 1.1) \\ &= P(X=0,Y=0) + P(X=1,Y=0) + P(X=1,Y=1) \end{aligned}$$

$$= P\big(3\text{ 次都为奇数}\big) + P\big(3\text{ 次有 }1\text{ 次非 }6\text{ 偶数、}2\text{ 次奇数}\big)$$
$$+ P\big(3\text{ 次有 }1\text{ 次点数 }6\text{、}2\text{ 次奇数}\big)$$
$$= \left(\frac{1}{2}\right)^3 + \mathrm{C}_3^1\frac{2}{6}\left(\frac{1}{2}\right)^2 + \mathrm{C}_3^1\frac{1}{6}\left(\frac{1}{2}\right)^2$$
$$= \frac{1}{8} + \frac{1}{4} + \frac{1}{8}$$
$$= \frac{1}{2}.$$

类似可求联合分布函数在其他点的值. □

例 5.1.5 如图 5.2 所示, 完全随机地在圆域 $\Omega = \{(x,y): x^2+y^2 \leqslant r^2\}$ 内任取一点, 其坐标为 (X,Y), 即

$$\begin{aligned} Z=(X,Y):\quad &\Omega &\longrightarrow\quad &\mathbb{R}^2,\\ &\omega=(\omega_1,\omega_2) &\longrightarrow\quad &(X(\omega),Y(\omega)), \end{aligned}$$

其中

$$X(\omega) = X(\omega_1) = \omega_1, \quad Y(\omega) = Y(\omega_2) = \omega_2.$$

则 $\mathscr{F} = \mathscr{B}(\mathbb{R}^2)\cap\Omega$. 联合分布函数为

$$\begin{aligned} F(x,y) &= P(X\leqslant x, Y\leqslant y)\\ &= P\big(\{(\omega_1,\omega_2): \omega_1\leqslant x, \omega_2\leqslant y\}\big)\\ &= \frac{S(D(x,y)\cap\Omega)}{\pi r^2}, \end{aligned}$$

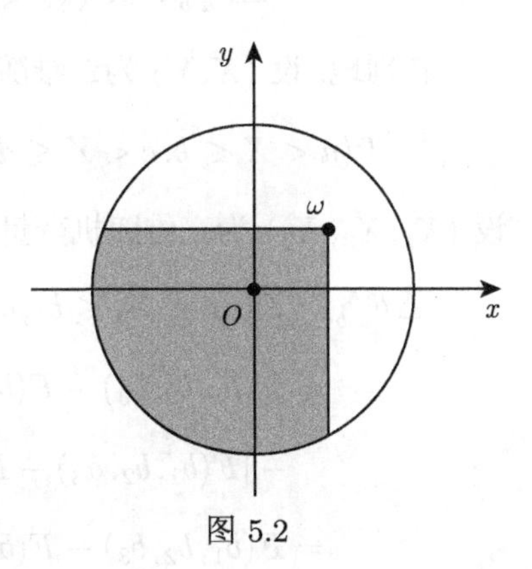

图 5.2

其中 $D(x,y) := (-\infty,x]\times(-\infty,y]$, $S(D(x,y)\cap\Omega)$ 表示区域 $D(x,y)\cap\Omega$ 的面积.

一般地, 设 (X,Y) 为任意二维随机变量, 联合分布函数为 $F(x,y)$, 则我们可以求如下概率:

$$\begin{aligned} P(a<X\leqslant b, c<Y\leqslant d) &= P\big(\{(\omega_1,\omega_2): (X(\omega_1),Y(\omega_2))\in D\}\big)\\ &= F(b,d)-F(b,c)-F(a,d)+F(a,c)\\ &= F(b,d)-F(b,c)-[F(a,d)-F(a,c)]\geqslant 0, \end{aligned}$$

其中 $D = \{(x,y): a<x\leqslant b, c<y\leqslant d\}$. 更进一步, 对任意 $C\in\mathscr{B}(\mathbb{R}^2)$, 我们有

$$P\Big(\Big\{(\omega_1,\omega_2): (X(\omega_1),Y(\omega_2))\in C\Big\}\Big) = \iint_C \mathrm{d}F(x,y).$$

5.1.3 n 维随机变量的联合分布函数

设 $X=(X_1,\cdots,X_n)$ 为 n 维随机变量, 其**联合分布函数**定义为

$$F(x_1,\cdots,x_n):=P\Big(X_1\leqslant x_1,\cdots,X_n\leqslant x_n\Big).$$

易知, 联合分布函数具有如下性质:

(1) 非负, 关于每个分量单调不减, 且小于等于 1;

(2) 关于每个分量右连续;

(3) $F(+\infty,\cdots,+\infty)=1,\ F(x_1,\cdots,x_{i-1},-\infty,x_{i+1},\cdots,x_n)=0.$

边缘分布函数 $F_{X_k}(x_k)=F(+\infty,\cdots,+\infty,x_k,+\infty,\cdots,+\infty).$

注 由联合分布可得其边缘分布, 反之不行. 特别对二维随机变量 (X,Y),

$$F(x,+\infty)=F_X(x),\quad F(+\infty,y)=F_Y(y).$$

(4) 对 $b=(b_1,\cdots,b_n),\ a=(a_1,\cdots,a_n),\ b_k>a_k$, 都有

$$\Delta F_{a,b}^X:=P(a_1<X_1\leqslant b_1,\cdots,a_n<X_n\leqslant b_n)\geqslant 0.$$

特别地, 设 (X,Y) 为二维随机变量, 对 (a,b), (c,d), $a<b$, $c<d$, 有

$$P(a<X\leqslant b,c<Y\leqslant d)=F(b,d)-F(a,d)-F(b,c)+F(a,c).$$

设 (X_1,X_2,X_3) 为三维随机变量, 则

$$\begin{aligned}\Delta F_{a,b}^X&=P(a_1<X_1\leqslant b_1,a_2<X_2\leqslant b_2,a_3<X_3\leqslant b_3)\\&=F(b_1,b_2,b_3)-F(b_1,a_2,b_3)-[F(a_1,b_2,b_3)-F(a_1,a_2,b_3)]\\&\quad-[F(b_1,b_2,a_3)-F(b_1,a_2,a_3)]+[F(a_1,b_2,a_3)-F(a_1,a_2,a_3)]\\&=F(b_1,b_2,b_3)-F(b_1,b_2,a_3)-[F(b_1,a_2,b_3)-F(b_1,a_2,a_3)]\\&\quad+F(a_1,b_2,a_3)-F(a_1,a_2,a_3)-F(a_1,b_2,b_3)+F(a_1,a_2,b_3).\end{aligned}$$

(5) 对任意 $C\in\mathscr{B}(\mathbb{R}^n)$,

$$P\left((X_1,\cdots,X_n)\in C\right)=\int\!\!\cdots\!\!\int_C \mathrm{d}F(x_1,\cdots,x_n).$$

定义 5.1.2 设 $(X_1,\cdots,X_n)$ 为 n 维随机变量, 称 $X_1,\cdots,X_n$ **相互独立**, 如果对 $\forall x_1,\cdots,x_n$ 都有

$$P(X_1\leqslant x_1,\cdots,X_n\leqslant x_n)=\prod_{k=1}^n P(X_k\leqslant x_k),$$

即

$$F(x_1,\cdots,x_n)=\prod_{k=1}^{n}F_{X_k}(x_k).$$

注 $X_1,\cdots,X_n$ 相互独立, 等价于对任意 $A_k\in\mathscr{B}$, $k=1,2,\cdots,n$, 有

$$P(X_1\in A_1,\cdots,X_n\in A_n)=\prod_{k}P(X_k\in A_k).$$

例 5.1.6 设 X 服从参数为 λ 的指数分布, 令

$$U=[X],\qquad V=X-[X],$$

其中 $[X]$ 表示 X 的整数部分. 问 U 和 V 是否相互独立?

解 易知 U 的所有可能取值为 $0,1,2,\cdots$, V 的所有可能取值为 $[0,1)$. 对于任意 $k=0,1,2,\cdots$ 和 $v\in[0,1]$, 有

$$\begin{aligned}P(U=k,V\leqslant v)&=P(k\leqslant X\leqslant k+v)\\&=e^{-\lambda k}-e^{-\lambda(k+v)}\\&=e^{-k\lambda}(1-e^{-\lambda v}).\end{aligned}$$

故

$$P(U=k)=P(U=k,V\leqslant 1)=e^{-k\lambda}(1-e^{-\lambda}),$$

$$P(V\leqslant v)=\sum_{k}P(U=k,V\leqslant v)=\frac{1-e^{-\lambda v}}{1-e^{-\lambda}},$$

从而

$$P(U=k,V\leqslant v)=P(U=k)P(V\leqslant v).$$

故对任意 $u>0$, $v\in[0,1)$ 有

$$\begin{aligned}P(U\leqslant u,V\leqslant v)&=\sum_{k\leqslant u}P(U=k,V\leqslant v)\\&=\sum_{k\leqslant u}P(U=k)P(V\leqslant v)\\&=P(U\leqslant u)P(V\leqslant v).\end{aligned}$$

由此易知, 对任意 $(u,v)\in\mathbb{R}^2$, 都有 $P(U\leqslant u,V\leqslant v)=P(U\leqslant u)P(V\leqslant v)$, 故 U 和 V 相互独立. □

5.2 多维离散型随机变量

5.2.1 二维离散型随机变量

定义 5.2.1 如果二维随机变量 (X,Y) 的取值是离散的, 则称其为**二维离散型随机变量**. 我们可把 (X,Y) 的所有可能取值写出来:

$$(x_i, y_j), \quad i=1,2,\cdots, \quad j=1,2,\cdots,$$

称

$$p_{ij} := P(X=x_i, Y=y_j), \quad i=1,2,\cdots, \quad j=1,2,\cdots$$

为二维随机变量 (X,Y) 的**联合分布列**.

联合分布列也可以写成如下形式:

(X,Y)	y_1	$\cdots$	y_j	$\cdots$	Y
x_1	p_{11}	$\cdots$	p_{1j}	$\cdots$	$p_{1\cdot}$
$\vdots$	$\vdots$		$\vdots$		
x_i	p_{i1}	$\cdots$	p_{ij}	$\cdots$	$p_{i\cdot}$
$\vdots$	$\vdots$		$\vdots$		
X	$p_{\cdot 1}$	$\cdots$	$p_{\cdot j}$	$\cdots$	1

由表格我们可以看出:

(1) $1 \geqslant p_{ij} \geqslant 0, \forall i,j$;

(2) $p_{i\cdot} := P(X=x_i) = \sum\limits_j p_{ij}$, $p_{\cdot j} := P(Y=y_j) = \sum\limits_i p_{ij}$;

(3) $\sum\limits_{i,j} p_{ij} = 1$;

(4) $P(X\in A, Y\in B) = \sum\limits_{x_i\in A}\sum\limits_{y_j\in B} P(X=x_i, Y=y_j) = \sum\limits_{x_i\in A}\sum\limits_{y_j\in B} p_{ij}$;

(5) X 与 Y 独立 $\Longleftrightarrow P(X=x_i, Y=y_j) = P(X=x_i)P(Y=y_j)$.

例 5.2.1 (例 5.1.2 续) 掷 1 枚骰子 3 次, 我们用 X 表示“点数为偶数的次数”, Y 表示“点数为 6 的次数”. 求:

(1) (X,Y) 的联合分布列;

(2) X 的边缘分布列.

解 对任意 $0 \leqslant j \leqslant i \leqslant 3$, 有

$$p_{ij} = P(X=i, Y=j)$$

$$= P\Big(3\text{ 次中有 } j \text{ 次点数为 } 6, \text{有 } i-j \text{ 次点数为非 } 6 \text{ 偶数},$$

$$\text{有 } 3-i \text{ 次点数为奇数}\Big)$$

$$= \mathrm{C}_3^j \mathrm{C}_{3-j}^{i-j} \mathrm{C}_{3-i}^{3-i} \left(\frac{1}{6}\right)^j \left(\frac{1}{3}\right)^{i-j} \left(\frac{1}{6}\right)^{3-i}$$

$$= \frac{3!}{j!(i-j)!(3-i)!} \left(\frac{1}{6}\right)^j \left(\frac{1}{3}\right)^{i-j} \left(\frac{1}{6}\right)^{3-i}.$$

用表格表示为

(X,Y)	0	1	2	3	Y
0	1/8	0	0	0	1/8
1	1/4	1/8	0	0	3/8
2	1/6	1/6	1/24	0	3/8
3	1/27	1/18	1/36	1/216	1/8

故 X 的分布列为

X	0	1	2	3
P	1/8	3/8	3/8	1/8

□

思考 我们将上面这个例子修改一下: 掷 1 枚骰子 3 次, 我们用 X 表示“点数为偶数的次数”, Y 表示“点数大于 3 的次数”.

(1) 怎么求 (X,Y) 的联合分布列?

(2) 怎么求 X 的边缘分布列?

例 5.2.2 设某购物网站有 A 和 B 两个品牌的服饰, 据统计每个访问该网站的人会以概率 p 购买 A 品牌, 以概率 q 购买 B 品牌, 以概率 $1-p-q$ 两个都不买. 预计在某购物节那天共有 N 个人访问该网站, 每个人的选择独立. X 表示选择 A 品牌的人数; Y 表示选择 B 品牌的人数. 假设 $N \sim \mathrm{Poi}(\lambda)$. 怎么求 (X,Y) 的联合分布列呢?

解 易知, $X = 0,1,2,\cdots$, $Y = 0,1,2,\cdots$, 因为

$$P\left(Y=j \middle| X=i, N=n\right)$$

$$= P\Big(\text{剩下的 } n-i \text{ 个人中有 } j \text{ 个人买 B 不买 A}$$

$$\Big|\text{在共有 } n \text{ 个人访问该网站、有 } i \text{ 个人买 A}\Big)$$

$$= \mathrm{C}_{n-i}^j \left(\frac{q}{1-p}\right)^j \left(1-\frac{q}{1-p}\right)^{n-i-j},$$

利用乘法公式, 有

$$
\begin{aligned}
P\left(X=i,Y=i\middle|N=n\right) &= P\left(X=i\middle|N=n\right)P\left(Y=i\middle|X=i,N=n\right)\\
&= \mathrm{C}_n^i p^i(1-p)^{n-i}\times \mathrm{C}_{n-i}^j\left(\frac{q}{1-p}\right)^j\left(1-\frac{q}{1-p}\right)^{n-i-j}\\
&= \frac{n!}{i!j!(n-i-j)!}p^iq^j(1-p-q)^{n-i-j}.
\end{aligned}
$$

对任意非负整数 i,j, 有

$$
\begin{aligned}
P(X=i,Y=j) &= \sum_{n=i+j}^{+\infty}P(N=n)P\left(X=i,Y=i\middle|N=n\right)\\
&= \sum_{n=i+j}^{+\infty}\frac{\lambda^n}{n!}e^{-\lambda}\frac{n!}{i!j!(n-i-j)!}p^iq^j(1-p-q)^{n-i-j}\\
&= \frac{\lambda^{i+j}p^iq^j}{i!j!}e^{-\lambda}\sum_{n=i+j}^{+\infty}\frac{\lambda^{n-i-j}(1-p-q)^{n-i-j}}{(n-i-j)!}\\
&= \frac{\lambda^{i+j}p^iq^j}{i!j!}e^{-\lambda(p+q)}.
\end{aligned}
$$

由例 3.2.4 知, $X\sim\mathrm{Poi}(p\lambda)$, $Y\sim\mathrm{Poi}(q\lambda)$, 易知

$$
P(X=i,Y=j)=P(X=i)P(Y=j),\quad \forall i,j,
$$

故 X 与 Y 独立. □

5.2.2 n 维离散型随机变量

对于 n 维离散型随机变量, 称

$$
p_{i_1,\cdots,i_n}:=P(X_1=i_1,\cdots,X_n=i_n)
$$

为 n 维随机变量 $(X_1,\cdots,X_n)$ 的**联合分布列**.

与二维离散型随机变量类似, 我们也有边缘分布的概念及如下结论: $X_1,\cdots,X_n$ 相互独立的充要条件是

$$
P(X_1=i_1,\cdots,X_n=i_n)=\prod_{k=1}^{n}P(X_k=i_k),\qquad \forall i_1,\cdots,i_n.
$$

(联合分布列等于相应的边缘分布列的乘积)

例 5.2.3 (多项式分布) 某人相互独立地射击 n 次 (每次射击相互不受影响), 则有 11 种可能的结果: $A_0 = \{$击中靶牌 0 环$\}$, $A_k = \{$击中 k 环$\}$, $k = 1,2,\cdots,10$. 已知 $P(A_k)=p_k$. 设 X_k 表示击中 k 环的次数, 设 $k_i, i=0,1,\cdots,10$ 为非负整数, 满足 $k_0+k_1+\cdots+k_{10}=n$, 则 $(X_0,X_1,\cdots,X_{10})$ 的联合分布列为

$$\begin{aligned}
&P(X_0=k_0,X_1=k_1,\cdots,X_{10}=k_{10})\\
&=\mathrm{C}_n^{k_0}\mathrm{C}_{n-k_0}^{k_1}\cdots\mathrm{C}_{n-k_0-\cdots-k_9}^{k_{10}}p_0^{k_0}p_1^{k_1}\cdots p_{10}^{k_{10}}\\
&=\frac{n!}{k_0!\cdots k_{10}!}p_0^{k_0}p_1^{k_1}\cdots p_{10}^{k_{10}}.
\end{aligned}$$

多项式分布刻画反映更多的信息.

例 5.2.4 (多维超几何分布) 袋中有 N 个球, 其中有 N_i 个 i 号球, $i = 1,2,\cdots,r$, 即 $N=N_1+\cdots+N_r$, 从中任取 n 个, 若记 X_i 为取出的 n 个球中 i 号球的个数, $i=1,2,\cdots,r$, 则

$$P(X_1=n_1,\cdots,X_r=n_r)=\frac{\mathrm{C}_{N_1}^{n_1}\cdots\mathrm{C}_{N_r}^{n_r}}{\mathrm{C}_N^n},$$

其中 $n=n_1+\cdots+n_r$, 此分布被称为**多维超几何分布**.

5.3 多维连续型随机变量

问题 5.3.1 假设某人群的 BMI 指数 (body mass index, 也称为体重指数) X 和血液中的总胆固醇含量 Y(单位: mmol/L) , 则 (X,Y) 为二维随机变量. 现在在该人群中选取 1000 个空腹验血指标和身高、体重, 计算体重指数, 得到 (X,Y) 的散点图 (图 5.3). 怎么刻画 (X,Y) 的联合分布呢?

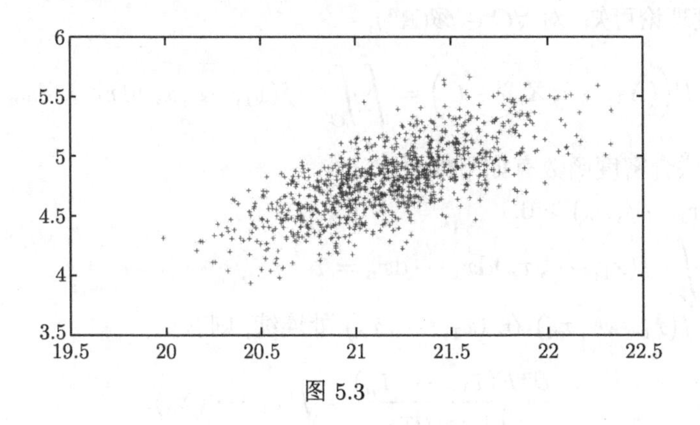

图 5.3

这时, 我们可以画出频数分布直方图 (图 5.4). 我们 "隐隐约约" 可以看到背后有一个曲面 $f(x,y)$ 使得

$$F(x,y)=P(X\leqslant x,Y\leqslant y)\approx\{X\leqslant x,Y\leqslant y\}\text{发生的频率}$$
$$\approx\int_{-\infty}^{x}\int_{-\infty}^{y}f(u,v)\mathrm{d}u\mathrm{d}v.$$

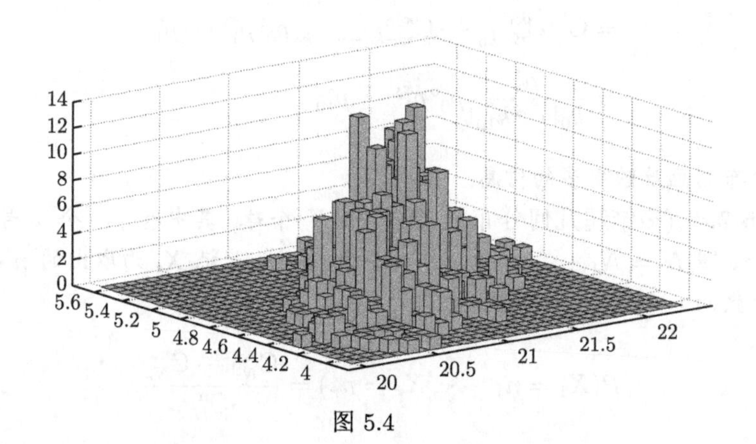

图 5.4

这就是连续型随机变量. 一般的多维连续型随机变量定义如下.

定义 5.3.1　设 $(X_1,\cdots,X_n)$ 为 n 维随机变量, 如果联合分布函数 $F(x_1,\cdots,x_n)$ 绝对连续, 即存在非负函数 $f(x_1,\cdots,x_n)$ 满足对任意 $(x_1,\cdots,x_n)\in\mathbb{R}^n$ 都有

$$F(x_1,\cdots,x_n)\ =\int_{-\infty}^{x_1}\cdots\int_{-\infty}^{x_n}f(t_1,\cdots,t_n)\mathrm{d}t_1\cdots\mathrm{d}t_n,$$

则称 $X=(X_1,\cdots,X_n)$ 为**多维连续型随机变量**, 称函数 $f(x_1,\cdots,x_n)$ 为 X 的**联合密度函数** (简称**联合密度**).

由测度理论可知, 对 $\forall C\in\mathscr{B}(\mathbb{R}^n)$,

$$P\Big((X_1,\cdots,X_n)\in C\Big)=\int\!\!\cdots\!\!\int_C\ f(x_1,\cdots,x_n)\mathrm{d}x_1\cdots\mathrm{d}x_n.\tag{5.1}$$

显然, 联合密度函数有如下性质:

(1) $f(x_1,\cdots,x_n)\geqslant0$.

(2) $\displaystyle\int\!\!\cdots\!\!\int_{\mathbb{R}^n}f(x_1,\cdots,x_n)\mathrm{d}x_1\cdots\mathrm{d}x_n=1$.

(3) 若 $f(x_1,\cdots,x_n)$ 在 $(\bar{x}_1,\cdots,\bar{x}_n)$ 处连续, 则有

$$\frac{\partial^nF(\bar{x}_1,\cdots,\bar{x}_n)}{\partial x_1\cdots\partial x_n}=f(\bar{x}_1,\cdots,\bar{x}_n).$$

(4) 设 $(X_1,\cdots,X_n)$ 的联合密度函数为 $f(x_1,\cdots,x_n)$, 设 $k<n$, 则 k 维随机变量 $(X_1,\cdots,X_k)$ 的联合密度函数为

$$f_{X_1,\cdots,X_k}(x_1,\cdots,x_k)=\int_{-\infty}^{+\infty}\cdots\int_{-\infty}^{+\infty}f(x_1,\cdots,x_k,t_{k+1},\cdots,t_n)\mathrm{d}t_{k+1}\cdots\mathrm{d}t_n.$$

事实上, 由

$$\begin{aligned}&F_{X_1,\cdots,X_k}(x_1,\cdots,x_k)\\&=F(x_1,\cdots,x_k,+\infty,\cdots,+\infty)\\&=\int_{-\infty}^{x_1}\cdots\int_{-\infty}^{x_k}\int_{-\infty}^{+\infty}\cdots\int_{-\infty}^{+\infty}f(t_1,\cdots,t_k,t_{k+1},\cdots,t_n)\mathrm{d}t_1\cdots\mathrm{d}t_n,\end{aligned}$$

可知

$$\begin{aligned}f_{X_1,\cdots,X_k}(x_1,\cdots,x_k)&=\frac{\partial^kF}{\partial x_1\cdots\partial x_k}(x_1,\cdots,x_k)\\&=\int_{-\infty}^{+\infty}\cdots\int_{-\infty}^{+\infty}f(x_1,\cdots,x_k,t_{k+1},\cdots,t_n)\mathrm{d}t_{k+1}\cdots\mathrm{d}t_n.\end{aligned}$$

(5) 随机变量 X_k 的密度函数为

$$f_{X_k}(x_k)=\int_{-\infty}^{+\infty}\cdots\int_{-\infty}^{+\infty}f(t_1,\cdots,t_{k-1},x_k,t_{k+1},\cdots,t_n)\mathrm{d}t_1\cdots\mathrm{d}t_{k-1}\mathrm{d}t_{k+1}\cdots\mathrm{d}t_n,$$

称 $f_{X_k}(x_k)$ 为**边缘密度函数**.

特别地, 对于二维随机变量 (X,Y),

$$f_X(x)=\int_{-\infty}^{+\infty}f(x,y)\mathrm{d}y,\qquad x\in\mathbb{R},$$

$$f_Y(y)=\int_{-\infty}^{+\infty}f(x,y)\mathrm{d}x,\qquad y\in\mathbb{R}.$$

(6) $X_1,\cdots,X_n$ 相互独立 $\Longleftrightarrow f(x_1,\cdots,x_n)=\prod_{k=1}^{n}f_{X_k}(x_k)$.

例 5.3.1 设 (X_1,X_2,X_3) 为三维随机变量, 联合密度函数为

$$f(x_1,x_2,x_3)=\begin{cases}\dfrac{1}{8\pi^3}(1-\sin x_1\sin x_2\sin x_3), & 0\leqslant x_1,x_2,x_3\leqslant 2\pi,\\ 0, & \text{其他}.\end{cases}$$

问 X_1,X_2,X_3 是否相互独立?

解　易知

$$f_{X_i}(x)=\begin{cases}\dfrac{1}{2\pi}, & 0\leqslant x_i\leqslant 2\pi,\\ 0, & \text{其他},\end{cases}\quad i=1,2,3$$

都服从均匀分布, 且对 $i\neq j$ 有

$$f_{X_i,X_j}(x_i,x_j)=\begin{cases}\dfrac{1}{4\pi^2}, & 0\leqslant x_i,x_j\leqslant 2\pi,\\ 0, & \text{其他}.\end{cases}$$

但

$$f(x_1,x_2,x_3)\neq f_{X_1}(x_1)f_{X_2}(x_2)f_{X_3}(x_3).$$

故 X,Y,Z 是两两独立, 但不是相互独立. □

下面介绍几种常用的多维连续型随机变量的分布.

1. 多维均匀分布

定义 5.3.2　设 n 维随机变量 $X=(X_1,\cdots,X_n)$ 在 n 维有界区域 $D\subset\mathbb{R}^n$ 上取值 (图 5.5). 设 $0<m(D)<+\infty$ 为 "超体积"(测度), 如果其联合密度函数可表示为

$$f(x_1,\cdots,x_n)=\begin{cases}\dfrac{1}{m(D)}, & (x_1,\cdots,x_n)\in D,\\ 0, & \text{其他},\end{cases}$$

则称 $(X_1,\cdots,X_n)$ 服从 D 上的**均匀分布**, 记为 $(X_1,\cdots,X_n)\sim U(D)$.

例 5.3.2　一质点随机落在区域 $[a,b]\times[c,d]$ 上, X,Y 分别表示质点落在平面上对应 x 轴和 y 轴的值, 如图 5.6 所示, 则

$$(X,Y)\sim U\big([a,b]\times[c,d]\big),$$

(X,Y) 的联合密度函数为

$$\begin{aligned}f(x,y)&=\begin{cases}\dfrac{1}{(b-a)(d-c)}, & a\leqslant x\leqslant b, c\leqslant y\leqslant d,\\ 0, & \text{其他}\end{cases}\\ &=f_X(x)f_Y(y),\end{aligned}$$

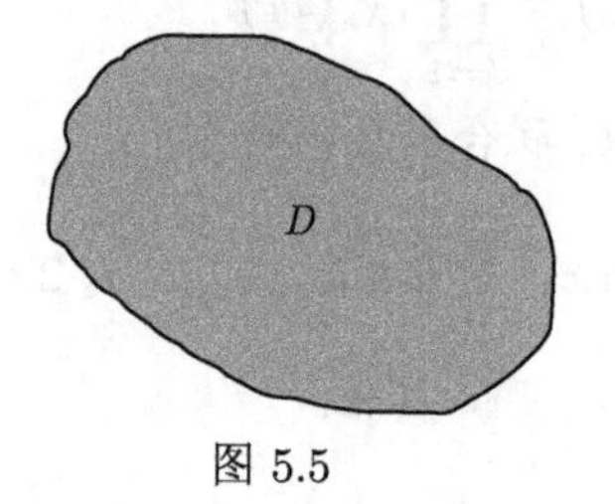

图 5.5

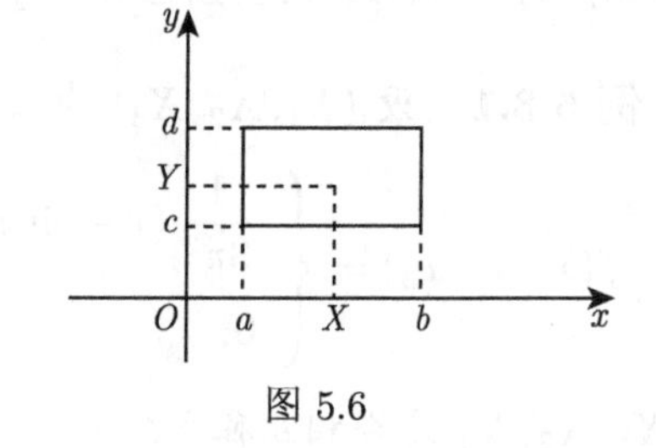

图 5.6

知 X, Y 相互独立.

例 5.3.3 设 (X,Y) 服从圆盘 $C=\{(x,y): x^2+y^2 \leqslant r^2\}$ 上的均匀分布 (图 5.7), 则

$$f(x,y)=\begin{cases}\dfrac{1}{\pi r^2}, & x^2+y^2 \leqslant 1,\\ 0, & \text{其他}.\end{cases}$$

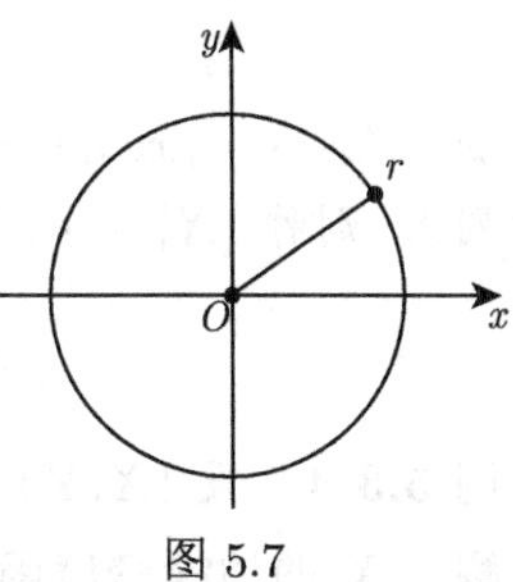

图 5.7

易知

$$\begin{aligned} f_X(x) &= \frac{2}{\pi r^2}\sqrt{r^2-x^2}, \qquad -r \leqslant x \leqslant r,\\ f_Y(y) &= \frac{2}{\pi r^2}\sqrt{r^2-y^2}, \qquad -r \leqslant y \leqslant r, \end{aligned}$$

故

$$f(x,y) \neq f_X(x)f_Y(y)=\left(\frac{2}{\pi r^2}\right)^2\sqrt{r^2-x^2}\sqrt{r^2-y^2},$$

X, Y 不相互独立. □

2. 二维正态分布

定义 5.3.3 若二维随机变量 (X,Y) 的密度函数为

$$\begin{aligned} f(x,y)=&\frac{1}{2\pi\sigma_1\sigma_2\sqrt{1-\rho^2}}\\ &\times \exp\left\{-\frac{1}{2(1-\rho^2)}\left[\left(\frac{x-\mu_1}{\sigma_1}\right)^2-2\rho\frac{x-\mu_1}{\sigma_1}\frac{y-\mu_2}{\sigma_2}+\left(\frac{y-\mu_2}{\sigma_2}\right)^2\right]\right\}, \end{aligned}$$

则称 (X,Y) 服从参数为 $\mu_1, \mu_2, \sigma_1^2, \sigma_2^2, \rho\ (|\rho|<1)$ 的**二维正态分布**, 记为

$$(X,Y) \sim N(\mu_1, \mu_2, \sigma_1^2, \sigma_2^2, \rho).$$

图 5.8 是 $N(0,0,1,1,0)$ 的密度函数图像.

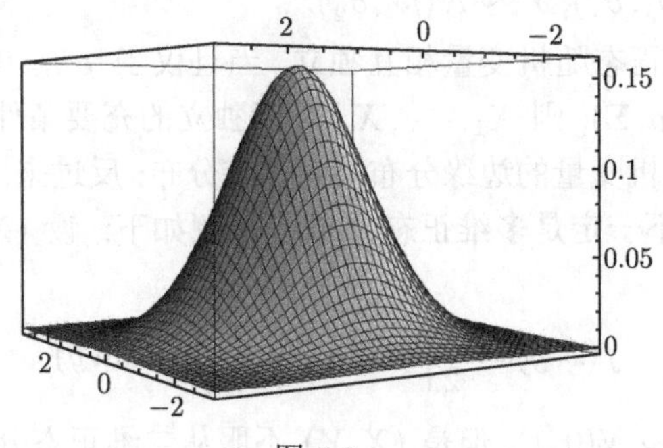

图 5.8

定义 5.3.4　一般地, 若 $(X_1,\cdots,X_n)$ 的联合密度函数可表示为

$$f(x_1,\cdots,x_n)=\frac{1}{(\sqrt{2\pi})^n\sqrt{\det(\Sigma)}}e^{-\frac{1}{2}(x-\mu)\Sigma^{-1}(x-\mu)^{\mathrm{T}}},$$

其中 $x=(x_1,\cdots,x_n),\mu=(\mu_1,\cdots,\mu_n)$, Σ 为 $n\times n$ 的正定矩阵, $\det(\Sigma)$ 表示 Σ 的行列式, 则称 $(X_1,\cdots,X_n)$ 服从 n **维正态分布**, 记为

$$X=(X_1,\cdots,X_n)\sim N(\mu,\Sigma).$$

例 5.3.4　设 $(X,Y)\sim N(\mu_1,\mu_2,\sigma_1^2,\sigma_2^2,\rho)$, 求 X 与 Y 边缘密度函数.

解　X 的边缘密度函数为

$$\begin{aligned}
f_X(x)&=\int_{-\infty}^{+\infty}f(x,y)\mathrm{d}y\\
&=\frac{1}{2\pi}\frac{1}{\sigma_1\sigma_2\sqrt{1-\rho^2}}\\
&\quad\times\int_{-\infty}^{+\infty}e^{-\frac{1}{2(1-\rho^2)}\left(\frac{y-\mu_2}{\sigma_2}-\rho\frac{x-\mu_1}{\sigma_1}\right)^2}e^{-\frac{1}{2(1-\rho^2)}\left[\frac{(x-\mu_1)^2}{\sigma_1^2}-\rho^2\frac{(x-\mu_1)^2}{\sigma_1^2}\right]}\mathrm{d}y\\
&=\frac{1}{\sqrt{2\pi}\sigma_1}e^{-\frac{(x-\mu_1)^2}{2\sigma_1^2}}\int_{-\infty}^{+\infty}\frac{1}{\sqrt{2\pi}\sqrt{\sigma_2^2(1-\rho^2)}}e^{-\frac{\left(y-\mu_2-\rho\frac{\sigma_2(x-\mu_1)}{\sigma_1}\right)^2}{2\sigma_2^2(1-\rho^2)}}\mathrm{d}y\\
&=\frac{1}{\sqrt{2\pi}\sigma_1}e^{-\frac{(x-\mu_1)^2}{2\sigma_1^2}}.
\end{aligned}$$

同理, Y 的边缘密度函数为

$$f_X(y)=\int_{-\infty}^{+\infty}f(x,y)\mathrm{d}x=\frac{1}{\sqrt{2\pi}\sigma_2}e^{-\frac{(y-\mu_2)^2}{2\sigma_2^2}}.$$

由此可见, $X\sim N(\mu_1,\sigma_1^2)$, $Y\sim N(\mu_2,\sigma_2^2)$. □

注　(1) 二维正态随机变量相互独立, 当且仅当 $\rho=0$. 一般地, 若 $X=(X_1,\cdots,X_n)\sim N(\mu,\Sigma)$, 则 $X_1,\cdots,X_n$ 相互独立的充要条件是 Σ 为对角阵.

(2) 多维正态随机变量的边缘分布仍为正态分布; 反过来, n 个 (一维) 正态随机变量的联合分布不一定是多维正态分布. 反例如下: 设 (X,Y) 的联合密度函数为

$$f(x,y)=\frac{1}{2\pi}e^{-\frac{x^2+y^2}{2}}(1+\sin x\sin y),$$

则 $X\sim N(0,1)$, $Y\sim N(0,1)$, 但是 (X,Y) 不服从二维正态分布.

3. 多维 t 分布

定义 5.3.5 若 $(X_1,\cdots,X_n)$ 的联合密度函数为

$$f(x_1,\cdots,x_n)=f(x)=\frac{c_n|\Sigma|^{-1/2}}{\left\{1+v^{-1}(x-\mu)\Sigma^{-1}(x-\mu)^{\mathrm{T}}\right\}^{\frac{v+n}{2}}},$$

其中 $c_n=\dfrac{\Gamma\left(\dfrac{v+n}{2}\right)}{(\pi v)^{\frac{n}{2}}\Gamma\left(\dfrac{v}{2}\right)}$, v 为自由度, 则称 X 服从 **n 元 t 分布**.

易证: (1) 若 $(X_1,\cdots,X_n)$ 服从 n 元 t 分布, 则边缘分布 $(X_1,\cdots,X_k)$ $(k<n)$ 为 k 元 t 分布;

(2) 若 $(X_1,\cdots,X_n)$ 服从 n 元 t 分布, 令

$$Y:=XA+b,$$

其中 A 为 $n\times m$ 矩阵, b 为 m 维行向量, 则 Y 也服从 m 元 t 分布.

关于多维 t 分布的内容, 见文献 (张润楚, 2006).

5.4 多维随机变量的条件分布

问题 5.4.1 (贝叶斯推断) 假设某城市每周发生的重大交通事故数 X 服从参数 Λ 的 Poisson 分布, 由于参数 Λ 未知, 贝叶斯学派假定 Λ 看作随机变量: 假定 Λ 服从 $[2,4]$ 上的均匀分布 (称为先验分布), 在 $\Lambda=\lambda$ 的条件下, $X\sim \mathrm{Poi}(\lambda)$.

现在我们独立观察到最近 4 周的数据 (信息): $X_1=3$, $X_2=2$, $X_3=1$, $X_4=2$, 怎么根据这些数据 (信息) 求参数 Λ 的密度函数 $f_\Lambda(\lambda|X_1=3,X_2=2,X_3=1,X_4=2)$ (称为后验密度)?

5.4.1 离散型随机变量的条件分布

设随机变量 (X,Y) 为二维离散型随机变量, 联合分布列 (律) 为 $p_{ij}=P(X=x_i,Y=y_j)$. 在已知 $X=x_i$ 的条件下, $Y=y_j$ 的条件概率为

$$P(Y=y_j|X=x_i)=\frac{p_{ij}}{p_{i\cdot}}=\frac{p(x_i,y_j)}{p_X(x_i)}=p_Y(y_j|x_i),$$

这里要求 $p_X(x_i)>0$.

(1) 全概率公式: $p_Y(y_j)=\sum\limits_i p_X(x_i)p_Y(y_j|x_i)$.

(2) 条件分布函数:

$$F_Y(y|x_i) = \sum_{y_j:\ y_j \leqslant y} p_Y(y_j|x_i).$$

例 5.4.1　将一枚骰子掷两次, U 表示两次的最大点数, V 表示两次的最小点数. 现已知 $V=3$ 的条件下 U 的条件分布.

解　易知, 在 $V=3$ 的条件下, $U=3,4,5,6$.

$$P(V=3) = P\big(\{(3,3),(3,4),(3,5),(3,6),(4,3),(5,3),(6,3)\}\big) = \frac{7}{36},$$

从而

$$P(U=3|V=3) = \frac{P(U=3,V=3)}{P(V=3)} = \frac{P(\{(3,3)\})}{P(V=3)} = \frac{1}{7},$$

$$P(U=4|V=3) = \frac{P(U=4,V=3)}{P(V=3)} = \frac{P\big(\{(3,4),(4,3)\}\big)}{P(V=3)} = \frac{2}{7}.$$

同理可得 $P(U=5|V=3) = P(U=6|V=3) = \dfrac{2}{7}$. 从而已知 $V=3$ 的条件下 U 的条件分布列为

$U\|V=3$	3	4	5	6
P	1/7	2/7	2/7	2/7

对一般 n 维随机变量 $(X_1,\cdots,X_n)$, 在已知 $X_{k+1}=x_{k+1},\cdots,X_n=x_n$ 的条件下, $(X_1,\cdots,X_k)$ 的条件分布列为

$$\begin{aligned}&P\left(X_1=x_1,\cdots,X_k=x_k\middle|X_{k+1}=x_{k+1},\cdots,X_n=x_n\right)\\=&\frac{P\big(X_1=x_1,\cdots,X_n=x_n\big)}{P\big(X_{k+1}=x_{k+1},\cdots,X_n=x_n\big)},\end{aligned}$$

这里要求 $P\big(X_{k+1}=x_{k+1},\cdots,X_n=x_n\big)>0$.

例 5.4.2　相互独立射击多次, 用 S_n 表示第 n 次击中目标所需的射击次数, 则

$$\begin{aligned}P\big(S_1=i,S_2=j\big) &= P(S_1=i)P\big(S_2=j\big|S_1=i\big)\\&= q^{i-1}pq^{j-i-1}p = p^2q^{j-2}, \qquad j>i\geqslant 1,\end{aligned}$$

从而

$$P\big(S_2=j\big|S_1=i\big) = pq^{j-i-1},\quad P\big(S_1=i\big|S_2=j\big) = \frac{1}{j-1},\quad 1\leqslant i\leqslant j-1.$$

易知 $S_0=0$, $X_k=S_k-S_{k-1}$, $X_1,\cdots,X_n$ 相互独立同分布于几何分布.

5.4.2 连续型随机变量的条件分布

问题 5.4.2 在问题 5.3.1 中, 设某人群的体重指数 X 和血液中的总胆固醇含量 Y. 假设我们根据数据得到 $(X,Y) \sim N(21.2, 4.8, 0.15, 0.09, 0.69)$, 现在我们知道某人的体重指数 $X = 22.3$, 怎么求血液中的总胆固醇含量偏高 (大于 5.5) 的概率呢?

对于二维连续型随机变量 (X,Y), 在给定 $X = x$ 条件下, 如何定义 Y 的条件分布函数? 形式上,

$$F_Y(y|x) := P\big(Y \leqslant y \big| X = x\big) = \frac{P\big(X = x, Y \leqslant y\big)}{P(X = x)} = \frac{0}{0} \text{ 无意义.}$$

假设 $f(x,y)$ 与 $f_X(x)$ 在 x_0 处连续, 对任意 y, 则

$$\begin{aligned}
F_Y(y|x_0) &= \lim_{\varepsilon \to 0} \frac{P\big(x_0 - \varepsilon < X \leqslant x_0,\ Y \leqslant y\big)}{P\big(x_0 - \varepsilon < X \leqslant x_0\big)} \\
&= \lim_{\varepsilon \to 0} \frac{\dfrac{1}{\varepsilon}\displaystyle\int_{x_0-\varepsilon}^{x_0}\int_{-\infty}^{y} f(u,v)\mathrm{d}u\mathrm{d}v}{\dfrac{1}{\varepsilon}\displaystyle\int_{x_0-\varepsilon}^{x_0} f_X(u)\mathrm{d}u} \\
&= \frac{\displaystyle\int_{-\infty}^{y} f(x_0,v)\mathrm{d}v}{f_X(x_0)}.
\end{aligned}$$

一般地, 有

$$F_Y(y|x) = \frac{\displaystyle\int_{-\infty}^{y} f(x,v)\mathrm{d}v}{f_X(x)}.$$

从而条件分布密度为

$$f_Y(y|x) = \frac{f(x,y)}{f_X(x)}.$$

由此可得

$$f_Y(y) = \int_{-\infty}^{+\infty} f(x,y)\mathrm{d}x = \int_{-\infty}^{+\infty} f_X(x) f_Y(y|x)\mathrm{d}x,$$

从而

$$P(Y \in B) = \int_B f_Y(y)\mathrm{d}y = \int_B \left[\int_{-\infty}^{+\infty} f(x,y)\mathrm{d}x\right]\mathrm{d}y$$

$$= \int_{-\infty}^{+\infty} \left[\int_B f_X(x) f_Y(y|x) \mathrm{d}y \right] \mathrm{d}x$$

$$= \int_{-\infty}^{+\infty} f_X(x) P(Y \in B | X = x) \mathrm{d}x.$$

上述公式称为 **"连续情形" 下的全概率公式**. 更一般地, 还可以得到

$$P((X,Y) \in A) = \int_{-\infty}^{+\infty} f_X(x) P\big((X,Y) \in A \big| X = x\big) \mathrm{d}x.$$

例 5.4.3 设 (X,Y) 服从圆盘 $C = \left\{(x,y): x^2 + y^2 \leqslant r^2\right\}$ 上的均匀分布, 对任意固定 $x \in (-r,r)$, 则

$$f_Y(y|x) = \frac{1}{2\sqrt{r^2 - x^2}}, \quad -\sqrt{r^2 - x^2} \leqslant y \leqslant \sqrt{r^2 - x^2},$$

即 $Y|X = x \sim U\left(-\sqrt{r^2 - x^2}, \sqrt{r^2 - x^2}\right)$.

例 5.4.4 (问题 5.4.2 的求解) 某人群的体重指数 X 和血液中的总胆固醇含量 Y, $(X,Y) \sim N(21.2, 4.8, 0.15, 0.09, 0.69)$, 知道某人的体重指数 $X = 22.3$, 我们现在来求 $P\left(Y \geqslant 5.5 \middle| X = 22.3\right)$.

先考虑一般情况, 假设

$$(X,Y) \sim N\left(\mu_1, \mu_2, \sigma_1^2, \sigma_2^2, \rho\right),$$

则

$$\begin{aligned} f(y|x) &= \frac{f(x,y)}{f_X(x)} \\ &= \frac{1}{\frac{1}{\sqrt{2\pi}\sigma_1} e^{-\frac{(x-\mu_1)^2}{2\sigma_1^2}}} \times \frac{1}{2\pi\sigma_1\sigma_2\sqrt{1-\rho^2}} \\ &\quad \times e^{-\frac{1}{2(1-\rho^2)}\left\{\frac{(x-\mu_1)^2}{\sigma_1^2} - 2\rho(\frac{x-\mu_1}{\sigma_1})(\frac{y-\mu_2}{\sigma_2}) + \frac{(y-\mu_2)^2}{\sigma_2^2}\right\}} \\ &= \frac{1}{\sqrt{2\pi}\sqrt{\sigma_2^2(1-\rho^2)}} e^{-\frac{1}{2\sigma_2^2(1-\rho^2)}\left[y-\mu_2-\frac{\rho\sigma_2}{\sigma_1}(x-\mu_1)\right]^2}, \end{aligned}$$

故

$$Y|X = x \sim N\left(\mu_2 + \frac{\rho\sigma_2}{\sigma_1}(x - \mu_1), \sigma_2^2(1-\rho^2)\right).$$

将数据代入知 $f_Y(y|X=22.3)\sim N(5.39,0.0472)$, 从而

$$\begin{aligned}P(Y\geqslant 5.5|X=22.3)&=1-P(Y\leqslant 5.5|X=22.3)\\&=1-P\left(\frac{Y-5.39}{\sqrt{0.0472}}\leqslant\frac{5.5-5.39}{\sqrt{0.0472}}\Big|X=22.3\right)\\&=1-\Phi(0.51)\\&=1-0.6950=0.3050.\end{aligned}$$

例 5.4.5 (问题 5.4.1 的求解) 在问题 5.4.1 中, 重大交通事故数 X 在 $\Lambda=\lambda$ 的条件下, $X\sim\mathrm{Poi}(\lambda)$. 假定 Λ 的先验分布为 $[2,4]$ 上的均匀分布, 求参数 Λ 的后验密度 $f_\Lambda\big(\lambda\big|X_1=3,X_2=2,X_3=1,X_4=2\big)$.

解 由题意易知

$$\begin{aligned}&P\big(X_1=3,X_2=2,X_3=1,X_4=2\big|\Lambda=\lambda\big)\\=&\frac{\lambda^3}{3!}e^{-\lambda}\times\frac{\lambda^2}{2!}e^{-\lambda}\times\frac{\lambda^1}{1!}e^{-\lambda}\times\frac{\lambda^2}{2!}e^{-\lambda}\\\propto&\lambda^8e^{-4\lambda}.\end{aligned}$$

由于先验密度为 $f_\Lambda(\lambda)=\dfrac{1}{2}I_{[2,4]}(\lambda)$, 故

$$\begin{aligned}&F_\Lambda\left(\lambda\big|X_1=3,X_2=2,X_3=1,X_4=2\right)\\=&P\left(\Lambda\leqslant\lambda\big|X_1=3,X_2=2,X_3=1,X_4=2\right)\\=&\frac{P(\Lambda\leqslant\lambda,X_1=3,X_2=2,X_3=1,X_4=2)}{P(X_1=3,X_2=2,X_3=1,X_4=2)}\\=&\frac{\displaystyle\int_2^\lambda P(X_1=3,X_2=2,X_3=1,X_4=2|\Lambda=u)f_\Lambda(u)\mathrm{d}u}{\displaystyle\int_2^4 P(X_1=3,X_2=2,X_3=1,X_4=2|\Lambda=u)f_\Lambda(u)\mathrm{d}u}\\=&c\int_2^\lambda u^8e^{-4u}\mathrm{d}u,\end{aligned}$$

其中 c 为归一化常数. 两边关于 λ 求导, 得

$$f_\Lambda\big(\lambda\big|X_1=3,X_2=2,X_3=1,X_4=2\big)=c\lambda^8e^{-4\lambda},\qquad\lambda\in[2,4].$$ □

5.5　多维随机变量函数的分布

问题 5.5.1　我们考察某医院某专家门诊, 该专家对每个病人的诊断包括初诊、检查 (验血、拍片等) 后的复诊. 假设每个病人初诊时间 $X \sim N(\mu_1, \sigma_1^2)$(单位: 分钟)、复诊时间 $Y \sim N(\mu_2, \sigma_2^2)$(单位: 分钟), 并且假设 X 与 Y 独立.

(1) 假设第 i 个病人看病, 需要初诊和复诊, 怎么求他在该专家这里的看病总时间的概率分布呢?

(2) 假设病人需要复诊的概率为 p, 他是否需要复诊、初诊时间与复诊时间相互独立, 又怎么求他在该专家这里的看病总时间的概率分布呢?

一般问题　设 $(X_1, \cdots, X_n)$ 是多维随机变量, 设 $g(x_1, \cdots, x_n)$ 为 n 元函数, 令

$$Z := g(X_1, \cdots, X_n),$$

则 Z 为一维随机变量, 怎么求 Z 分布呢?

令 $C_z := \big\{(x_1, \cdots, x_n):\ g(x_1, \cdots, x_n) \leqslant z\big\}$, 易知

$$\begin{aligned}
F_Z(z) &= P(Z \leqslant z) \\
&= P\big(g(X_1, \cdots, X_n) \leqslant z\big) \\
&= P\big((X_1, \cdots, X_n) \in C_z\big) \\
&= \begin{cases} \displaystyle\sum_{(x_1, \cdots, x_n) \in C_z} P(X_1 = x_1, \cdots, X_n = x_1), & \text{离散型的情形}, \\ \displaystyle\int\!\cdots\!\int_{C_z} f(x_1, \cdots, x_n)\mathrm{d}x_1 \cdots \mathrm{d}x_n, & \text{连续型的情形}. \end{cases}
\end{aligned}$$

下设 (X, Y) 为连续型随机变量, $f(x, y)$ 为其联合密度函数.

5.5.1　和差 $Z = X \pm Y$ 的分布

由

$$P(X - Y \leqslant z) = \iint_{x - y \leqslant z} f(x, y)\mathrm{d}x\mathrm{d}y = \int_{-\infty}^{+\infty} \mathrm{d}y \int_{-\infty}^{z+y} f(x, y)\mathrm{d}x,$$

两边关于 z 求导, 可得

$$f_{X-Y}(z) = \int_{-\infty}^{+\infty} f(x, x - z)\mathrm{d}x = \int_{-\infty}^{+\infty} f(z + y, y)\mathrm{d}y.$$

同理, 可得 $Y-X$ 的密度函数

$$f_{Y-X}(z)=\int_{-\infty}^{+\infty}f(x-z,x)\mathrm{d}x.$$

类似可求 $X+Y$ 的密度函数

$$f_{X+Y}(z)=\int_{-\infty}^{+\infty}f(x,z-x)\mathrm{d}x=\int_{-\infty}^{+\infty}f(z-y,y)\mathrm{d}y.$$

例 5.5.1 (Poisson 分布的可加性) 设 $X_i\sim \mathrm{Poi}(\lambda_i)$, 即 $P(X_i=k)=e^{-\lambda_i}\dfrac{\lambda_i^k}{k!}$, $k=0,1,2,\cdots$, 并设 $\{X_i,i=1,2,\cdots\}$ 相互独立. 求 $Z_n=X_1+\cdots+X_n$ 的分布.

解 当 $n=2$ 时,

$$\begin{aligned}P(X_1+X_2=k)&=\sum_{j=0}^{+\infty}P(X_1=j,X_1+X_2=k)\\&=\sum_{j=0}^{k}P(X_1=j)P(X_2=k-j)\\&=\sum_{j=0}^{k}e^{-\lambda_1}\frac{\lambda_1^j}{j!}e^{-\lambda_2}\frac{\lambda_2^{k-j}}{(k-j)!}\\&=\frac{e^{-(\lambda_1+\lambda_2)}(\lambda_1+\lambda_2)^k}{k!}.\end{aligned}$$

由数学归纳法, 可得

$$X_1+\cdots+X_n\sim \mathrm{Poi}(\lambda_1+\cdots+\lambda_n).$$ □

注 二项分布也具有可加性: 设 $X\sim B(m,p)$, $Y\sim B(n,p)$, 且 X 与 Y 相互独立, 则 $X+Y\sim B(m+n,p)$.

例 5.5.2 (正态分布的可加性) 设 $X_i\sim N(\mu_i,\sigma_i^2)$, $i=1,2$, X_1,X_2 相互独立, 求 $Z=X_1+X_2$ 的分布.

解 易知

$$\begin{aligned}&f_{X_1+X_2}(z)\\&=\int_{-\infty}^{+\infty}f(x,z-x)\mathrm{d}x\end{aligned}$$

$$
\begin{aligned}
&= \frac{1}{2\pi\sigma_1\sigma_2}\int_{-\infty}^{+\infty}\exp\left(-\frac{(x-\mu_1)^2}{2\sigma_1^2}\right)\exp\left(-\frac{(z-x-\mu_2)^2}{2\sigma_2^2}\right)\mathrm{d}x\\
&= \frac{1}{2\pi\sigma_1\sigma_2}\int_{-\infty}^{+\infty}\exp\left(-\frac{\sigma_2^2(x-\mu_1)^2+\sigma_1^2\{z-\mu_1-\mu_2-(x-\mu_1)\}^2}{2\sigma_1^2\sigma_2^2}\right)\mathrm{d}x\\
&= \frac{1}{\sqrt{2\pi}\sqrt{\sigma_1^2+\sigma_2^2}}\exp\left(-\frac{(z-(\mu_1+\mu_2))^2}{2(\sigma_1^2+\sigma_2^2)}\right)\\
&\quad\times\frac{1}{\sqrt{2\pi}\sqrt{\dfrac{\sigma_1^2\sigma_2^2}{\sigma_1^2+\sigma_2^2}}}\int_{-\infty}^{+\infty}\exp\left(-\frac{\sigma_1^2+\sigma_2^2}{2\sigma_1^2\sigma_2^2}\left(x-u_1-\frac{\sigma_1^2}{\sigma_1^2+\sigma_2^2}(z-\mu_1-\mu_2)\right)^2\right)\mathrm{d}x\\
&= \frac{1}{\sqrt{2\pi}\sqrt{\sigma_1^2+\sigma_2^2}}\exp\left(-\frac{(z-(\mu_1+\mu_2))^2}{2(\sigma_1^2+\sigma_2^2)}\right),
\end{aligned}
$$

易知, $Z=X_1+X_2\sim N(\mu_1+\mu_2,\sigma_1^2+\sigma_2^2)$. □

注　(1) 设随机变量 $X_1,\cdots,X_n$ 相互独立, $X_i\sim N(\mu_i,\sigma_i^2)$, $i=1,2,\cdots,n$, 利用数学归纳法可以证明:

$$
\sum_{i=1}^n X_i\sim N\left(\sum_i\mu_i,\sum_i\sigma_i^2\right),
$$

见习题.

(2) 如果没有独立性, 正态分布的和不一定服从正态分布, 例如

$$
(X,Y)\sim f(x,y)=\frac{1}{2\pi}e^{-\frac{x^2+y^2}{2}}(1+\sin x\sin y),
$$

则 $X\sim N(0,1),Y\sim N(0,1)$, 但是 $U=X+Y$ 的密度函数为

$$
f_U(u)=\frac{1}{\sqrt{2\pi}}e^{-\frac{u^2}{4}}\left(1-\frac{1}{2}\cos(u)+\frac{1}{2}e^{-1}\right).
$$

例 5.5.3 (问题 5.5.1 的求解)　(1) 如果病人需要初诊和复诊, 根据正态分布的可加性, 他在该专家这里的看病总时间 $Z=X+Y\sim N(\mu_1+\mu_2,\sigma_1^2+\sigma_2^2)$.

(2) 假设病人需要复诊的概率为 p, 我们引入:

$$
\eta=\begin{cases}1, & \text{需要复诊},\\ 0, & \text{不需要复诊},\end{cases}
$$

则他在该专家这里的看病总时间为 $Z=X+\eta Y$. 考察 Z 的分布函数为

$$
\begin{aligned}
F_Z(z) &= P(X+\eta Y \leqslant z) \\
&= P(\eta=0)P(X\leqslant z|\eta=0)+P(\eta=1)P(X+Y\leqslant z|\eta=1) \\
&= P(\eta=0)P(X\leqslant z)+P(\eta=1)P(X+Y\leqslant z) \\
&= (1-p)\int_{-\infty}^{z} f_X(x)\mathrm{d}x + p\int_{-\infty}^{z} f_{X+Y}(x)\mathrm{d}x.
\end{aligned}
$$

两边关于 z 求导, 易得

$$
f_Z(z)=(1-p)\frac{1}{\sqrt{2\pi}\sigma_1}e^{-\frac{(x-\mu_1)^2}{2\sigma_1^2}}+p\frac{1}{\sqrt{2\pi}\sqrt{\sigma_1^2+\sigma_2^2}}e^{-\frac{(x-\mu_1-\mu_2)^2}{2(\sigma_1^2+\sigma_2^2)}}.
$$

这时称其服从**混合正态** (Gauss) **分布**.

例 5.5.4 设 $X_i\sim\mathscr{E}(\lambda)$(指数分布), $(X_1,\cdots,X_n)$ 相互独立, 则

$$
X_1+\cdots+X_n\sim\Gamma(n,\lambda),
$$

其密度函数为

$$
f(x)=\begin{cases} e^{-\lambda x}\lambda^n\dfrac{x^{n-1}}{\Gamma(n)}, & x\geqslant 0, \\ 0, & x<0. \end{cases}
$$

5.5.2 乘积、商的分布

定理 5.5.1 设 (X,Y) 为二维连续型随机变量, 联合密度函数为 $f(x,y)$, 则

(1) 积 $Z=XY$ 的分布

$$
f_{XY}(z)=\int_{-\infty}^{+\infty} f\left(x,\frac{z}{x}\right)\frac{\mathrm{d}x}{|x|}=\int_{-\infty}^{+\infty} f\left(\frac{z}{y},y\right)\frac{\mathrm{d}y}{|y|}.
$$

(2) 商 $Z=X/Y$ 的分布

$$
f_{\frac{X}{Y}}(z)=F'_{\frac{X}{Y}}(z)=\int_{-\infty}^{+\infty} f(zy,y)|y|\mathrm{d}y.
$$

事实上,

$$
\begin{aligned}
F_{\frac{X}{Y}}(z) &= \int_{-\infty}^{0}\mathrm{d}y\int_{zy}^{+\infty} f(x,y)\mathrm{d}x+\int_{0}^{+\infty}\mathrm{d}y\int_{-\infty}^{zy} f(x,y)\mathrm{d}x \\
&= \int_{-\infty}^{z}\left[-\int_{-\infty}^{0} f(xy,y)y\mathrm{d}y\right]\mathrm{d}x+\int_{-\infty}^{z}\left[\int_{0}^{+\infty} f(xy,y)y\mathrm{d}y\right]\mathrm{d}x.
\end{aligned}
$$

关于 z 求导, 即得.

5.5.3 向量值函数的联合分布

前面我们讨论了已知 $(X_1,\cdots,X_n)$ 的联合分布, 如何求 $Z=g(X_1,\cdots,X_n)$ 的分布. 本小节我们来讨论如何求向量值函数的联合分布.

问题 5.5.2 设 $m\leqslant n$, 已知 $(X_1,\cdots,X_n)$ 的联合分布, 给定 m 个 n 元函数

$$g_1(x_1,\cdots,x_n),\cdots,g_m(x_1,\cdots,x_n),$$

令

$$\begin{cases} Y_1=g_1(X_1,\cdots,X_n),\\ \qquad\cdots\cdots\\ Y_m=g_m(X_1,\cdots,X_n),\end{cases}$$

则 $(Y_1,\cdots,Y_m)$ 为 m 维随机变量. 如何求 $(Y_1,\cdots,Y_m)$ 的联合分布?

我们先看几个例子.

例 5.5.5 设 (X,Y) 服从单位圆上的均匀分布, 即

$$f_{X,Y}(x,y)=\begin{cases}\dfrac{1}{\pi}, & x^2+y^2\leqslant 1,\\ 0, & \text{其他}.\end{cases}$$

设 (R,Θ) 为单位圆上的点 (X,Y) 的极坐标, 即

$$R=\sqrt{X^2+Y^2},\quad \Theta=\arctan\frac{Y}{X}$$

或

$$\begin{cases}X=R\cos\Theta,\\ Y=R\sin\Theta,\end{cases}$$

求 (R,Θ) 的联合概率分布.

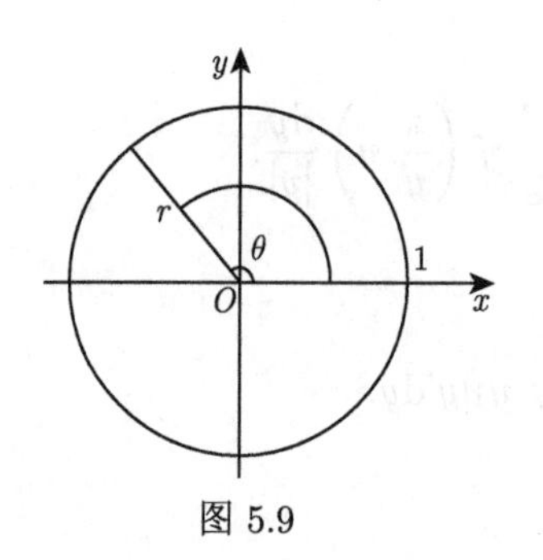

图 5.9

解 如图 5.9 所示, 引入

$$C=\left\{(x,y):0\leqslant\sqrt{x^2+y^2}\leqslant r,\ 0\leqslant\tan^{-1}\left(\frac{y}{x}\right)\leqslant\theta\right\}.$$

对 $r\in[0,1]$, $\theta\in[0,2\pi]$, 有

$$\begin{aligned}F(r,\theta)&=P\Big(R\leqslant r,\Theta\leqslant\theta\Big)=P\Big((X,Y)\in C\Big)\\ &=\frac{\pi r^2\dfrac{\theta}{2\pi}}{\pi}=\frac{\theta r^2}{2\pi},\end{aligned}$$

故 (R,Θ) 的联合密度函数为

$$f(r,\theta)=\begin{cases}\dfrac{r}{\pi}, & 0\leqslant r\leqslant 1,\ 0\leqslant\theta\leqslant 2\pi,\\ 0, & \text{其他}.\end{cases}$$

从而 R,Θ 的边缘密度函数为

$$f_R(r)=\begin{cases}2r, & 0\leqslant r\leqslant 1,\\ 0, & \text{其他},\end{cases}\qquad f_\Theta(\theta)=\begin{cases}\dfrac{1}{2\pi}, & 0\leqslant\theta\leqslant 2\pi,\\ 0, & \text{其他},\end{cases}$$

易知

$$f(r,\theta)=f_R(r)f_\Theta(\theta),$$

即 R 与 Θ 相互独立 (直观上感觉不相互独立). □

对问题 5.5.2, 怎么求 $(Y_1,\cdots,Y_m)$ 的联合概率分布呢?

记

$$\begin{aligned}&C(y_1,\cdots,y_m)\\ :=&\Big\{(x_1,\cdots,x_n):\ g_1(x_1,\cdots,x_n)\leqslant y_1,\cdots,g_m(x_1,\cdots,x_n)\leqslant y_m\Big\},\end{aligned}$$

则

$$\begin{aligned}F(y_1,\cdots,y_m)&=P\Big(Y_1\leqslant y_1,\cdots,Y_m\leqslant y_m\Big)\\ &=P\Big((X_1,\cdots,X_n)\in C(y_1,\cdots,y_m)\Big)\\ &=\begin{cases}\displaystyle\sum_{(x_1,\cdots,x_n)\in C(y_1,\cdots,y_m)}P\big(X_1=x_1,\cdots,X_n=x_1\big),\\ \displaystyle\int\!\!\cdots\!\!\int_{C(y_1,\cdots,y_m)}f(x_1,\cdots,x_n)\mathrm{d}x_1\cdots\mathrm{d}x_n.\end{cases}\end{aligned}$$

如果 $m=n$, 我们有如下定理.

定理 5.5.2 设 $(X_1,\cdots,X_n)$ 为 n 维连续型随机变量, 联合密度函数为 $f(x_1,\cdots,x_n)$, 设

$$y_i=g_i(x_1,\cdots,x_n),\qquad 1\leqslant i\leqslant n$$

有连续的偏导数, 且存在唯一的反函数, 即

$$x_i = g_i^{-1}(y_1, \cdots, y_n), \qquad 1 \leqslant i \leqslant n,$$

则 $(Y_1, \cdots, Y_n)$ 的联合密度函数为

$$f_{Y_1,\cdots,Y_n}(y_1, \cdots, y_n) = f\Big(g_1^{-1}(y_1, \cdots, y_n), \cdots, g_n^{-1}(y_1, \cdots, y_n)\Big)|J|,$$

其中

$$J := \begin{vmatrix} \dfrac{\partial x_1}{\partial y_1} & \cdots & \dfrac{\partial x_1}{\partial y_n} \\ \vdots & & \vdots \\ \dfrac{\partial x_n}{\partial y_1} & \cdots & \dfrac{\partial x_n}{\partial y_n} \end{vmatrix}. \tag{5.2}$$

证明　令 $A(y_1, \cdots, y_n) := (-\infty, y_1] \times \cdots \times (-\infty, y_n]$ 及

$$\begin{aligned} &A^{-1}(y_1, \cdots, y_n) \\ :=& \Big\{(x_1, \cdots, x_n):\ g_1(x_1, \cdots, x_n) \leqslant y_1, \cdots, g_n(x_1, \cdots, x_n) \leqslant y_n\Big\}, \end{aligned}$$

则

$$\begin{aligned} &F(y_1, \cdots, y_n) \\ =& P\big(Y_1 \leqslant y_1, \cdots, Y_n \leqslant y_n\big) \\ =& P\Big(g_1(X_1, \cdots, X_n) \leqslant y_1, \cdots, g_n(X_1, \cdots, X_n) \leqslant y_n\Big) \\ =& P\Big((X_1, \cdots, X_n) \in A^{-1}(y_1, \cdots, y_n)\Big) \\ =& \int\cdots\int_{A^{-1}(y_1,\cdots,y_n)} f(x_1, \cdots, x_n)\mathrm{d}x_1 \cdots \mathrm{d}x_n \\ =& \int\cdots\int_{A(y_1,\cdots,y_n)} f\left(g_1^{-1}(z_1, \cdots, z_n), \cdots, g_n^{-1}(z_1, \cdots, z_n)\right)|J|\mathrm{d}z_1 \cdots \mathrm{d}z_n \\ =& \int_{-\infty}^{y_1} \cdots \int_{-\infty}^{y_n} f\left(g_1^{-1}(z_1, \cdots, z_n), \cdots, g_n^{-1}(z_1, \cdots, z_n)\right)|J|\mathrm{d}z_1 \cdots \mathrm{d}z_n\ , \end{aligned}$$

从而

$$f_{Y_1,\cdots,Y_n}(y_1, \cdots, y_n) = f\left(g_1^{-1}, \cdots, g_n^{-1}\right)|J|.$$

□

例 5.5.6 设 $(X,Y)\sim U$(单位圆), 令

$$\begin{cases} R=\sqrt{X^2+Y^2}, \\ \Theta=\arctan\left(\dfrac{Y}{X}\right) \end{cases} \Longrightarrow \begin{cases} X=R\cos\Theta, \\ Y=R\sin\Theta. \end{cases}$$

由于

$$x=r\cos(\theta), \quad y=r\sin(\theta),$$

我们可得 (R,Θ) 的联合密度函数为

$$f_{R,\Theta}(r,\theta)=f(r\cos\theta,r\sin\theta)r=\begin{cases} \dfrac{r}{\pi}, & 0\leqslant r\leqslant 1,\ 0\leqslant\theta\leqslant 2\pi, \\ 0, & \text{其他}. \end{cases}$$

例 5.5.7 设 (X,Y) 的联合密度函数为 $f(x,y)$, 令

$$\begin{cases} U=XY, \\ V=Y, \end{cases}$$

则

$$\begin{cases} X=\dfrac{U}{V}, \\ Y=V. \end{cases}$$

由于 $J=\dfrac{1}{v}$, 我们可得 (U,V) 的联合密度函数为

$$f_{(U,V)}(u,v)=f\left(\frac{u}{v},v\right)\frac{1}{|v|},$$

由此我们可得 $U=XY$ 的密度函数

$$f_{XY}(u)=f_U(u)=\int_{-\infty}^{+\infty}f_{(U,V)}(u,v)\mathrm{d}v=\int_{-\infty}^{+\infty}f\left(\frac{u}{v},v\right)\frac{\mathrm{d}v}{|v|}.$$

例 5.5.8 设 (X,Y) 相互独立, 都服从 $N(0,1)$, 记

$$\begin{cases} U=X+Y, \\ V=X-Y. \end{cases}$$

求 (U,V) 的联合密度函数.

解 因为

$$\begin{cases} u = x + y, \\ v = x - y, \end{cases}$$

反函数为

$$\begin{cases} x = \dfrac{u+v}{2}, \\ y = \dfrac{u-v}{2}. \end{cases}$$

这时 $J = -\dfrac{1}{2}$, 我们可得 (U, V) 的联合密度函数为

$$\begin{aligned} f_{U,V}(u,v) &= \frac{1}{2\pi} e^{-\frac{(u+v)^2}{8} - \frac{(u-v)^2}{8}} \frac{1}{2} \\ &= \frac{1}{4\pi} e^{-\frac{u^2+v^2}{4}} \\ &= \frac{1}{\sqrt{2\pi}\sqrt{2}} e^{-\frac{u^2}{2(\sqrt{2})^2}} \frac{1}{\sqrt{2\pi}\sqrt{2}} e^{-\frac{v^2}{2(\sqrt{2})^2}}. \end{aligned}$$

由此可知

$$\begin{cases} U \sim N(0,2), \\ V \sim N(0,2), \end{cases}$$

且 U 与 V 相互独立. □

5.5.4 由条件分布引出的随机变量

我们通过一个例子来说明.

假设某个水果店销售两种水果: 苹果与香蕉. 假设某天, 有 N_1 个人只买苹果, 有 N_2 个人只买香蕉, 有 N_3 个人两种水果都买. 第 i 个人买苹果花费 X_i 元; 第 j 个人买香蕉花费 Y_j 元; 第 k 个人两种水果都买, 花费为 Z_k 元. 为了简单起见, 我们假设:

(1) $N_i \sim \mathrm{Poi}(\lambda_i)$, $i = 1, 2, 3$;

(2) 设只买苹果的人的花费为 $X_1, X_2, \cdots$, 假设其独立同分布, $X_i \sim N(\mu_1, \sigma_1^2)$;

(3) 设只买香蕉的人的花费为 $Y_1, Y_2, \cdots$, 假设其独立同分布, $Y_j \sim N(\mu_2, \sigma_2^2)$;

(4) 设两种水果都买的人的花费为 $Z_1, Z_2, \cdots$, 假设其独立同分布, $Z_k \sim N(\mu_3, \sigma_3^2)$;

(5) 假设所有的随机变量之间相互独立.

我们关心的是该天水果店的总销售额是否超过某个值 x_0. 令

$$S := \sum_{i=1}^{N_1} X_i + \sum_{j=1}^{N_2} Y_j + \sum_{k=1}^{N_3} Z_k,$$

求 $P(S \geqslant x_0|N_1, N_2, N_3)$.

易知

$$\begin{aligned}
&P(S \geqslant x_0|N_1 = n_1, N_2 = n_2, N_3 = n_3) \\
&= P\left(\sum_{i=1}^{n_1} X_i + \sum_{j=1}^{n_2} Y_j + \sum_{k=1}^{n_3} Z_k \geqslant x_0 \middle| N_1 = n_1, N_2 = n_2, N_3 = n_3\right) \\
&= P\left(\sum_{i=1}^{n_1} X_i + \sum_{j=1}^{n_2} Y_j + \sum_{k=1}^{n_3} Z_k \geqslant x_0\right).
\end{aligned}$$

由正态分布的可加性知

$$\begin{aligned}
&\sum_{i=1}^{n_1} X_i \sim N\left(n_1\mu_1, n_1\sigma_1^2\right), \\
&\sum_{j=1}^{n_2} Y_j \sim N\left(n_2\mu_2, n_2\sigma_2^2\right), \\
&\sum_{k=1}^{n_3} Z_j \sim N\left(n_3\mu_3, n_3\sigma_3^2\right),
\end{aligned}$$

从而

$$\sum_{i=1}^{n_1} X_i + \sum_{j=1}^{n_2} Y_j + \sum_{k=1}^{n_3} Z_k \sim N\left(n_1\mu_1 + n_2\mu_2 + n_3\mu_3, n_1\sigma_1^2 + n_2\sigma_2^2 + n_3\sigma_3^2\right).$$

于是

$$\begin{aligned}
&P(S \geqslant x_0|N_1 = n_1, N_2 = n_2, N_3 = n_3) \\
&= 1 - P\left(\sum_{i=1}^{n_1} X_i + \sum_{j=1}^{n_2} Y_j + \sum_{k=1}^{n_3} Z_k < x_0\right) \\
&= 1 - P\left(\frac{\sum_{i=1}^{n_1} X_i + \sum_{j=1}^{n_2} Y_j + \sum_{k=1}^{n_3} Z_k - n_1\mu_1 - n_2\mu_2 - n_3\mu_3}{\sqrt{n_1\sigma_1^2 + n_2\sigma_2^2 + n_3\sigma_3^2}}\right. \\
&\qquad \left. < \frac{x_0 - n_1\mu_1 - n_2\mu_2 - n_3\mu_3}{\sqrt{n_1\sigma_1^2 + n_2\sigma_2^2 + n_3\sigma_3^2}}\right)
\end{aligned}$$

$$
\begin{aligned}
&= 1 - \Phi\left(\frac{x_0 - n_1\mu_1 - n_2\mu_2 - n_3\mu_3}{\sqrt{n_1\sigma_1^2 + n_2\sigma_2^2 + n_3\sigma_3^2}}\right) \\
&:= g(n_1, n_2, n_3).
\end{aligned}
$$

故

$$
P(S \geqslant x_0 | N_1, N_2, N_3) = g(N_1, N_2, N_3) = 1 - \Phi\left(\frac{x_0 - N_1\mu_1 - N_2\mu_2 - N_3\mu_3}{\sqrt{N_1\sigma_1^2 + N_2\sigma_2^2 + +N_3\sigma_3^2}}\right).
$$

由于 N_1, N_2, N_3 为随机变量, $P(S \geqslant x_0|N_1, N_2, N_3)$ 也是一个随机变量.

一般地, 设 A 为我们关心的随机事件, 假设我们知道了随机变量 $X_1, \cdots, X_n$ 的信息 $X_1 = x_1, \cdots, X_n = x_n$, 如果满足

$$
g(x_1, \cdots, x_n) := P(A|X_1 = x_1, \cdots, X_n = x_n),
$$

则 $P(A|X_1, \cdots, X_n) = g(X_1, \cdots, X_n)$ 为一个随机变量.

5.6 顺序统计量

问题 5.6.1 (系统的可靠性问题)　设 T_i 为元件的正常运行时间 (存活时间), 我们考虑如下串联系统 (图 5.10), 则系统能够运行的时间为 $\min\{T_1, \cdots, T_n\}$.

类似地, 我们考虑如下并联系统 (图 5.11), 则系统的存活时间 (能够运行的时间) 为 $\max\{T_1, \cdots, T_n\}$.

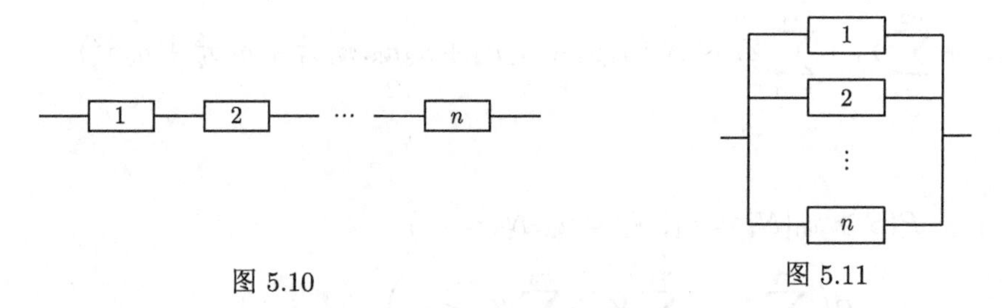

图 5.10　　　　图 5.11

(1)　怎么求 $\min\{T_1, \cdots, T_n\}$ 与 $\max\{T_1, \cdots, T_n\}$ 的分布呢?

一般地, $T_1, \cdots, T_n$ 为每个元件损坏的时刻, 则

(1) $T_{(1)} = \min\{T_1, \cdots, T_n\}$ 表示最先坏的时间 (不工作时刻);

(2) $T_{(1)} \leqslant T_{(2)} \leqslant \cdots \leqslant T_{(n)}$ 相继损坏的时间;

(3) $T_{(n)} = \max\{T_1, \cdots, T_n\}$ 最后一个损坏的时间;

(4) $T_1(\omega), \cdots, T_n(\omega) \Longrightarrow T_{(1)}(\omega) \leqslant \cdots \leqslant T_{(n)}(\omega)$ 就称为**顺序统计量**.

(2)　怎么求顺序统计量 $\left(T_{(1)}, \cdots, T_{(n)}\right)$ 的联合密度函数?

下面我们给出顺序统计量的严格定义.

定义 5.6.1 设 $(X_1,\cdots,X_n)$ 为 n 维随机变量, 对每个 ω, 将 $X_1(\omega),\cdots,X_n(\omega)$ 从小到大依次排列所得到的随机变量 $X_{(1)},\cdots,X_{(n)}$ 称为 $X_1,\cdots,X_n$ 的**顺序统计量**, 其中 $X_{(1)}\leqslant X_{(2)}\leqslant\cdots\leqslant X_{(n)}$.

5.6.1 $X_{(k)}$ 的分布

设 $X_1,\cdots,X_n$ 相互独立, $F_k(x)=P(X_k\leqslant x), 1\leqslant k\leqslant n$, 我们先求 $X_{(1)}$ 和 $X_{(n)}$ 的分布. 我们可以用如下方法求 $X_{(n)}$ 的分布:

$$\begin{aligned}F_{(n)}(x)=P(X_{(n)}\leqslant x)&=P(\max(X_1,\cdots,X_n)\leqslant x)\\&=P(X_1\leqslant x,\cdots,X_n\leqslant x)\\&=\prod_{k=1}^{n}F_k(x).\end{aligned}$$

类似可求 $X_{(1)}$ 的分布:

$$\begin{aligned}F_{(1)}(x)=P(X_{(1)}\leqslant x)&=1-P(X_{(1)}>x)\\&=1-P(X_1>x,\cdots,X_n>x)\\&=1-\prod_{k=1}^{n}P(X_k>x)\\&=1-\prod_{k=1}^{n}[1-F_k(x)].\end{aligned}$$

特别地, 若 $X_1,\cdots,X_n$ 同分布, $F_k(x)=F(x)$, 则

$$F_{(n)}(x)=F^n(x),\quad F_{(1)}(x)=1-[1-F(x)]^n.$$

若 $X_1,\cdots,X_n$ 为相互独立同分布的连续型随机向量, 则有

$$f_{(n)}(x)=nF^{n-1}(x)f(x),\quad f_{(1)}(x)=n[1-F(x)]^{n-1}f(x),$$

其中 $f(x):=F'(x)$ 为密度函数.

一般地, $1\leqslant k\leqslant n$,

$$\begin{aligned}F_{(k)}(x)&=P(X_{(k)}\leqslant x)\\&=P\Big(X_1,\cdots,X_n\text{中至少有 }k\text{ 个变量小于等于}x\Big)\end{aligned}$$

$$= \sum_{m=k}^{n} P\Big(X_1, \cdots, X_n \text{中恰有 } m \text{ 个变量小于等于} x\Big)$$

$$= \sum_{m=k}^{n} \mathrm{C}_n^m F^m(x)[1-F(x)]^{n-m}.$$

若 $F(x)$ 为连续型随机变量的分布函数, 记 $f(x) = F'(x)$, 则 $X_{(k)}$ 的密度函数为

$$f_{(k)}(x) = F'_{(k)}(x) = \frac{n!}{(k-1)!(n-k)!} F^{k-1}(x)(1-F(x))^{n-k} f(x).$$

5.6.2 顺序统计量的联合密度函数

关于 $\left(X_{(1)}, \cdots, X_{(n)}\right)$ 的联合密度函数, 我们有如下定理.

定理5.6.1 设 $X_1, \cdots, X_n$ 独立同分布, 密度函数为 $f(x)$, 则 $(X_{(1)}, \cdots, X_{(n)})$ 的联合密度函数为

$$f_{X_{(1)},\cdots,X_{(n)}}(x_1, \cdots, x_n) = \begin{cases} n! f(x_1) \cdots f(x_n), & -\infty < x_1 < \cdots < x_n < +\infty, \\ 0, & \text{其他}. \end{cases}$$

证明 给定 $x_1 < \cdots < x_n$, 令

$$C := \Big\{(u_1, \cdots, u_n) : u_1 \leqslant x_1, \cdots, u_n \leqslant x_n\Big\},$$

注意到 $P\left(X_{(i)} = X_{(i+1)}\right) = 0$, 所以

$$\begin{aligned} & P\Big(X_{(1)} \leqslant x_1, \cdots, X_{(n)} \leqslant x_n\Big) \\ = & P\Big(X_{(1)} \leqslant x_1, \cdots, X_{(n)} \leqslant x_n, X_{(1)} < X_{(2)} < \cdots < X_{(n)}\Big) \\ = & \sum_{i_1, \cdots, i_n} P\Big(X_{i_1} \leqslant x_1, \cdots, X_{i_n} \leqslant x_n, X_{i_1} < X_{i_2} < \cdots < X_{i_n}\Big) \\ = & n! P\Big(X_1 \leqslant x_1, \cdots, X_n \leqslant x_n, X_1 < X_2 < \cdots < X_n\Big) \\ = & n! \int_{-\infty}^{x_1} \cdots \int_{-\infty}^{x_n} I_{\{u_1 < \cdots < u_n\}}(u_1, \cdots, u_n) f(u_1) \cdots f(u_n) \mathrm{d}u_1 \cdots \mathrm{d}u_n, \end{aligned}$$

从而

$$f_{(X_{(1)},\cdots,X_{(n)})}(x_1, \cdots, x_n) = n! f(x_1, \cdots, x_n) I_{\{x_1 < \cdots < x_n\}}(x_1, \cdots, x_n). \qquad \square$$

定理5.6.2 设 $X_1,\cdots,X_n$ 相互独立同分布, 密度函数为 $f(x)$, 则 $(X_{(k)},X_{(l)})$ $(k<l)$ 的联合密度函数为

$$f_{(X_{(k)},X_{(l)})}(x_k,x_l)=\frac{n!}{(k-1)!(l-k-1)!(n-l)!}F(x_k)^{k-1}$$
$$\times\big(F(x_l)-F(x_k)\big)^{l-k-1}\big(1-F(x_l)\big)^{n-l}f(x_k)f(x_l),\quad x_k<x_l.$$

证明 我们采用 "微元法". 对 $\forall x_k<x_l$, ε 足够小, 有

$$P\left(X_{(k)}\in(x_k-\varepsilon,x_k],X_{(l)}\in(x_l-\varepsilon,x_l]\right)$$
$$=P\Big(X_1,\cdots,X_n\text{中有 }k-1\text{ 个小于 }x_k-\varepsilon,\text{有 }1\text{ 个落在 }(x_k-\varepsilon,x_k]\text{ 上},$$
$$\text{有 }l-k-1\text{ 个落在 }(x_k,x_l-\varepsilon]\text{ 上},\text{有 }1\text{ 个落在 }(x_l-\varepsilon,x_l]\text{ 上},$$
$$\text{有 }n-l\text{ 个大于 }x_l\Big)+o(\varepsilon)$$
$$=\mathrm{C}_n^{k-1}F(x_k-\varepsilon)^{k-1}\times\mathrm{C}_{n-k+1}^{1}f(x_k)\varepsilon\times\mathrm{C}_{n-k}^{l-k-1}\big(F(x_l-\varepsilon)-F(x_k)\big)^{l-k-1}$$
$$\times\mathrm{C}_{n-l+1}^{1}f(x_l)\varepsilon\times\big(1-F(x_l)\big)^{n-l}+o(\varepsilon^2)$$
$$=\frac{n!}{(k-1)!(l-k-1)!(n-l)!}F(x_k-\varepsilon)^{k-1}\big(F(x_l-\varepsilon)-F(x_k)\big)^{l-k-1}$$
$$\times\big(1-F(x_l)\big)^{n-l}f(x_k)f(x_l)\varepsilon^2+o(\varepsilon),$$

从而

$$f_{(X_{(k)},X_{(l)})}(x_k,x_l)=\lim_{\varepsilon\to0}\frac{1}{\varepsilon^2}P\Big(X_{(k)}\in(x_k-\varepsilon,x_k],X_{(l)}\in(x_l-\varepsilon,x_l]\Big)$$
$$=\frac{n!}{(k-1)!(l-k-1)!(n-l)!}F(x_k)^{k-1}\big(F(x_l)-F(x_k)\big)^{l-k-1}$$
$$\times\big(1-F(x_l)\big)^{n-l}f(x_k)f(x_l),\quad x_k<x_l.$$

□

例 5.6.1 设 $T_1,\cdots,T_n$ 表示每个电子元件的寿命, 相互独立同分布, 同服从参数为 λ 的指数分布.

(1) 求 $T_{(n)}$ 的分布函数及 $E\left(T_{(n)}\right)$;

(2) 令 $X_k=T_{(k)}-T_{(k-1)}$, $1\leqslant k\leqslant n-1$, 求 X_k 的密度函数, 并求证: $X_1,\cdots,X_n$ 相互独立.

解 (1) 易知 $P(T_k\geqslant t)=e^{-\lambda t}$, 则

$$F_{T_{(n)}}(t)=P\Big(T_{(n)}\leqslant t\Big)=(1-e^{-\lambda t})^n,\quad t\geqslant0.$$

从而

$$\begin{aligned}
E\left(T_{(n)}\right) &= \int_0^{+\infty} n\lambda t(1-e^{-\lambda t})^{n-1}e^{-\lambda t}\mathrm{d}t \\
&= \frac{n}{\lambda}\sum_{k=0}^{n-1}(-1)^k\frac{\mathrm{C}_{n-1}^k}{(k+1)^2} \\
&= \frac{1}{\lambda}\sum_{k=0}^{n-1}(-1)^k\frac{\mathrm{C}_n^{k+1}}{k+1} \\
&= \frac{1}{\lambda}\sum_{k=1}^{n}\frac{1}{k}.
\end{aligned}$$

(2) 由定理 5.6.1 可知, $\left(T_{(1)},\cdots,T_{(n)}\right)$ 的联合密度函数为

$$f_{(T_{(1)},\cdots,T_{(n)})}(t_1,\cdots,t_n) = \begin{cases} n!\lambda^n e^{-\lambda(t_1+\cdots+t_n)}, & 0<t_1<\cdots<t_n<+\infty, \\ 0, & \text{其他}. \end{cases}$$

由于

$$X_1 = T_{(1)}, \quad X_k = T_{(k)} - T_{(k-1)}, \quad k=2,3,\cdots,n,$$

则

$$T_{(1)} = X_1, \quad T_{(k)} = X_1+\cdots+X_k, \quad k=2,3,\cdots,n.$$

我们容易得到 $(X_1,\cdots,X_n)$ 的联合密度函数

$$f_{(X_1,\cdots,X_n)}(x_1,\cdots,x_n) = n!\lambda^n e^{-\lambda(nx_1+(n-1)x_2+\cdots+x_n)}, \quad x_1>0,\cdots,x_n>0,$$

由此可知: $X_1,\cdots,X_n$ 相互独立, 且 X_k 的密度函数为

$$f_{X_k}(x_k) = (n-k+1)\lambda e^{-(n-k+1)\lambda x_k}, \quad x_k>0.$$ □

习　题　5

1. 设二维随机变量 (X,Y) 的联合分布列为

$$P\big(X=i, Y=1/i\big) = c, \quad i=1,2,3,$$

试确定常数 c, 并求 (X,Y) 的联合分布列.

2. 一个袋子中有 5 个白球和 8 个红球, 现从中无放回地抽取 3 次, 每次抽取 1 个球. 如果第 i 次抽取到的是白球, 则 $X_i=1$, 否则 $X_i=0$. 求下面随机变量的联合分布列:

(1) (X_1, X_2); (2) (X_1, X_2, X_3).

3. 一个容器中有 5 个晶体管, 已知其中有 2 个晶体管有缺陷, 现逐个检查晶体管, 记 N_1 为发现第一个有缺陷的晶体管时已经做的检验的次数, N_2 为在第一个有缺陷的晶体管之后发现第二个有缺陷的晶体管做的检验次数. 求 (N_1, N_2) 的联合分布列.

4. 考虑一系列相互独立的 Bernoulli 试验, 每次成功的概率为 p, 记 X_1 为第一次成功之前失败的次数, X_2 为前两次成功之间失败的次数. 求 (X_1, X_2) 的联合分布列.

5. 设随机变量 X 和 Y 独立, 对任何 x, y, 直接证明:

(1) $\{X \leqslant x\}$ 和 $\{Y < y\}$ 独立;

(2) $\{X < x\}$ 和 $\{Y \leqslant y\}$ 独立;

(3) $\{X < x\}$ 和 $\{Y < y\}$ 独立;

(4) $\{X = x\}$ 和 $\{Y = y\}$ 独立.

6. 设 X, Y 都是连续型随机变量, $P(X = Y) = 0$ 成立吗?

7. X, Y 都是连续型随机变量, (X, Y) 是连续型随机向量吗?$X + Y$ 是连续型随机变量吗?

8. 设数集 $A = \left\{y_j : j = 0, 1, 2, \cdots\right\}$ 中任何两点之间的距离大于正数 δ, $F(x, y)$ 是 (X, Y) 的联合分布函数. 如果以下条件成立:

(1) $F(x, y)$ 连续;

(2) 对确定的 x, 作为 y 的函数, 除去有限个点外, $F(x, y)$ 有连续的偏导数 $\dfrac{\partial}{\partial y}F(x, y)$;

(3) 对每个 $y \notin A$, $\dfrac{\partial}{\partial y}F(x, y)$ 是 x 的连续函数, 除去有限个点外, 有连续的偏导数 $\dfrac{\partial^2}{\partial x \partial y}F(x, y)$.

证明: (X, Y) 的联合密度函数为

$$f(x, y) = \begin{cases} \dfrac{\partial^2}{\partial x \partial y}F(x, y), & \text{当混合偏导数存在}, \\ 0, & \text{其他}. \end{cases}$$

9. 随机变量 (X, Y) 的联合密度函数为 $f(x, y) = e^{-(x+y)}, 0 \leqslant x < +\infty, 0 \leqslant y < +\infty$. 求:

(1) $P\{X < Y\}$;

(2) $P\{X < a\}$.

10. 假设随机变量 A, B, C 相互独立且服从 (0,1) 上的均匀分布, 求:

(1) A, B, C 的联合分布函数;

(2) $Ax^2 + Bx + C = 0$ 两个根都是实根的概率.

11. 设 (X, Y) 的联合密度函数为

$$f(x, y) = \begin{cases} e^{-x}, & 0 < y < x, \\ 0, & \text{其他}. \end{cases}$$

求 X, Y 的边缘密度函数.

12. 设点随机地落在中心在原点、半径为 r 的圆上, 求落点横坐标的密度函数.

13. 设随机变量 (X,Y) 的联合密度函数为

$$f(x,y)=\begin{cases} c\left(r-\sqrt{x^2+y^2}\right), & x^2+y^2\leqslant r^2, \\ 0, & \text{其他}. \end{cases}$$

(1) 求常数 c;

(2) 当 $r=2$ 时, 随机变量 (X,Y) 落在以原点为圆心、半径为 1 的圆内的概率是多少?

14. 设 a 是常数, (X,Y) 的联合密度函数为

$$f(x,y)=\begin{cases} ax^2y, & x^2<y<1, \\ 0, & \text{其他}. \end{cases}$$

求: (1) a; (2) X,Y 的边缘密度, 并证明 X,Y 不独立.

15. 假设 (X,Y) 在以 (0,0) 为中心、边长为 1 的正方形区域内, 服从均匀分布.

(1) 证明 X 和 Y 相互独立, 且 $X,Y\sim U(-1,1)$;

(2) 求 $P\left(X^2+Y^2\leqslant 1\right)$.

16. 设 (X,Y) 的联合密度函数为 $f(x)g(y)$, 设 (U,V) 的联合密度函数为

$$f(u,v)=\begin{cases} \dfrac{1}{\alpha}f(u)g(v), & u\geqslant v, \\ 0, & u<v. \end{cases}$$

(1) 证明 $\alpha=P(X\geqslant Y)$; (2) 求 U,V 的边缘密度.

17. 设 (X,Y) 的联合密度函数为

$$f(x,y)=\begin{cases} xe^{-(x+y)}, & x>0,y>0, \\ 0, & \text{其他}. \end{cases}$$

X 与 Y 相互独立吗? 如果 (X,Y) 的联合密度函数变为

$$f(x,y)=\begin{cases} 2, & 0<x<y,0<y<1, \\ 0, & \text{其他}. \end{cases}$$

X 与 Y 相互独立吗?

18. 设随机变量 X,Y 相互独立, X 的分布函数为 $F(x)$, 密度函数为 $f(x)=F'(x)$. 如果 $P(Y>y)=\left[P(X>y)\right]^{\beta}$, β 是正常数, 计算 $P\left(X\geqslant Y\right)$.

19. 随机变量 X 与 Y 的联合密度函数为

$$f(x,y)=\begin{cases} 12xy(1-x), & 0<x<1,0<y<1, \\ 0, & \text{其他}. \end{cases}$$

(1) X 与 Y 是否相互独立?

(2) 求 $E[X]$;

(3) 求 $E[Y]$;

(4) 求 $D(X)$;

(5) 求 $D(Y)$.

20. 保养一辆车的时间服从参数为 1 的指数分布.

(1) 如果顾客 A 在 0 时刻到达, 顾客 B 在 t 时刻到达, 顾客 B 的车比顾客 A 的车率先保养好的概率是多少? (假设保养时间相互独立且车辆到达就可以立即开始做保养服务)

(2) 如果顾客 A 和顾客 B 在 0 时刻同时到达, 且在顾客 A 的车保养完毕之后, 顾客 B 的车才能开始保养. 求顾客 B 的车在时刻 2 保养完毕的概率.

21. 在集合 $\{1,2,3,4,5\}$ 中随机选出一个数字 X, 再从集合 $\{1,\cdots,X\}$ 中随机选择一个数字 Y.

(1) 求 X 和 Y 的联合分布列;

(2) 当 i 分别为 $1,2,3,4,5$ 时, 给定 $Y=i$, 求 X 的条件分布列;

(3) X 和 Y 是否相互独立? 给出理由.

22. 设随机变量 X,Y 都只取值 -1, 1, 满足 $P(X=1)=\dfrac{1}{2}, P\big(Y=1\big|X=1\big)=P\big(Y=-1\big|X=-1\big)=\dfrac{1}{3}$. 求:

(1) (X,Y) 的联合分布列;

(2) t 的方程 $t^2+Xt+Y=0$ 有实根的概率.

23. 设 (X,Y) 有联合密度函数 $f(x,y), a, b, c$ 是常数. 已知在 $aX+bY=c$ 的条件下, 求 X 有密度函数的条件.

24. X 与 Y 的联合分布列为 $p(1,1)=\dfrac{1}{8}$, $p(1,2)=\dfrac{1}{4}$, $p(2,1)=\dfrac{1}{8}$, $p(2,2)=\dfrac{1}{2}$.

(1) 给定 $Y=i, i=1,2$ 时, 求 X 的条件分布列;

(2) X 与 Y 是否相互独立?

(3) 计算 $P\big(XY\leqslant 3\big)$, $P\big(X+Y>2\big), P\big(X/Y>1\big)$.

25. 设 X,Y 独立, 分别服从参数为 λ_1 和 λ_2 的 Poisson 分布. 计算条件概率 $P\big(X=k\big|X+Y=n\big)$, $k=0,1,\cdots,n$.

26. 设 (X,Y) 的联合密度函数为 $f(x,y)=c\left(x^2-y^2\right)e^{-x}, 0\leqslant x<+\infty, -x\leqslant y\leqslant x$. 求: (1) c; (2) 给定 $X=x$ 时, Y 的条件密度函数.

27. 设 X 在 (0,1) 上均匀分布. 已知 $X=x$ 时, Y 在 $(x,1)$ 中均匀分布, 求 (X,Y) 的联合密度函数 $f(x,y)$ 和 Y 的边缘密度函数 $f_Y(y)$.

28. 设某一年龄段的男性身高 Y 服从正态分布 $N\left(\mu_Y,\sigma_Y^2\right)$, 在已知 $Y=y$ 的条件下, 体重 X 服从正态分布 $N\left(ay+b,\sigma_Y^2\right)$, 其中 $a\ (>0), b$ 是常数. 求:

(1) (X,Y) 的联合密度函数;

(2) 体重 X 的密度函数.

29. 一个售票处有两个窗口, 顾客到达后在哪个窗口购票是等可能的. 设一个小时内前来购票的人数 X 服从 Poisson 分布 Poi(λ).

(1) 求一个小时内, 窗口甲有人购票但是窗口乙无人购票的概率;

(2) 在一个小时内, 已知有人购票和窗口乙无人购票的条件下, 求窗口甲有 2 人购票的概率.

30. 假设随机变量 X_1, X_2 相互独立, 分别服从参数为 λ_1, λ_2 的指数分布. 求 $Z = X_1/X_2$ 的分布, 计算 $P\big(X_1 < X_2\big)$.

31. 在长度为 l 的线段的中点两边各任取一点, 求两点的距离小于 $l/3$ 的概率.

32. 假设 X_1, X_2, X_3 相互独立且服从 $(0,1)$ 上的均匀分布, 计算最大的数大于其余两数之和的概率.

33. 设 (X,Y) 的联合密度函数为

$$f(x,y) = \begin{cases} \dfrac{1}{2}(x+y)e^{-(x+y)}, & x, y > 0, \\ 0, & \text{其他}. \end{cases}$$

求 $Z = X + Y$ 的密度函数.

34. 设 X, Y 独立, $X \sim B(1,p), Y \sim \mathscr{E}(\lambda)$, 求 $Z = X + Y$ 的分布函数和密度函数.

35. 设 $X_1, X_2, \cdots, X_n$ 独立同分布, 都服从正态分布 $N(\mu, \sigma^2)$, 证明 $X_1 + X_2 + \cdots + X_n \sim N(n\mu, n\sigma^2)$. (提示: 数学归纳法)

36. 设 $X_1, X_2, \cdots, X_k$ 独立同分布, 都服从 Poisson 分布 $\text{Poi}(\mu)$, 证明 $S_k = X_1 + X_2 + \cdots + X_k$ 服从 Poisson 分布 $\text{Poi}(k\mu)$. (提示: 数学归纳法)

37. 设 X 为离散型随机变量, 分布列为 $p_i = P(X = x_i), i = 1, 2, \cdots$, 设 Y 的密度函数 $f(y)$, X 和 Y 独立. 问 $Z = X + Y$ 是连续型随机变量吗? 如果是, 求它的密度函数.

38. 设随机变量 X, Y 独立, X 的密度函数为 $f(x)$, Y 的 (离散) 分布列为

$$P(Y = a_i) = p_i > 0, \quad i = 1, 2, \cdots,$$

证明: 若 $a_1, a_2, \cdots$ 都不为 0, 则 $Z = XY$ 密度函数为

$$h(z) = \sum_{i=1}^{+\infty} \frac{p_i}{|a_i|} f\left(\frac{z}{a_i}\right);$$

若有某个 $a_i = 0$, 则 XY 没有密度函数.

39. X 与 Y 的联合密度函数为 $f(x,y) = \dfrac{1}{x^2y^2}$, $x \geqslant 1,\ y \geqslant 1$. 计算:

(1) $U = XY, V = X/Y$ 的联合密度函数;

(2) 边缘密度函数.

40. 假设 X, Y, Z 相互独立, 密度函数都为 $f(x) = e^{-x}, 0 < x < +\infty$, 求 $U = X + Y$, $V = X + Z$, $W = Y + Z$ 的联合密度函数.

41. 设 (X,Y) 的联合密度函数为

$$f(x,y) = \begin{cases} \dfrac{1+xy}{4}, & x, y \in (-1,1), \\ 0, & \text{其他}. \end{cases}$$

证明: X^2 与 Y^2 独立, 但是 X, Y 不独立.

42. 设随机变量 X, Y 独立, 都服从 $N(0,1)$ 分布, 求 $(U,V) = \big(X^2 + Y^2, X^2 - Y^2\big)$ 的联合密度函数.

43. 设某证券交易所一天共进行了 N 笔股票交易, 假设每笔交易的交易量 (单位: 手数) 是独立同分布的随机变量, 都服从正态分布 $N(\mu, \sigma^2)$ (例如有 $\mu > 6\sigma$). 设 X 是全天的交易手数, 求条件分布函数 $P\big(X \leqslant x \big| N = k\big)$ 和条件分布函数随机变量 $P\big(X \leqslant x \big| N\big)$.

44. 投掷一枚骰子两次, 以下的随机变量可能取哪些值?

(1) 两次投掷中出现的最大点数;

(2) 两次投掷中出现的最小点数;

(3) 两次投掷出现的点数之和;

(4) 第一次出现的点数减去第二次出现的点数.

45. 投掷两枚骰子, 令 X 和 Y 分别表示最大的数字和最小的数字. 求给定 $X = i$, $i = 1, 2, \cdots, 6$ 时, Y 的条件分布. X 与 Y 是否相互独立? 给出理由.

46. 设 X, Y 独立同分布, 证明

$$P\Big(a < \min\{X, Y\} \leqslant b\Big) = P(X > a)^2 - P(X > b)^2.$$

47. 设 X, Y 独立, $X \sim \mathscr{E}(\lambda), Y \sim \mathscr{E}(\mu)$, 求 $\min\{X, Y\}$, $\max\{X, Y\}$ 和 $X + Y$ 的密度函数.

48. 假设 X_1, X_2, X_3, X_4, X_5 相互独立且服从参数为 λ 的指数分布, 计算:

(1) $P\Big(\min(X_1, \cdots, X_5) \leqslant a\Big)$;

(2) $P\Big(\max(X_1, \cdots, X_5) \leqslant a\Big)$.

49. 设一只昆虫有 $n\ (> 0)$ 只后代, 假设每只后代昆虫的寿命是相互独立的且都服从参数是 β 的指数分布. 求:

(1) 这 n 只昆虫中寿命最长的那只虫的寿命的密度函数;

(2) 这 n 只昆虫中寿命最短的那只虫的寿命的密度函数.

50. 设一只昆虫有 N 只后代, 假设每只后代昆虫的寿命是相互独立的且都服从参数是 β 的指数分布, 又假设 N 服从几何分布 $P(N = n) = (1 - p)^{n-1} p\ (n \geqslant 1)$, 并且和后代昆虫的寿命独立. 求:

(1) 这 N 只昆虫中寿命最长的那只虫的寿命的密度函数;

(2) 这 N 只昆虫中寿命最短的那只虫的寿命的密度函数.

51. 设 $X_1, X_2, \cdots, X_n$ 独立同分布, 都在 $(0, a)$ $(a > 0)$ 上均匀分布. 求:

(1) $\min\{X_1, X_2, \cdots, X_n\}$ 的密度函数;

(2) $X_1, X_2, \cdots, X_n$ 的次序统计量的联合密度函数.

52. 设 $X_1, X_2, \cdots, X_{10}$ 独立同分布, 同服从参数为 λ 的指数分布, 求 $\big(X_{(1)}, X_{(5)}, X_{(10)}\big)$ 的联合密度函数.

53. 假设 $X_{(1)}, X_{(2)}, \cdots, X_{(n)}$ 是 n 个相互独立的且服从 $(0, 1)$ 上的均匀分布的随机变量的次序统计量, 求给定 $X_{(1)} = s_1, X_{(2)} = s_2, \cdots, X_{(n-1)} = s_{n-1}$ 时, $X_{(n)}$ 的条件密度函数.

54. 设 $X_1, X_2, \cdots, X_n$ 独立同分布, 都在 $(0, 1)$ 上均匀分布, $y \in (0, 1)$. 在条件 $X_{(n)} = y$ 下, 求:

(1) $X_{(1)}$ 的条件密度函数;

(2) $\big(X_{(1)}, X_{(2)}, \cdots, X_{(n-1)}\big)$ 的条件密度函数.

55. 假设 $X_1, X_2, \cdots, X_n$ 为一列连续型随机变量, 独立同分布, 分布函数为 $F(x)$. 设 $X_{(i)}, i=1,2,\cdots,n$ 为其次序统计量. 如果随机变量 X 与 X_i, $i=1,2,\cdots,n$ 独立, 分布函数也为 $F(x)$, 计算:

(1) $P\Big(X > X_{(n)}\Big)$;

(2) $P\Big(X > X_{(1)}\Big)$;

(3) $P\Big(X_{(i)} < X < X_{(j)}\Big)$, $1 \leqslant i < j \leqslant n$.

第 6 章

多维随机变量的数值特征

本章将介绍与多维随机变量有关的数值特征, 如期望、方差、协方差、协方差矩阵、相关系数、条件期望、特征函数等, 其中, 协方差、协方差矩阵和相关系数刻画随机变量之间的关系, 特征函数是第 7 章学习中心极限定理的基础.

6.1 多维随机变量函数的期望

问题 6.6.1 设 $X=(X_1,X_2,\cdots,X_n)$ 为 n 维随机变量, 已知其联合分布, $Z=g(X_1,X_2,\cdots,X_n)$, 怎么求随机变量 Z 的期望与方差?

设 $X=(X_1,X_2,\cdots,X_n)$ 为 n 维随机变量. 若令 $\mu_i=E(X_i)$, 则可定义随机向量 X 的期望为

$$E(X)=(E(X_1),E(X_2),\cdots,E(X_n))=(\mu_1,\mu_2,\cdots,\mu_n).$$

在实际应用中, 我们更关心多维随机变量函数的期望 $E\left[g(X_1,X_2,\cdots,X_n)\right]$.

例 6.1.1 设 $(X,Y)\sim N(0,0,1,1,0)$, 令 $Z:=g(X,Y)=\sqrt{X^2+Y^2}$, 求 $E[g(X,Y)]$.

解 我们可以求出 Z 的密度函数为

$$f_Z(z)=ze^{-\frac{z^2}{2}},\quad z\geqslant 0,$$

从而

$$E(Z)=\int_0^{+\infty}z(ze^{-\frac{z^2}{2}})\mathrm{d}z=-ze^{-\frac{z^2}{2}}\Big|_0^{+\infty}+\int_0^{+\infty}e^{-\frac{z^2}{2}}\mathrm{d}z=\frac{\sqrt{2\pi}}{2}=\sqrt{\frac{\pi}{2}}.\qquad\square$$

例 6.1.2 设 $D=\left\{(x,y):x^2+y^2\leqslant 1\right\}$ 为单位圆, 如图 6.1 所示. 设 $(X,Y)\sim U(D)$, 其联合密度函数为

$$f(x,y)=\begin{cases}\dfrac{1}{\pi}, & 0\leqslant x^2+y^2\leqslant 1,\\ 0, & \text{其他}.\end{cases}$$

设 (X,Y) 离原点 $(0,0)$ 的距离 $R=\sqrt{X^2+Y^2}$, 求 $E(R)$.

解 由第 5 章的知识知

$$f_{(R,\Theta)}(r,\theta)=f_R(r)f_\Theta(\theta),$$

其中

$$f_R(r)=\begin{cases}2r, & 0\leqslant r\leqslant 1,\\ 0, & \text{其他},\end{cases}$$

由此可得

$$E(R)=\int_0^1 r\cdot 2r\mathrm{d}r=\frac{2}{3}r^3\Big|_0^1=\frac{2}{3}.$$ □

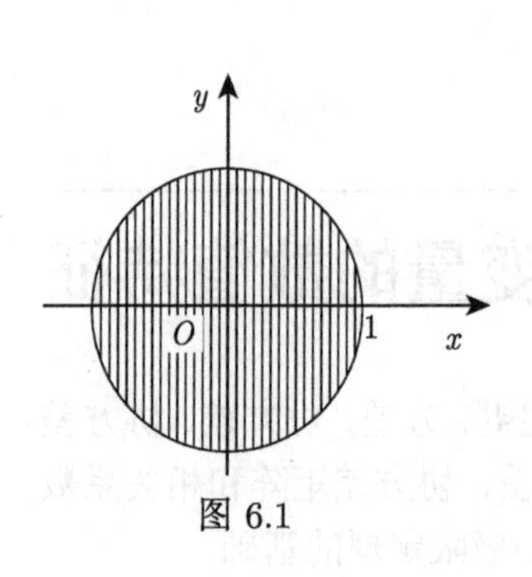

图 6.1

一般地, 设 $X=(X_1,\cdots,X_n)$ 为 n 维随机变量, $F(x_1,\cdots,x_n)$ 为其联合分布函数, 设由 n 元函数 $Y=g(X_1,\cdots,X_n)$ 定义了一个随机变量. 假设

$$\int\cdots\int_{\mathbb{R}^n}|g(x_1,\cdots,x_n)|\mathrm{d}F(x_1,\cdots,x_n)<+\infty.$$

如果 Y 的分布函数为 $F_Y(y)$ 容易计算, 我们可以利用下列公式求 $E(Y)$.

$$E(Y)=\int_{-\infty}^{+\infty}y\mathrm{d}F_Y(y)=\begin{cases}\sum_i y_iP(Y=y_i), & \text{如果 } Y \text{ 为离散型},\\ \int_{-\infty}^{+\infty}yf_Y(y)\mathrm{d}y, & \text{如果 } Y \text{ 为连续型}.\end{cases}$$

通常情况下 $F_Y(y)$ 很难计算, 或者很复杂, 这时我们需要如下定理.

定理 6.1.1 设 $X=(X_1,\cdots,X_n)$ 为 n 维随机变量, $F(x_1,\cdots,x_n)$ 为其联合分布函数, 设 $Y=g(X_1,\cdots,X_n)$. 假设

$$\int\cdots\int_{\mathbb{R}^n}\big|g(x_1,\cdots,x_n)\big|\mathrm{d}F(x_1,\cdots,x_n)<+\infty,$$

则

$$\begin{aligned}E(Y)&=E[g\big(X_1,\cdots,X_n\big)]\\&=\int\cdots\int_{\mathbb{R}^n}g(x_1,\cdots,x_n)\mathrm{d}F(x_1,\cdots,x_n)\\&=\begin{cases}\sum\limits_{x_1,\cdots,x_n}g(x_1,\cdots,x_n)P(X_1=x_1,\cdots,X_n=x_n), & \text{离散型},\\ \int\cdots\int_{\mathbb{R}^n}g(x_1,\cdots,x_n)f(x_1,\cdots,x_n)\mathrm{d}x_1\cdots\mathrm{d}x_n, & \text{连续型},\end{cases}\end{aligned}$$

其中 $f(x_1,\cdots,x_n)$ 为 $(X_1,\cdots,X_n)$ 的联合密度函数.

证明 严格证明需要测度论的知识, 我们这里介绍大致思路. 任意可测函数 g 可以分解成两个非负函数之差:

$$g = g^+ - g_-,$$

其中 $g^+ := \max\{g,0\}$ 称为 g 的正部, $g^- := \max\{-g,0\}$ 称为 g 的负部. 对 g^+, 存在非负简单 (阶梯) 函数

$$g_n = \sum_{k=1}^{2^n-1} C_{n_k} I_{A_{n_k}}(x_1,\cdots,x_n),$$

使得 $g_n \uparrow g^+$. 令

$$g(x_1,\cdots,x_n) := I_A(x_1,\cdots,x_n), \quad Y := I_A(X_1,\cdots,X_n),$$

易证 $E(Y) = \int\cdots\int_{\mathbb{R}^n} I_A(x_1,\cdots,x_n)F(\mathrm{d}x_1,\cdots,\mathrm{d}x_n)$, 再利用单调收敛原理可证明. 详见文献 (严加安, 2004). □

注 如果 $(X_1,\cdots,X_n)$ 为连续型随机变量, 如果 $g(x_1,\cdots,x_n)$ 为非负连续函数, 我们可以这样理解: 利用定理 4.1.1, 有

$$\begin{aligned}
E[g(X_1,\cdots,X_n)] &= \int_0^{+\infty} P\Big(g(X_1,\cdots,X_n) > z\Big)\mathrm{d}z \\
&= \int_0^{+\infty} \left(\int\cdots\int_{g(x_1,\cdots,x_n)>z} f(x_1,\cdots,x_n)\mathrm{d}x_1\cdots\mathrm{d}x_n\right)\mathrm{d}z \\
&= \int_0^{+\infty} \left(\int\cdots\int_{\mathbb{R}^n} I_{\{g(x_1,\cdots,x_n)>z\}} f(x_1,\cdots,x_n)\mathrm{d}x_1\cdots\mathrm{d}x_n\right)\mathrm{d}z \\
&= \int\cdots\int_{\mathbb{R}^n} \left(\int_0^{+\infty} I_{\{g(x_1,\cdots,x_n)>z\}}\mathrm{d}z\right) f(x_1,\cdots,x_n)\mathrm{d}x_1\cdots\mathrm{d}x_n \\
&\quad \text{(交换积分顺序)} \\
&= \int\cdots\int_{\mathbb{R}^n} \left(\int_0^{g(x_1,\cdots,x_n)} \mathrm{d}z\right) f(x_1,\cdots,x_n)\mathrm{d}x_1\cdots\mathrm{d}x_n \\
&= \int\cdots\int_{\mathbb{R}^n} g(x_1,\cdots,x_n) f(x_1,\cdots,x_n)\mathrm{d}x_1\cdots\mathrm{d}x_n.
\end{aligned}$$

这样虽然不严谨, 却简单直接, 可以帮助我们理解. □

最常用的多维随机变量函数为

$$g(X_1, \cdots, X_n) = \sum_{i=1}^{n} c_i X_i,$$

$$g(X_1, \cdots, X_n) = \prod_{i=1}^{n} X_i,$$

其中 c_i 为常数.

例 6.1.3　独立地向同一目标射击 n 次, 命中目标的次数 $X \sim B(n,p)$, p 为命中率, 则

$$E(X) = \sum_{k=1}^{n} k \mathrm{C}_n^k p^k (1-p)^{n-k} = np.$$

我们也可以将 X 看成一个复杂随机变量, 将其分解:

$$X = \sum_{i=1}^{n} X_i,$$

其中

$$X_i = \begin{cases} 1, & \text{第 } i \text{ 次击中目标}, \\ 0, & \text{第 } i \text{ 次没有击中目标}. \end{cases}$$

显然有 $E(X_i) = 1 \cdot p + 0 \cdot (1-p) = p$, 从而 $E(X) = \sum\limits_{i=1}^{n} E(X_i) = np$.

性质 6.1.1　(1) 任意 n 个随机度量的线性组合的期望值等于各随机变量期望值的线性组合, 即

$$E\left(\sum_{i=1}^{n} c_i X_i\right) = \sum_{i=1}^{n} c_i E(X_i) \quad (\text{“化整为零”}).$$

(2) 若 $X_1, \cdots, X_n$ 相互独立, 则 n 个随机变量乘积的期望值等于它们各自期望值的乘积

$$E\left(\prod_{i=1}^{n} X_i\right) = \prod_{i=1}^{n} E(X_i).$$

(3) 若 $X_1, \cdots, X_n$ 相互独立, 则有

$$D\left(\sum_{i=1}^{n} c_i X_i\right) = \sum_{i=1}^{n} c_i^2 D(X_i).$$

证明 设 $(X_1,\cdots,X_n)$ 的联合分布函数为 $F(x_1,\cdots,x_n)$.

(1)
$$
\begin{aligned}
E\left(\sum_{i=1}^n c_iX_i\right) &= \int\!\cdots\!\int_{\mathbb{R}^n}(c_1x_1+\cdots+c_nx_n)\mathrm{d}F(x_1,\cdots,x_n)\\
&=\int\!\cdots\!\int_{\mathbb{R}^n} c_1x_1\mathrm{d}F(x_1,\cdots,x_n)+\cdots\\
&\quad+\int\!\cdots\!\int_{\mathbb{R}^n} c_nx_n\mathrm{d}F(x_1,\cdots,x_n)\\
&=c_1\int_{\mathbb{R}}x_1\mathrm{d}F_{X_1}(x_1)+\cdots+c_n\int_{\mathbb{R}}x_n\mathrm{d}F_{X_n}(x_n)\\
&=\sum_{i=1}^n c_iE(X_i).
\end{aligned}
$$

(2)
$$
\begin{aligned}
E(X_1\cdots X_n) &= \int\!\cdots\!\int_{\mathbb{R}^n} x_1\cdots x_n\mathrm{d}F_{X_1}(x_1)\cdots\mathrm{d}F_{X_n}(x_n)\\
&=\prod_{i=1}^n\int_{\mathbb{R}}x_i\mathrm{d}F_{X_i}(x_i)\\
&=\prod_{i=1}^n E(X_i).
\end{aligned}
$$

(3)
$$
\begin{aligned}
D\left(\sum_{i=1}^n c_iX_i\right) &= E\left[\sum_{i=1}^n c_iX_i - E\left(\sum_{i=1}^n c_iX_i\right)\right]^2\\
&=E\left[\sum_{i=1}^n c_i\Big(X_i-E(X_i)\Big)\right]^2\\
&=E\Big(\sum_{i=1}^n c_i^2\Big(X_i-E(X_i)\Big)^2\\
&\quad+\sum_{i\neq j}c_ic_j\Big(X_i-E(X_i)\Big)\Big(X_j-E(X_j)\Big)\Big)\\
&=\sum_{i=1}^n c_i^2D(X_i),
\end{aligned}
$$

其中, $E\Big[\Big(X_i-E(X_i)\Big)\Big(X_j-E(X_j)\Big)\Big]=0,\ i\neq j.$ □

例 6.1.4 将 n 个考生的录取通知书随机地放入写好地址的信封里 (n 个考生的地址), 求没有收到自己的录取通知书的平均人数和方差.

解 设 X 表示没有收到自己的录取通知书的人数, 令

$$X_i = \begin{cases} 1, & \text{第 } i \text{ 个考生没有收到自己的录取通知书}, \\ 0, & \text{第 } i \text{ 个考生收到自己的录取通知书}, \end{cases}$$

则 $X = \sum_{i=1}^{n} X_i$ (“化整为零” 来计算). 容易计算

$$P(X_i = 0) = \frac{(n-1)!}{n!} = \frac{1}{n},$$

$$P(X_i = 1) = \frac{n-1}{n}.$$

故

$$E(X) = \sum_{i=1}^{n} E(X_i) = n - 1,$$

注意到 $X_1, \cdots, X_n$ 不独立, $D(X) \neq \sum_{i=1}^{n} D(X_i)$, 但是我们可以通过如下方式计算:

$$\begin{aligned} DX &= E\left[\left(\sum_{i=1}^{n} X_i\right)^2\right] - (n-1)^2 \\ &= \sum_{i=1}^{n} E(X_i^2) + \sum_{i \neq j} E(X_i X_j) - (n-1)^2 \\ &= n \cdot \frac{n-1}{n} + \sum_{i \neq j} \left\{1 + \frac{1}{n(n-1)} - \frac{2}{n}\right\} - (n-1)^2 \\ &= n(n-1) + 1 - (n-1) - (n-1)^2 = 1, \end{aligned}$$

倒数第二个等式是因为

$$\begin{aligned} P(X_i = 1, X_j = 1) &= 1 - P\Big(\{X_i = 0\} \cup \{X_j = 0\}\Big) \\ &= 1 - \left(\frac{2}{n} - \frac{1}{n(n-1)}\right) \\ &= 1 + \frac{1}{n(n-1)} - \frac{2}{n}. \end{aligned}$$

□

例 6.1.5　设 R_n 表示第 n 年的随机利率, $R_1, \cdots, R_n$ 相互独立, 设某人初始年投入资金 Z_0 元, 则他 n 年后的财富变为

$$Z_n = Z_0 \prod_{i=1}^{n} (1 + R_i).$$

若 Z_0 与 R 也独立, $E(Z_0)=c$, 求他 n 年后的平均财富是多少?

解 由于 $R_1,\cdots,R_n$ 相互独立, $1+R_1,\cdots,1+R_n$ 也相互独立, 故

$$E(Z_n)=E(Z_0)\prod_{i=1}^{n}E(1+R_i)=c\prod_{i=1}^{n}\big(1+E(R_i)\big).$$ □

6.2 协方差与相关系数

问题 6.2.1 在问题 5.3.1 中, 我们考察了某人群的体重指数 X 和血液中的总胆固醇含量 Y(单位: mmol/L), 在该人群中选取 1000 个空腹验血指标和身高、体重, 计算体重指数, 得到 (X,Y) 的散点图 (图 6.2). 由图我们可以看出: 体重指数 X 越高的人, 血液中的总胆固醇含量 Y 往往越大. 也就是说, 随机变量 X 与 Y 之间是有关系的. 用什么数值特征来刻画 X 与 Y 之间的这种关系的强弱呢?

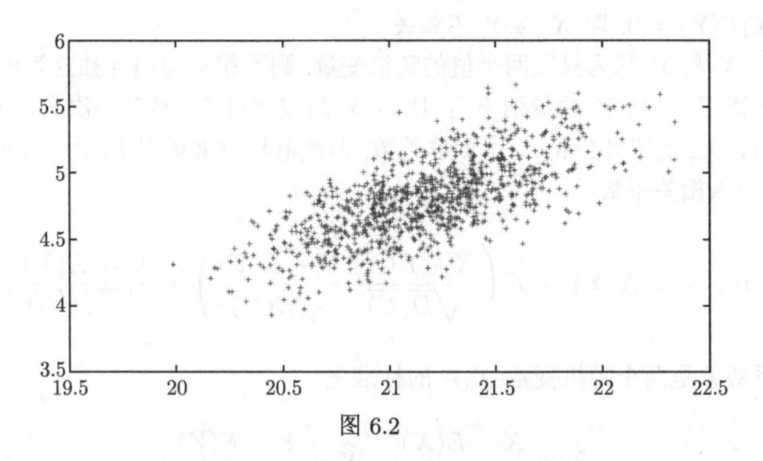

图 6.2

定义 6.2.1 设 (X,Y) 为二维随机变量, 若 $E(X^2)<+\infty$, $E(Y^2)<+\infty$, 则称

$$\mathrm{Cov}(X,Y):=E\Big(\{Y-E(Y)\}\{X-E(X)\}\Big)=E(XY)-E(X)E(Y)$$

为 X 与 Y 的**协方差**, 它反映了 X 与 Y 平均相关的程度. 特别地, 当 $\mathrm{Cov}(X,Y)=0$ 时, 称 X 与 Y **不相关**. 简记 $\sigma_{XY}:=\mathrm{Cov}(X,Y)$.

(1) 正相关 $\Leftrightarrow \mathrm{Cov}(X,Y)>0$;

(2) 负相关 $\Leftrightarrow \mathrm{Cov}(X,Y)<0$;

(3) 不相关 $\Leftrightarrow \mathrm{Cov}(X,Y)=0$.

注 X 与 Y 独立 $\Rightarrow$ X 与 Y 不相关, 反之, 未必.

例 6.2.1 设 X 的密度函数为 $f(x)=\frac{1}{2}e^{-|x|}, -\infty<x<+\infty$, 则

$$E(X)=\frac{1}{2}\int_{-\infty}^{+\infty}xe^{-|x|}\mathrm{d}x=0,$$

$$E(|X|)=\frac{1}{2}\int_{-\infty}^{+\infty}|x|e^{-|x|}\mathrm{d}x=1.$$

显然, X 与 $|X|$ 不独立, 但是

$$\mathrm{Cov}(X,|X|)=E[X(|X|-1)]=E(X|X|)-0=\frac{1}{2}\int_{-\infty}^{+\infty}x|x|e^{-|x|}\mathrm{d}x=0,$$

说明 X 与 $|X|$ 不相关.

例 6.2.2 设 (X,Y) 服从单位圆上的均匀分布, X 与 Y 不独立, 但 $E(XY)=0=E(X)E(Y)=0$, 即 X 与 Y 不相关.

注 X 与 Y 都为只取两个值的随机变量, 则不相关与相互独立等价.

很多情形 X 与 Y 的量纲不同, 比如 X 是成交量 (交易多少次数), 而且交易次数的值很大, 而股票价格 Y 可取非整数, 但数值相对来说很小, 为了消除量纲上的差异, 引入**相关系数**

$$\rho_{XY}:=\rho(X,Y):=E\left(\frac{X-E(X)}{\sqrt{D(X)}}\frac{Y-E(Y)}{\sqrt{D(Y)}}\right)=\frac{\mathrm{Cov}(X,Y)}{\sqrt{DX}\sqrt{DY}},$$

即相关系数就是两个随机变量 X,Y 的标准化

$$\widehat{X}=\frac{X-E(X)}{\sqrt{D(X)}},\quad \widehat{Y}=\frac{Y-E(Y)}{\sqrt{D(Y)}}$$

的协方差, 即 $\rho(X,Y)=\mathrm{Cov}(\widehat{X},\widehat{Y})$.

性质 6.2.1 (协方差的性质) (1) $\mathrm{Cov}(X,Y)=E(XY)-E(X)E(Y)$;

(2) $\mathrm{Cov}(X,X)=D(X)$;

(3) **双线性** $\mathrm{Cov}\left(\sum_{i=1}^{n}a_iX_i,\sum_{j=1}^{m}b_jY_j\right)=\sum_{i=1}^{n}\sum_{j=1}^{m}a_ib_j\mathrm{Cov}(X_i,Y_j)$.

注 由性质 (3) 易知

$$D\left(\sum_{i=1}^{n}a_iX_i\right)=\mathrm{Cov}\left(\sum_{i=1}^{n}a_iX_i,\sum_{i=1}^{n}a_iX_i\right)$$

$$= \sum_{i=1}^{n}\sum_{j=1}^{n} a_i a_j \mathrm{Cov}(X_i, X_j)$$

$$= \sum_{i=1}^{n} a_i^2 DX_i + \sum_{i \neq j} a_i a_j \mathrm{Cov}(X_i, X_j).$$

证明 我们仅证 (3):

$$E\left[\left(\sum_{i=1}^{n} a_i(X_i - EX_i)\right)\left(\sum_{j=1}^{m} b_j(Y_j - EY_j)\right)\right]$$

$$= E\left[\sum_{i=1}^{n}\sum_{j=1}^{m} a_i b_j (X_i - EX_i)(Y_j - EY_j)\right]$$

$$= \sum_{i=1}^{n}\sum_{j=1}^{m} a_i b_j \mathrm{Cov}(X_i, Y_j).$$

□

例 6.2.3 (例 5.2.2 续) 我们将例 5.2.2 修改一下: 假设每个访问该网站的人会以概率 p 购买 A 品牌, 以概率 q 购买 B 品牌, 以概率 $1-p-q$ 两个品牌都不买. 预计在某购物节当天共有 n 个人访问该网站 (这里 n 为确定数), 每个人的选择独立. X 表示选择 A 品牌的人数; Y 表示选择 B 品牌的人数. 求 $\mathrm{Cov}(X, Y)$.

解 由题意易知, $X \sim B(n, p)$, $Y \sim B(n, p)$, $X + Y \sim B(n, p+q)$, 由

$$D(X+Y) = D(X) + D(Y) + 2\mathrm{Cov}(X, Y),$$

可得

$$n(p+q)(1-p-q) = np(1-p) + nq(1-q) + 2\mathrm{Cov}(X, Y),$$

从而 $\mathrm{Cov}(X, Y) = -npq < 0$, X 与 Y 为负相关. □

例 6.2.4 我们将例 5.2.2 改得更"有趣": 假设每个访问该网站的人会以概率 p 只买 A 品牌, 以概率 q 只买 B 品牌, 以概率 r 两个品牌都买, 以概率 $1-p-q-r$ 两个都不买. 预计在某购物节当天共有 N 个人访问该网站, $N \sim \mathrm{Poi}(\lambda)$, 每个人的选择独立. X 表示选择 A 品牌的人数; Y 表示选择 B 品牌的人数. 求 $\mathrm{Cov}(X, Y)$.

解 设 ξ 表示只买 A 的人数, ζ 表示只买 B 的人数, η 表示同时买 A, B 的人数, 则 $X = \xi + \eta$, $Y = \zeta + \eta$. 与例 5.2.2 类似可证明 ξ, ζ, η 相互独立, 且 $\xi \sim \mathrm{Poi}(\lambda p)$, $\zeta \sim \mathrm{Poi}(\lambda q)$, $\eta \sim \mathrm{Poi}(\lambda r)$, 故

$$\mathrm{Cov}(X, Y) = \mathrm{Cov}(\xi + \eta, \zeta + \eta) = D(\eta) = \lambda r.$$

又因为

$$D(X) = D(\xi+\eta) = D(\xi) + D(\eta) = \lambda(p+r),$$
$$D(Y) = D(\zeta+\eta) = D(\zeta) + D(\eta) = \lambda(q+r),$$

所以

$$\rho_{X,Y} = \frac{r}{\sqrt{(p+r)(q+r)}} > 0.$$

由此可见, X 与 Y 为正相关. □

性质 6.2.2 (Cauchy-Schwarz 不等式)　设 (X,Y) 为二维随机变量, 满足 $0 < E(X^2) < +\infty$, $0 < E(Y^2) < +\infty$, 则

$$|E(XY)| \leqslant \sqrt{E(|X|^2)E(|Y|^2)},$$

等号成立当且仅当 $x_0 := \dfrac{E(XY)}{E(X^2)}$ 使得

$$E[(x_0X+Y)^2] = 0.$$

证明　由 $E[(xX+Y)^2] \geqslant 0$, x 为任意一实数, 可知

$$x^2E(X^2) + 2xE(XY) + E(Y^2) \geqslant 0,$$

上式左边是关于 x 的一元二次方程, 由判别式

$$\Delta = 4\{E(XY)\}^2 - 4E(X^2)E(Y^2) \leqslant 0,$$

可知

$$E(X^2)E(Y^2) \geqslant [E(XY)]^2.$$ □

注　一般地, 我们有 Hölder 不等式

$$|E(XY)| \leqslant \{E(|X|^p)\}^{\frac{1}{p}} \{E(|Y|^q)\}^{\frac{1}{q}},$$

其中 $\dfrac{1}{p} + \dfrac{1}{q} = 1, 1 < p < +\infty$, $1 < q < +\infty$. 即

$$\left|\iint_{\mathbb{R}^2} xy\mathrm{d}F(x,y)\right| \leqslant \left(\iint_{\mathbb{R}^2} |x|^p\mathrm{d}F(x,y)\right)^{\frac{1}{p}} \left(\iint_{\mathbb{R}^2} |y|^q\mathrm{d}F(x,y)\right)^{\frac{1}{q}}.$$

性质 6.2.3 (相关系数的性质) (1) 若 $ab>0$, 则 $\rho(aX,bY)=\rho(X,Y)$.
(2)$-1\leqslant\rho(X,Y)\leqslant 1$.
(3) 若 X,Y 不相关或 X,Y 独立, 则 $\rho(X,Y)=0$.
(4) 令 $a:=\dfrac{\sqrt{D(Y)}}{\sqrt{D(X)}}>0$, $b:=E(Y)$, 则

$$\rho(X,Y)=1 \text{ 当且仅当 } Y=a\{X-E(X)\}+b, \quad \text{a.e.},$$
$$\rho(X,Y)=-1 \text{ 当且仅当 } Y=-a\{X-E(X)\}+b, \quad \text{a.e.}.$$

证明 对 $\overline{X}:=X-E(X)$, $\overline{Y}:=Y-E(Y)$ 运用 Cauchy-Schwarz 不等式:

$$|E(\{X-E(X)\}\{Y-E(Y)\})|^2\leqslant E(|X-E(X)|^2)E(|Y-E(Y)|^2),$$

从而 $|\rho_{XY}|^2\leqslant 1$, 故 (2) 成立. 特别地,

$$\begin{aligned}\rho(X,Y)=\pm 1 &\Longleftrightarrow E\left[\left(x\overline{X}+\overline{Y}\right)^2\right]=0 \text{ 有重根 } x_0=\frac{-2E\left(\overline{X}\overline{Y}\right)}{2E\left(\overline{X}^2\right)}\\ &\Longleftrightarrow D\left[x_0\overline{X}+\overline{Y}\right]=0\\ &\Longleftrightarrow x_0\overline{X}+\overline{Y}=0, \quad \text{a.e.}\\ &\Longleftrightarrow \overline{Y}=-x_0\overline{X}=\frac{\operatorname{Cov}(X,Y)}{D(X)}\overline{X}, \quad \text{a.e.},\end{aligned}$$

此时有

$$Y=\begin{cases}\dfrac{\sqrt{D(Y)}}{\sqrt{D(X)}}\big(X-E(X)\big)+E(Y), & \rho(X,Y)=1,\\ -\dfrac{\sqrt{D(Y)}}{\sqrt{D(Y)}}\big(X-E(X)\big)+E(Y), & \rho(X,Y)=-1,\end{cases}$$

说明 X 与 Y 完全线性相关. □

例 6.2.5 若 $(X,Y)\sim N(\mu_1,\mu_2,\sigma_1^2,\sigma_2^2,\rho)$, 则有

$$\rho(X,Y)=\frac{\operatorname{Cov}(X,Y)}{\sqrt{D(X)}\sqrt{D(Y)}}=\frac{E(XY)-\mu_1\mu_2}{\sigma_1\sigma_2}.$$

因为

$$E(XY)=\iint_{\mathbb{R}^2}xyf(x,y)\mathrm{d}x\mathrm{d}y=\rho\sigma_1\sigma_2+\mu_1\mu_2,$$

其中

$$f(x,y)=\frac{1}{2\pi\sigma_1\sigma_2\sqrt{1-\rho^2}}e^{-\frac{1}{2(1-\rho^2)}\left\{\frac{(x-\mu_1)^2}{\sigma_1^2}-2\rho(\frac{x-\mu_1}{\sigma_1})(\frac{y-\mu_2}{\sigma_2})+\frac{(y-\mu_2)^2}{\sigma_2^2}\right\}},$$

所以 $\rho(X,Y)=\rho$.

6.3 协方差矩阵

问题 6.3.1 协方差反映两个随机变量之间的某种关系 (粗略地说线性关系的程度), 怎么刻画多维随机变量之间的关系呢?

若 n 维随机变量 $X=(X_1,X_2,\cdots,X_n)$ 中每个 X_i 的二阶矩都存在, 即 $E(X_i^2)<+\infty$, 我们很自然地考虑 n 维随机变量 $(X_1,\cdots,X_n)$ 两两之间的关系.

定义 6.3.1 记 $\sigma_{ij}:=E\left[(X_i-E(X_i))(X_j-E(X_j))\right]=\mathrm{Cov}(X_i,X_j)$, 称矩阵

$$\Sigma=\begin{pmatrix}\sigma_{11}&\sigma_{12}&\cdots&\sigma_{1n}\\ \sigma_{21}&\sigma_{22}&\cdots&\sigma_{2n}\\ \vdots&\vdots&&\vdots\\ \sigma_{n1}&\sigma_{n2}&\cdots&\sigma_{nn}\end{pmatrix}=(\sigma_{ij})_{n\times n}$$

为 n 维随机变量 $X=(X_1,\cdots,X_n)$ 的**协方差矩阵**.

易知协方差矩阵具有如下性质:

(1) Σ 为非负定的实对称矩阵, 即对任意 $x=(x_1,x_2,\cdots,x_n)$, 有

$$\begin{aligned}x\Sigma x^{\mathrm{T}}&=\sum_{ij}x_ix_j\sigma_{ij}\\&=D\left(\sum_{i=1}^n x_i\{X_i-E(X_i)\}\right)\\&=D\left(\sum_{i=1}^n x_iX_i\right)\geqslant 0.\end{aligned}$$

(2) 存在正交矩阵 C 使得

$$C\Sigma C^{\mathrm{T}}=\Lambda=\begin{pmatrix}\lambda_1&&&\\&\lambda_2&&\\&&\ddots&\\&&&\lambda_n\end{pmatrix},\quad \lambda_i\geqslant 0,$$

即 $\Sigma = C^{\mathrm{T}}\Lambda C$.

(3) Σ 退化 ($|\Sigma|=0$) 的充要条件是: 有非零向量 $a=(a_1,a_2,\cdots,a_n)$, 使得

$$\sum_{i=1}^{n} a_i\{X_i - E(X_i)\} = 0, \quad \text{a.e.},$$

即

$$P\left(\sum_{i=1}^{n} a_i\{X_i - E(X_i)\} = 0\right) = 1.$$

证明 仅证明 (3): 若 $|\Sigma|=0$, 则有 $a\neq 0$, 使得 $a\Sigma = 0$, 从而

$$a\Sigma a^{\mathrm{T}} = D\left(\sum_{i=1}^{n} a_i X_i\right) = 0$$

$$\Longrightarrow \sum_{i=1}^{n} a_i\{X_i - E(X_i)\} = 0, \quad \text{a.e.}.$$

反之, 若有 $a\neq 0$ 使 $\sum\limits_{i=1}^{n} a_i\{X_i - E(X_i)\} = 0$, 则有

$$0 = D\left(\sum_{i=1}^{n} a_i\{X_i - E(X_i)\}\right) = a\Sigma a^{\mathrm{T}},$$

从而 $aC^{\mathrm{T}}\Lambda C a^{\mathrm{T}} = 0$.

令 $aC^{\mathrm{T}} = b = (b_1,b_2,\cdots,b_n)$, 则有 $b\Lambda b^{\mathrm{T}} = \sum\limits_{i=1}^{n}\lambda_i b_i^2 = 0$, 由此可推出 $|\Sigma|=0$, 即至少有一个 $\lambda_i = 0$. 若不然, 假设 $\lambda_i > 0, i=1,2,\cdots,n$, 则由上式可推出 $b_i = 0, i=1,2,\cdots,n$, 即 $aC^{\mathrm{T}} = 0 \Rightarrow |C^{\mathrm{T}}| = 0$, 这与 C^{T} 为正交矩阵矛盾. □

例 6.3.1 n 种证券 (股票) 投资组合分析 (Markowitz 于 1951 年左右提出).

设 $R=(R_1,R_2,\cdots,R_n)$ 为 n 种证券 $(S_1,S_2,\cdots,S_n)$ 的收益率; 比如 R_i 表示第 i 只股票的收益率, 则

$$R_i = \frac{P_{t+1,i} - P_{t,i}}{P_{t,i}}.$$

设投资者在 n 种证券 $S_1,S_2,\cdots,S_n$ 的投资比例为 $(x_1,x_2,\cdots,x_n)$, 这里 $x_1 + x_2 + \cdots + x_n = 1$, $x_i < 0$ 表示允许卖空 (借钱买第 i 只股票), 则该投资组合的收益为 $R_p = x_1R_1 + x_2R_2 + \cdots + x_nR_n = xR^{\mathrm{T}}$, 平均收益为

$$r = E(R_p) = \sum_{i=1}^{n} x_i E(R_i) = \sum_{i=1}^{n} x_i \overline{R}_i = x\overline{R}^{\mathrm{T}}.$$

方差为

$$\begin{aligned}\sigma_p^2 &= D(R_p) = E\left(\{R_p - E(R_p)\}^2\right) \\ &= E\left[\left(\sum_{i=1}^n x_i\{R_i - E(R_i)\}\right)^2\right] \\ &= \sum_{i=1}^n\sum_{j=1}^n x_i x_j \sigma_{ij} = x\Sigma x^{\mathrm{T}}.\end{aligned}$$

投资组合的标准差为 $\sigma_p = \left(x\Sigma x^{\mathrm{T}}\right)^{\frac{1}{2}}$.

在一定平均收益下, 选择最“优”的投资比例 $p = (p_1, p_2, \cdots, p_n)$ 使得风险最小, 即给定 r_p, 求 $x = p$ 使得

$$\begin{cases}\dfrac{1}{2}p\Sigma p^{\mathrm{T}} = \min\limits_x \dfrac{1}{2}x\Sigma x^{\mathrm{T}}, \\ \text{限制条件: } x\overline{R}^{\mathrm{T}} = r_p, \quad x\mathbf{1}^{\mathrm{T}} = 1,\end{cases}$$

其中 $\mathbf{1} = (1, 1, \cdots, 1)$.

解　利用 Lagrange 乘子法

$$f(x_1, x_2, \cdots, x_n) = \frac{1}{2}x\Sigma x^{\mathrm{T}} + \lambda_1(r_p - x\overline{R}^{\mathrm{T}}) + \lambda_2(1 - x\mathbf{1}^{\mathrm{T}}),$$

可得

$$\frac{\partial f}{\partial x} = \Sigma x^{\mathrm{T}} - \lambda_1\overline{R}^{\mathrm{T}} - \lambda_2\mathbf{1}^{\mathrm{T}} = 0,$$

解方程组可得

$$x^{\mathrm{T}} = \Sigma^{-1}(\lambda_1\overline{R}^{\mathrm{T}} + \lambda_2\mathbf{1}^{\mathrm{T}}).$$

这时, 最优投资组合的平均收益 $\bar{R}_p$ 与波动率 σ_p 的关系为有效前沿, 为双曲线的一部分 (图 6.3), 详见 (欧阳光中和李敬湖, 1997).

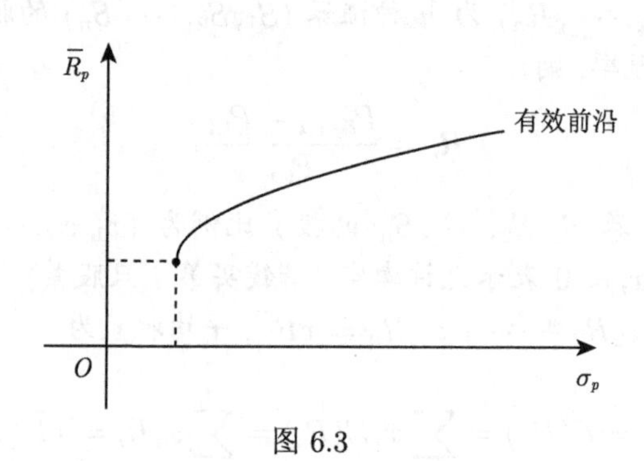

图 6.3

例如, 我们考虑两种证券投资组合, 价格和收益率分别为 S_1, S_2, R_1, R_2, 采用投资策略 (x_1, x_2), $x_2 = 1 - x_1$, 则投资组合的收益率为

$$R = x_1R_1 + x_2R_2 = x_1R_1 + (1 - x_1)R_2, \quad 0 \leqslant x_1,\ x_2 \leqslant 1,\ x_1 + x_2 = 1,$$

投资组合平均收益率为

$$r_p = E(R) = x_1\overline{R}_1 + (1 - x_1)\overline{R}_2,$$

投资组合收益率的标准差 (风险) 为

$$\sigma_p = \left(x_1^2\sigma_1^2 + 2x_1x_2\rho_{12}\sigma_1\sigma_2 + x_2^2\sigma_2^2\right)^{\frac{1}{2}},$$

其中 ρ_{12} 为两种证券的相关系数

$$\mathrm{Cov}(R_1, R_2) = \rho_{12}\sigma_1\sigma_2.$$

这里有 3 种特殊情况 (图 6.4):

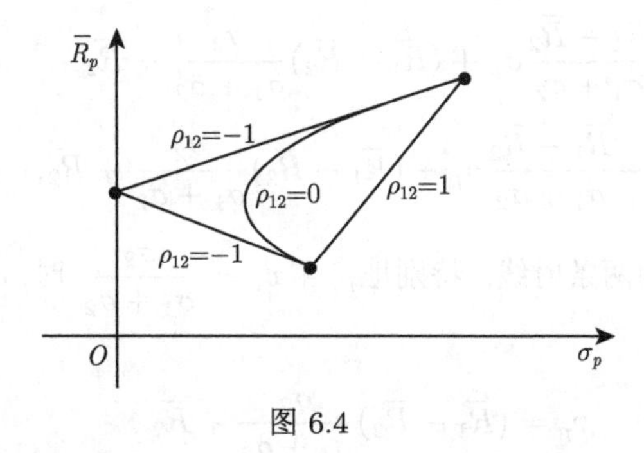

图 6.4

(1) 若 $\rho_{12} = 1$, 则由

$$\sigma_p^2 = \left(x_1\sigma_1 + x_2\sigma_2\right)^2 = \left(x_1\sigma_1 + (1 - x_1)\sigma_2\right)^2 = \left((\sigma_1 - \sigma_2)x_1 + \sigma_2\right)^2,$$

可知风险 (标准差) 为

$$\sigma_p = \begin{cases} \sigma_2 - (\sigma_2 - \sigma_1)x_1, & \sigma_2 > \sigma_1, \\ (\sigma_1 - \sigma_2)x_1 + \sigma_2, & \sigma_2 < \sigma_1. \end{cases}$$

期望收益

$$r_p = x_1\overline{R}_1 + (1 - x_1)\overline{R}_2,$$

消掉 x_1 可得

$$
\begin{aligned}
r_p &= \frac{\sigma_p-\sigma_2}{\sigma_1-\sigma_2}(\bar{R}_1-\bar{R}_2)+\bar{R}_2 \\
&= \frac{\bar{R}_1-\bar{R}_2}{\sigma_1-\sigma_2}(\sigma_p-\sigma_2)+\bar{R}_2,
\end{aligned}
$$

可以看出 r_p 关于 σ_p 为一条线段.

(2) 若 $\rho=-1$, 则期望收益为

$$
r_p=(\bar{R}_1-\bar{R}_2)x_1+\bar{R}_2,
$$

风险 (标准差) 为

$$
\sigma_p=\begin{cases}(\sigma_1+\sigma_2)x_1-\sigma_2, & x_1 \geqslant \dfrac{\sigma_2}{\sigma_1+\sigma_2}, \\ \sigma_2-(\sigma_1+\sigma_2)x_1, & x_1<\dfrac{\sigma_2}{\sigma_1+\sigma_2},\end{cases}
$$

消掉 x_1 得

$$
r_p=\begin{cases}\dfrac{\bar{R}_1-\bar{R}_2}{\sigma_1+\sigma_2}\sigma_p+(\bar{R}_1-\bar{R}_2)\dfrac{\sigma_2}{\sigma_1+\sigma_2}+\bar{R}_2, & \sigma_p \geqslant 0, \\ -\dfrac{\bar{R}_1-\bar{R}_2}{\sigma_1+\sigma_2}\sigma_p+(\bar{R}_1-\bar{R}_2)\dfrac{\sigma_2}{\sigma_1+\sigma_2}+\bar{R}_2, & \sigma_p>0.\end{cases}
$$

此时, r_p 关于 σ_p 为两条射线. 特别地, 当 $x_1=\dfrac{\sigma_2}{\sigma_1+\sigma_2}$ 时, $\sigma_p=0$ (风险为零). 收益为

$$
\begin{aligned}
r_p &= (\bar{R}_1-\bar{R}_2)\frac{\sigma_2}{\sigma_1+\sigma_2}+\bar{R}_2 \\
&= \bar{R}_2\left(1-\frac{\sigma_2}{\sigma_1+\sigma_2}\right)+\frac{\bar{R}_1\sigma_2}{\sigma_1+\sigma_2} \\
&= \frac{\bar{R}_2\sigma_1}{\sigma_1+\sigma_2}+\frac{\bar{R}_1\sigma_2}{\sigma_1+\sigma_2}>0.
\end{aligned}
$$

(3) 若 $\rho=0$, 由

$$
\begin{cases}r_p=(\bar{R}_1-\bar{R}_2)x_1+\bar{R}_2, \\ \sigma_p=\left[\left(\sigma_1^2+\sigma_2^2\right)x_1^2-2\sigma_2^2x_1+\sigma_2^2\right]^{\frac{1}{2}},\end{cases}
$$

消掉 x_1, 可以看出 (σ_p, r_p) 构成双曲线的一支. □

6.4 条件期望

问题 6.4.1 在知道随机变量 X 的一些信息的情况下, 怎么求随机变量 Y 的 (条件) 期望?

定义 6.4.1 设 $E(|Y|) < +\infty$, 且 $P(B) > 0$, 在已知事件 B 发生的条件下, Y 的**条件期望**定义为

$$E(Y|B) := \int_{\mathbb{R}} y\mathrm{d}F(y|B) = \begin{cases} \sum_k y_k P(Y = y_k|B), & Y \text{ 为离散型}, \\ \int_{\mathbb{R}} y f_Y(y|B)\mathrm{d}y, & Y \text{ 为连续型}, \end{cases}$$

其中 $f_Y(y|B) := \dfrac{\mathrm{d}F(y|B)}{\mathrm{d}y} = \dfrac{\mathrm{d}}{\mathrm{d}y}\dfrac{P(Y \leqslant y, B)}{P(B)}$.

注 (1) 当 $B = \{X = x\}$ 时, X 为离散型随机变量, $x \in \{x_1, \cdots, x_n\}$, 则

$$E(Y|X = x) = \sum_k y_k P(Y = y_k|X = x).$$

(2) 当 $B = \{X = x\}$ 时, X 为连续型随机变量, 此时 $P(B) = P(X = x) = 0$, 因而

$$f_Y(y|X = x) = \frac{f(x, y)}{f_X(x)},$$

故

$$E(Y|X = x) = \frac{1}{f_X(x)} \int_{\mathbb{R}} y f(x, y)\mathrm{d}y.$$

定义 6.4.2 (1) 设 $E(|Y|) < +\infty$, 记 $g(x) := E(Y|X = x)$, 则 $g(X)$ 是随机变量, 称

$$Z = g(X) = E(Y|X)$$

为**条件期望随机变量**.

(2) 设 $E(|Y|^2) < +\infty$, 由函数

$$\begin{aligned} h(x) := D(Y|X = x) &= E\left[\left\{Y - E(Y|X = x)\right\}^2 \middle| X = x\right] \\ &= E\left[Y^2 \middle| X = x\right] - \left(E\left[Y \middle| X = x\right]\right)^2 \end{aligned}$$

确定的随机变量

$$Z = h(X) = D(Y|X) = E\left[\left(Y - E(Y|X)\right)^2 \middle| X\right]$$

称为**条件方差随机变量**.

性质 6.4.1　设 X, Y 为随机变量, $E(|X|) < +\infty$, $E(|Y|) < +\infty$, 则

(1) 对条件期望随机变量再求期望为无条件期望, 即

$$E\big[E(Y|X)\big] = E(Y).$$

(2) 对任意可测函数 $l(x)$, $E(|l(X)|) < +\infty$, 则

$$E\left[l(X)Y\middle|X\right] = l(X)E\left(Y\middle|X\right).$$

(3) $E(X|A) = \dfrac{E(XI_A)}{P(A)}$, 对任意事件 A 满足 $P(A) > 0$.

(4) 设 X, Y 满足 $E\left(X^2\right) < +\infty$, $E\left(Y^2\right) < +\infty$, 并设 $l(x)$ 为可测函数, 且满足 $E\left[l(X)^2\right] < +\infty$, 则

$$E\left[\left\{Y - l(X)\right\}^2\middle|X\right] \geqslant E\left[\left\{Y - E(Y|X)\right\}^2\middle|X\right], \qquad \text{a.e..}$$

证明　仅证 (X, Y) 为连续型随机变量的情形.

(1) 设 (X, Y) 的联合密度函数为 $f(x, y)$, 令 $g(x) = E(Y|X = x)$, 则

$$\begin{aligned}
g(x) &= \int_{-\infty}^{+\infty} y f_Y(y|X = x)\mathrm{d}y \\
&= \int_{-\infty}^{+\infty} y \frac{f(x, y)}{f_X(x)}\mathrm{d}y \\
&= \frac{1}{f_X(x)}\int_{-\infty}^{+\infty} y f(x, y)\mathrm{d}y,
\end{aligned}$$

从而

$$\begin{aligned}
E\big[E(Y|X)\big] = E[g(X)] &= \int_{-\infty}^{+\infty} g(x) f_X(x)\mathrm{d}x \\
&= \int_{-\infty}^{+\infty} \left(\frac{1}{f_X(x)}\int_{-\infty}^{+\infty} y f(x, y)\mathrm{d}y\right) f_X(x)\mathrm{d}x \\
&= \int_{-\infty}^{+\infty}\int_{-\infty}^{+\infty} y f(x, y)\mathrm{d}x\mathrm{d}y \\
&= E(Y).
\end{aligned}$$

(2) 因为

$$E[l(X)Y|X=x]=E\left[l(x)Y\big|X=x\right]=l(x)E(Y|X=x),$$

故 $E[l(X)Y|X]=l(X)E(Y|X)$.

(3) 和 (4) 留作习题. □

6.5 生成函数、矩生成函数与特征函数

本节所要介绍的生成函数、矩生成函数与特征函数, 实际上, 都是随机变量 X 的某类函数的数学期望.

6.5.1 生成函数

定义 6.5.1 设 X 为非负整数值随机变量, 分布列为 $P(X=k)=p_k, k=0,1,2,\cdots$. 则称

$$G_X(s)=E(s^X)=\sum_{k=0}^{+\infty}p_k s^k,\quad 0\leqslant s\leqslant 1$$

为随机变量 X 的 (概率) **生成函数**.

例 6.5.1 (1) 设 $X\sim B(0,1)$ (两点分布), 则 $G_X(s)=1-p+sp$.

(2) 设 $X\sim B(n,p)$, 则

$$G_X(s)=\sum_{k=0}^{n}s^k\mathrm{C}_n^k p^k(1-p)^{n-k}=(1-p+sp)^n.$$

(3) 设 $X\sim \mathrm{Poi}(\lambda)$, 则

$$G_X(s)=\sum_{k=0}^{+\infty}s^k e^{-\lambda}\frac{\lambda^k}{k!}=e^{-\lambda}e^{s\lambda}=e^{-\lambda(1-s)}.$$

(4) 设 X 服从参数为 p 的几何分布, $P(X=n)=(1-p)^{n-1}p$, $n=1,2,\cdots$, 则

$$G_X(s)=\sum_{k=0}^{+\infty}s^k(1-p)^k\frac{p}{1-p}=\frac{sp}{1-s(1-p)}.$$

性质 6.5.1 (1) $G_X(1)=1,\ G_X(0)=P(X=0)$;

(2) $G_X(s)$ 与 X 的分布一一对应, 即

$$p_k=\left.\frac{G_X^{(k)}(s)}{k!}\right|_{s=0}=\frac{G_X^{(k)}(0)}{k!},\quad k=0,1,2,\cdots;$$

(3) $EX = G'_X(1)$;

$D(X) = E(X^2) - \{E(X)\}^2 = G''_X(1) + G'_X(1) - (G'_X(1))^2$;

$E\left(X^{(k)}\right) = G_X^{(k)}(1)$，其中 $X^{(k)} = X(X-1)\cdots(X-k+1)$;

(4) 若 $X_1, \cdots, X_n$ 相互独立 (都取非负数值), 则 $X_1 + \cdots + X_n$ 的生成函数

$$G_{X_1+\cdots+X_n}(s) = \prod_{k=1}^{n} G_{X_k}(s).$$

例 6.5.2　设 $X_i (i = 1, 2, \cdots)$ 独立同分布, 都服从参数为 m, p 的二项分布 $B(m, p)$, N 为服从参数为 λ 的 Poisson 分布的随机变量, N 与 $X_i (i = 1, 2, \cdots)$ 独立, 令

$$S_N = \sum_{k=1}^{N} X_i,$$

求 S_N 的生成函数.

解　由独立性知

$$E\left(s^{S_N} \middle| N = n\right) = E\left(s^{X_1+\cdots+X_n} \middle| N = n\right) = E\left(s^{X_1+\cdots+X_n}\right) = \{E(s^{X_1})\}^n,$$

由 $Es^{X_1} = (1-p+ps)^m$ 可得 $E(s^{S_N}|N) = (1-p+ps)^{mN}$, 故

$$\begin{aligned}
E[E\left(s^{S_N}\middle|N\right)] &= E[(1-p+ps)^{mN}] \\
&= \sum_{k=0}^{+\infty}(1-p+ps)^{mk} e^{-\lambda}\frac{\lambda^k}{k!} \\
&= e^{-\lambda} e^{\lambda(1-p+ps)^m} \\
&= e^{-\lambda\{1-(1-p+ps)^m\}}.
\end{aligned}$$

□

在该例中, 我们可以得到如下结论:

(1) $G_{S_N}(s) = G_N(G_X(s))$;

(2) $G_{S_N}(1)' = \lambda \cdot mp$.

一般地, 我们有如下性质.

性质 6.5.2　若 $X_1, \cdots, X_n$ 独立同分布, 且与非负整数值随机变量 N 独立, 令 G_N, G_X 分别为 N 和 X_1 的生成函数, 则 $S_N = \sum_{k=1}^{N} X_k$ 的生成函数 $G_{S_N}(s)$ 为

$$G_{S_N}(s) = G_N\big(G_X(s)\big).$$

定义 6.5.2 n 维非负整数值的随机变量 $(X_1,\cdots,X_n)$ 的**联合生成函数**定义为

$$G(s_1,\cdots,s_n)=E\left(s_1^{X_1}\cdots s_n^{X_n}\right)$$
$$=\sum_{0\leqslant k_1,\cdots,k_n<+\infty}s_1^{k_1}\cdots s_n^{k_n}P\left(X_1=k_1,\cdots,X_n=k_n\right).$$

例 6.5.3 设 $(X_1,\cdots,X_n)$ 服从多项式分布, 即

$$P\left(X_1=k_1,\cdots,X_n=k_n\right)=\frac{m!}{k_1!\cdots k_n!}p_1^{k_1}\cdots p_n^{k_n},\quad k_1+\cdots+k_n=m,$$

则

$$G(s_1,\cdots,s_n)=\left(s_1p_1+\cdots+s_np_n\right)^m.$$

特别地, 取 $n=2,s_1=s,s_2=1$, 则 $G_{X_1}(s)=E\left(s^{X_1}\right)=E\left(s^{X_1}1^{X_2}\right)=G(s,1)$.

例 6.5.4 从 $1,\cdots,10$ 中每次读取一个, 取后放回, 持续取 7 次, 求取出 7 个数之和为 20 的概率.

解 设 $X_1,\cdots,X_7$ 分别表示取出的数, 它们独立同分布,

$$G_{X_1+\cdots+X_7}(s)=\frac{1}{10^7}\left(\sum_{k=1}^{10}s^k\right)^7$$
$$=\frac{s^7(1-s^{10})^7}{10^7(1-s)^7}$$
$$=\frac{s^7}{10^7}(1-s^{10})^7(1-s)^{-7},$$

利用 $(1-s)^{-7}=\sum\limits_{k=0}^{+\infty}\mathrm{C}_{k+6}^{6}s^k$ 可得

$$G_{X_1+\cdots+X_7}(s)=\frac{s^7}{10^7}\left(1-7s^{10}+\mathrm{C}_7^2s^{20}+\cdots\right)\left(\sum_{k=0}^{+\infty}\mathrm{C}_{k+6}^{6}s^k\right)$$
$$=\cdots+\frac{1}{10^7}\left(\mathrm{C}_{13+6}^{6}-7\mathrm{C}_{3+6}^{6}\right)s^{20}+\cdots,$$

故

$$P(X_1+\cdots+X_7=20)=\frac{1}{10^7}\left(\mathrm{C}_{13+6}^{6}-7\mathrm{C}_{3+6}^{6}\right)=\frac{26544}{10^7}=0.0026544.\qquad\square$$

例 6.5.5 来到某大型超市的顾客可分为儿童、青年人、中年人和老年人, 用 X_1, X_2, X_3, X_4 分别表示来到这个大型超市的儿童数、青年人数、中年人数和老年人数, 并假设 X_1, X_2, X_3, X_4 相互独立, 且 $X_k \sim \mathrm{Poi}(\lambda_k)$, $k = 1, 2, 3, 4$, 问顾客总数 $X = X_1 + X_2 + X_3 + X_4$ 服从什么分布?

解 先求它的生成函数, 由于 X_k 的生成函数为 $G_k(s) = e^{-\lambda_k(1-s)}$, 则 $X = X_1 + \cdots + X_4$ 的生成函数为

$$G_X(s) = \prod_{k=1}^{4} G_k(s) = \prod_{k=1}^{4} e^{-\lambda_k(1-s)} = e^{-(\lambda_1+\lambda_2+\lambda_3+\lambda_4)(1-s)},$$

从而 $X \sim \mathrm{Poi}(\lambda_1 + \lambda_2 + \lambda_3 + \lambda_4)$. □

以后称满足这样性质的分布函数具有**可加性** (正态分布、二项分布、Gamma 分布也都具有可加性).

例 6.5.6 市场人数 $N \sim \mathrm{Poi}(\lambda)$, 第 k 个人消费额 X_k (单位: 元), $k = 1, 2, \cdots$, $X_k \sim B(m, p)$, 则市场的总营业额为

$$S_N = \sum_{k=1}^{N} X_k.$$

若 $X_1, X_2, \cdots$ 相互独立且与 N 也独立, 求 $E(S_N)$.

解 若能求出 S_N 的生成函数 G_{S_N}, 则有

$$E(S_N) = G'_{S_N}(1), \quad D(S_N) = G''_{S_N}(1) + G'_{S_N}(1) - (G'_{S_N}(1))^2.$$

关于生成函数,

$$G_{S_N}(s) = E\left(s^{S_N}\right) = E\left[E\left(s^{S_N} \middle| N\right)\right] = e^{-\lambda\{1-(1-p+sp)^m\}},$$

于是, $E[S_N] = e^{-\lambda\{1-(1-p+sp)^m\}}\lambda m(1-p+sp)^{m-1}p\Big|_{s=1} = \lambda mp.$ □

6.5.2 矩生成函数

定义 6.5.3 设 X 为任意随机变量, 若 $M_X(t) := E(e^{tX}) < +\infty$, $t \in S \subseteq \mathbb{R}$, 则称 $M_X(t)$ 为 X 的**矩生成函数**.

(1) 取 $s = e^t$, $t \leqslant 0$, X 为非负随机变量时, 显然为生成函数.

(2) 易知

$$M_X(t) = \begin{cases} \displaystyle\sum_{k=1}^{+\infty} e^{tx_k} P(X = x_k), & \text{如果 } X \text{ 为离散型随机变量}, \\ \displaystyle\int_{-\infty}^{+\infty} e^{tx} f_X(x)\mathrm{d}x, & \text{如果 } X \text{ 为连续型随机变量}. \end{cases}$$

(3) Laplace 变换: $f_X = L^{-1}(M_X)$.

(4) 矩生成函数与生成函数有类似的性质.

例 6.5.7 (1) 若 $X \sim \mathrm{Poi}(\lambda)$, 则 $M_X(t) = e^{-\lambda(1-e^t)}$;

(2) 若 $X \sim N(\mu, \sigma^2)$, 则

$$M_X(t) = \frac{1}{\sqrt{2\pi}} \int_{-\infty}^{+\infty} e^{tx} e^{-\frac{(x-\mu)^2}{2\sigma^2}} \mathrm{d}x = e^{\mu t + \frac{t^2\sigma^2}{2}}, \quad t \in \mathbb{R}.$$

6.5.3 特征函数

对矩生成函数 $M_X(t)$ 常常要限制 t 的取值, 否则 $M_X(t)$ 不存在.

例 6.5.8 设 $X \sim \mathcal{E}(\lambda)$, 密度函数为

$$f(x) = \begin{cases} \lambda e^{-\lambda x}, & x \geqslant 0, \\ 0, & x < 0, \end{cases}$$

则

$$M_X(t) = E\big(e^{tX}\big) = \lambda \int_0^{+\infty} e^{tx} e^{-\lambda x} \mathrm{d}x = \begin{cases} \dfrac{\lambda}{\lambda - t}, & t < \lambda, \\ +\infty, & t \geqslant \lambda. \end{cases}$$

于是我们引入特征函数. 为此, 先引入复数值随机变量及其数学期望.

定义 6.5.4 设 ξ, η 是随机变量, $\mathrm{i} = \sqrt{-1}$, 则称

$$X = \xi + \mathrm{i}\eta$$

为复数值随机变量. 如果 $E(|\xi|) < +\infty$, $E(|\eta|) < +\infty$, 则定义 X 的数学期望为

$$E(X) = E(\xi) + \mathrm{i}E(\eta).$$

易知, 复数值随机变量的数学期望具有如下性质.

性质 6.5.3 设 X, Y 为复数值随机变量, $E(|X|) < +\infty$, $E(|Y|) < +\infty$, 则

(1) 线性: $E(aX + bY) = aE(X) + bE(Y)$.

(2) 如果 X 与 Y 相互独立, 则 $E(X\overline{Y}) = E(X)\overline{E(Y)}$.

以下如果无特殊说明, 随机变量指的是实数值随机变量.

定义 6.5.5 设 X 为任意随机变量, 称

$$\Psi_X(t) := E\big(e^{\mathrm{i}tX}\big) = E\big[\cos(tX) + \mathrm{i}\sin(tX)\big] = E\big[\cos(tX)\big] + \mathrm{i}E\big[\sin(tX)\big]$$

为随机变量 X 的**特征函数**.

注 设 $(X_1,\cdots,X_n)$ 为 n 维随机变量, 则称

$$\Psi(t_1,\cdots,t_n):=E\left(e^{\mathrm{i}(t_1X_1+\cdots+t_nX_n)}\right)$$

为 $(X_1,\cdots,X_n)$ 的特征函数 (何书元, 2006).

易知:

(1) 对任意 $t\in\mathbb{R}$ 和任意的随机变量 X, $\Psi_X(t)$ 总是存在的;

(2) $\Psi_X(t)=\displaystyle\int_{-\infty}^{+\infty}e^{\mathrm{i}tx}\mathrm{d}F_X(x)=\begin{cases}\displaystyle\sum_k e^{\mathrm{i}tx_k}P(X=x_k), & \text{离散型},\\ \displaystyle\int_{-\infty}^{+\infty}e^{\mathrm{i}tx}f_X(x)\mathrm{d}x, & \text{连续型}.\end{cases}$

重要的性质 (以下略去 $\Psi_X(t)$ 中的 X)

(1) $|\Psi(t)|\leqslant\Psi(0)=1,\Psi(-t)=\overline{\Psi(t)}$.

(2) $\Psi(t)$ 关于 t 在 $\mathbb{R}$ 上一致连续:

$$|\Psi(t+h)-\Psi(t)|=\left|E\left(e^{\mathrm{i}tX}\{e^{\mathrm{i}hX}-1\}\right)\right|\leqslant E\left(\left|e^{\mathrm{i}hX}-1\right|\right)\xrightarrow{h\to 0}0.$$

(3) 如果 $E(|X|^k)<+\infty$, 则 $\Psi(t)$ 的 k 阶导数 $\Psi^{(k)}(t)$ 存在且连续, 满足

$$\Psi^{(k)}(0)=\mathrm{i}^kE(X^k)\quad\text{或}\quad E(X^k)=\frac{\Psi^{(k)}(0)}{\mathrm{i}^k}.$$

(4) $\Psi(t)$ 具有非负定性: 对任意 n 个复数 $a_1,\cdots,a_n$, 任意实数 $t_1,\cdots,t_n$, 有

$$\sum_{k=1}^{n}\sum_{j=1}^{n}\Psi(t_k-t_j)a_k\overline{a}_j\geqslant 0.$$

事实上, 令 $a=(a_1,\cdots,a_n),C=(c_{kj}),c_{kj}=\Psi(t_k-t_j)$, 则有

$$E\left(\left|\sum_{i=1}^{n}a_ie^{\mathrm{i}t_iX}\right|^2\right)=a\,C\,\overline{a}^{\mathrm{T}}\geqslant 0.\qquad(\text{二次型})$$

(5) 若 $X_1,\cdots,X_n$ 相互独立, 则 $X=X_1+\cdots+X_n$ 的特征函数为

$$\Psi_X(t)=\prod_{i=1}^{n}\Psi_{X_i}(t).$$

例 6.5.9 若 $X\sim N(0,1)$, 求 X 的特征函数 $\Psi(t)$.

解

$$\begin{aligned}\Psi(t)&=\int_{-\infty}^{+\infty}e^{\mathrm{i}tx}\frac{1}{\sqrt{2\pi}}e^{-\frac{x^2}{2}}\mathrm{d}x\\&=\frac{1}{\sqrt{2\pi}}\int_{-\infty}^{+\infty}\cos(tx)e^{-\frac{x^2}{2}}\mathrm{d}x+\mathrm{i}\int_{-\infty}^{+\infty}\sin(tx)e^{-\frac{x^2}{2}}\mathrm{d}x\end{aligned}$$

$$= \frac{1}{\sqrt{2\pi}} \int_{-\infty}^{+\infty} \cos(tx) e^{-\frac{x^2}{2}} \mathrm{d}x,$$

易知 $\Psi(t)$ 满足

$$\Psi'(t) = -\frac{1}{\sqrt{2\pi}} \int_{-\infty}^{+\infty} x \sin(tx) e^{-\frac{x^2}{2}} \mathrm{d}x = -t \frac{1}{\sqrt{2\pi}} \int_{-\infty}^{+\infty} \cos(tx) e^{-\frac{x^2}{2}} \mathrm{d}x = -t\Psi(t),$$

解这个常微分方程得 $\Psi(t) = \exp\left(-\frac{t^2}{2}\right)$. □

注 如果 X 服从一般的正态分布: $X \sim N(\mu, \sigma^2)$, 由

$$E\left(e^{\mathrm{i}\frac{X-\mu}{\sigma}t}\right) = \exp\left(-\frac{t^2}{2}\right),$$

得

$$\begin{aligned}
\Psi_X(s) =& E(e^{\mathrm{i}Xt}) = e^{\mathrm{i}\mu t} E\left[e^{\mathrm{i}\frac{X-\mu}{\sigma}(\sigma t)}\right] \\
=& \exp(\mathrm{i}\mu t) \exp\left(-\frac{\sigma^2 t^2}{2}\right) \\
=& \exp\left(\mathrm{i}\mu t - \frac{\sigma^2}{2} t^2\right).
\end{aligned}$$

例 6.5.10 设 X, Y 相互独立, $X \sim N\left(\mu_1, \sigma_1^2\right)$, $Y \sim N\left(\mu_2, \sigma_2^2\right)$, 证明: $Z = aX + bY$ 仍服从正态分布.

证明 利用特征函数的性质, 易知

$$\begin{aligned}
\Psi_Z(t) &= E\left(e^{\mathrm{i}t(aX+bY)}\right) \\
&= E\left(e^{\mathrm{i}atX}\right) E\left(e^{\mathrm{i}btY}\right) \\
&= \exp\left(\mathrm{i}\mu_1 at - \frac{\sigma_1^2 a^2}{2} t^2\right) \exp\left(\mathrm{i}\mu_2 bt - \frac{\sigma_2^2 b^2}{2} t^2\right) \\
&= \exp\left(\mathrm{i}(a\mu_1 + b\mu_2)t - \frac{a^2\sigma_1^2 + b^2\sigma_2^2}{2} t^2\right),
\end{aligned}$$

从而 $Z = aX + bY \sim N(a\mu_1 + b\mu_2, a^2\sigma_1^2 + b^2\sigma_2^2)$. □

常用分布的特征函数

(1) 二项分布 $\Psi(t) = (1 - p + pe^{\mathrm{i}t})^n$;

(2) Poisson 分布 $\Psi(t) = e^{-\lambda(1-e^{\mathrm{i}t})}$;

(3) 几何分布　$\Psi(t)=\dfrac{pe^{\mathrm{i}t}}{1-(1-p)e^{\mathrm{i}t}}$;

(4) 均匀分布 $U(a,b)$

$$\Psi(t)=\frac{1}{b-a}\int_a^b e^{\mathrm{i}tx}\mathrm{d}x=\frac{e^{\mathrm{i}tb}-e^{\mathrm{i}ta}}{\mathrm{i}t(b-a)};$$

(5) 指数分布

$$\begin{aligned}\Psi(t)=&\lambda\int_0^{+\infty}e^{\mathrm{i}tx}e^{-\lambda x}\mathrm{d}x=\frac{\lambda}{\mathrm{i}t-\lambda}e^{(\mathrm{i}t-\lambda)x}\Big|_0^{+\infty}\\=&\frac{\lambda}{\lambda-\mathrm{i}t}.\end{aligned}$$

例 6.5.11　称 X 服从 (α,β) 稳定 (stable) 分布, 如果 X 的特征函数为

$$\Psi(t)=\begin{cases}\exp\left\{\mathrm{i}\gamma t-c|t|^{\alpha}\left(1+\mathrm{i}\beta\,\mathrm{sgn}(t)\tan\left(\dfrac{\pi\alpha}{2}\right)\right)\right\}, & \alpha\neq 1,\\ \exp\left\{\mathrm{i}\gamma t-c|t|^{\alpha}\left(1-\mathrm{i}\beta\,\mathrm{sgn}(t)2\log\left(\dfrac{|t|}{2}\right)\right)\right\}, & \alpha=1,\end{cases}$$

其中, $\gamma\in\mathbb{R}$, $c\geqslant 0$, $0<\alpha\leqslant 2$, $-1\leqslant\beta\leqslant 1$.

(1) 当 $\alpha=2,\beta=0$ 时, $X\sim N(\gamma,2c)$;

(2) 当 $\alpha=1,\beta=0$ 时, X 服从一般的 Cauchy 分布, 密度函数为

$$f(x)=\frac{c}{\pi(c^2+(x-\gamma)^2)};$$

(3) 当 $\alpha=0.5,\beta=\pm1$ 时, 就是 Lévy 分布 (逆 Gauss 分布):

$$f_{c,\gamma}(x)=\begin{cases}\dfrac{c}{\sqrt{2\pi|x-\gamma|^3}}\exp\left\{-\dfrac{c^2}{2|x-\gamma|}\right\}1_{x>\gamma}, & \beta=1,\\ \dfrac{c}{\sqrt{2\pi|x-\gamma|^3}}\exp\left\{-\dfrac{c^2}{2|x-\gamma|}\right\}1_{x<\gamma}, & \beta=-1.\end{cases}$$

除了这几种情况, 我们很难写出稳定分布的密度函数, 但是我们却能给出它的特征函数 $\Psi(t)$.

接下来, 我们讨论如下问题:

(1) 特征函数与分布函数之间能不能相互确定? 是不是一一对应的关系?

(2) 特征函数与密度函数之间又是什么关系?

(3) 分布函数的收敛能不能通过特征函数的收敛来刻画?

关于问题 (1), 我们有如下定理.

定理 6.5.1 (Laha and Rohatgi, 1979; Fourier 逆转公式) 随机变量的特征函数与其分布函数相互唯一确定:

(1) 由 X 的分布函数 $F(x)$ 可以确定 $\Psi(t)$ (特征函数的定义);

(2) 若 $\Psi(t)$ 为 X 的特征函数, 对任意 $x_1 < x_2$ 且 x_1, x_2 为 $F(x)$ 的连续点, 则

$$F(x_2) - F(x_1) = \frac{1}{2\pi} \lim_{T \to +\infty} \int_{-T}^{T} \frac{e^{-\mathrm{i}tx_1} - e^{-\mathrm{i}tx_2}}{\mathrm{i}t} \Psi(t) \mathrm{d}t.$$

证明 令

$$\begin{aligned} J_T &:= \frac{1}{2\pi} \int_{-T}^{T} \frac{e^{-\mathrm{i}tx_1} - e^{-\mathrm{i}tx_2}}{\mathrm{i}t} \Psi(t) \mathrm{d}t \\ &= \frac{1}{2\pi} \int_{-T}^{T} \left[\int_{-\infty}^{+\infty} \frac{e^{-\mathrm{i}tx_1} - e^{-\mathrm{i}tx_2}}{\mathrm{i}t} e^{\mathrm{i}tx} \mathrm{d}F(x) \right] \mathrm{d}t, \end{aligned}$$

注意到 $|e^{\mathrm{i}a} - 1| \leqslant |a|$, 实际上 $|e^{\mathrm{i}a} - 1| = \left| \int_0^a e^{\mathrm{i}x} \mathrm{d}x \right| \leqslant \int_0^{|a|} |e^{\mathrm{i}x}| \mathrm{d}x = |a|$. 又

$$\left| \frac{e^{-\mathrm{i}tx_1} - e^{-\mathrm{i}tx_2}}{\mathrm{i}t} e^{\mathrm{i}tx} \right| \leqslant x_2 - x_1,$$

交换积分次序, 有

$$J_T = \frac{1}{\pi} \int_{-\infty}^{+\infty} \left(\int_0^T \left[\frac{\sin(t(x - x_1))}{t} - \frac{\sin(t(x - x_2))}{t} \right] \mathrm{d}t \right) \mathrm{d}F(x).$$

容易验证:

$$\int_0^T \frac{\sin(ht)}{t} \mathrm{d}t \text{ 一致有界, 对 } h \text{ 和 } T > 0.$$

事实上,

$$\int_0^T \frac{\sin(ht)}{t} \mathrm{d}t = \int_0^{hT} \frac{\sin(x)}{x} \mathrm{d}x, \quad \text{令 } ht = x,$$

因为在 $[0,1]$ 上 $\left|\frac{\sin(x)}{x}\right| \leqslant 1$, 所以对任意 $T>1$ 都有

$$\begin{aligned}
\int_0^T \frac{\sin(x)}{x}\mathrm{d}x &\leqslant \left|\int_0^1 \frac{\sin(x)}{x}\mathrm{d}x\right| + \left|\int_1^T \frac{\sin(x)}{x}\mathrm{d}x\right| \\
&\leqslant 1 + \left|-\frac{\cos(T)}{T} + \frac{\cos(1)}{1} + \int_1^T \frac{\cos(x)}{x^2}\mathrm{d}x\right| \\
&\leqslant 3 + \int_1^T \frac{|\cos(x)|}{x^2}\mathrm{d}x \\
&\leqslant 3 + \int_1^{+\infty} \frac{1}{x^2}\mathrm{d}x \\
&= 4,
\end{aligned}$$

利用 Dirichlet 积分

$$D(a) = \frac{1}{\pi}\int_0^{+\infty} \frac{\sin(at)}{t}\mathrm{d}t = \begin{cases} \frac{1}{2}, & a>0, \\ 0, & a=0, \\ -\frac{1}{2}, & a<0, \end{cases}$$

可得

$$\begin{aligned}
\lim_{T\to+\infty} J_T =& \frac{1}{\pi}\int_{-\infty}^{+\infty}\left[\int_0^{+\infty}\left(\frac{\sin[t(x-x_1)]}{t} - \frac{\sin[t(x-x_2)]}{t}\right)\mathrm{d}t\right]\mathrm{d}F(x) \\
=& \int_{x_1}^{x_2} 1\mathrm{d}F(x) \\
=& F(x_2) - F(x_1).
\end{aligned}$$

□

引理 6.5.1 (控制收敛定理) 设 $g_n(x)$ 为一列可测函数, $g(x)$, $h(x)$ 为可测函数, 且 $g_n(x)$ 收敛于 $g(x)$. 如果 $|g_n(x)| \leqslant h(x)$, 且 $\int_{\mathbb{R}} h(x)\mathrm{d}x < +\infty$, 则

$$\lim_{n\to+\infty}\int_{\mathbb{R}} g_n(x)\mathrm{d}x = \int_{\mathbb{R}} g(x)\mathrm{d}x.$$

推论 6.5.1 若 $\int_{-\infty}^{+\infty} |\Psi(t)|\mathrm{d}t < +\infty$, 则相应的分布函数 $F(x)$ 的导数 (密度

函数) $f(x)$ 存在并连续, 且

$$f(x)=F'(x)=\frac{1}{2\pi}\int_{-\infty}^{+\infty}e^{-\mathrm{i}tx}\Psi(t)\mathrm{d}t,$$

$$\Psi(t)=\int_{-\infty}^{+\infty}e^{\mathrm{i}tx}f(x)\mathrm{d}x.$$

证明 利用定理 6.5.1(2), 易知

$$\begin{aligned}f(x)=F'(x)&=\lim_{\Delta x\to 0}\frac{F(x+\Delta x)-F(x)}{\Delta x}\\&=\lim_{\Delta x\to 0}\frac{1}{2\pi}\int_{-\infty}^{+\infty}\frac{e^{-\mathrm{i}tx}-e^{-\mathrm{i}t(x+\Delta x)}}{\mathrm{i}t\Delta x}\Psi(t)\mathrm{d}t\\&=\frac{1}{2\pi}\int_{-\infty}^{+\infty}e^{-\mathrm{i}tx}\Psi(t)\mathrm{d}t.\quad(\text{控制收敛定理})\end{aligned}$$

□

6.5.4 依分布收敛

定义 6.5.6 设随机变量序列 X_n 的分布函数为 $F_n(x)$, 随机变量 X 的分布函数为 $F(x)$. 如果对 $F(x)$ 的任意连续点 x 都有

$$\lim_{n\to+\infty}F_n(x)=F(x),$$

则称 X_n **依分布 (弱) 收敛**于 X, 记为 $X_n\xrightarrow[n\to+\infty]{d}X$ 或者 $F_n(x)\xrightarrow[n\to+\infty]{w}F(x)$.

注 这里需要注意的是: X_n 依分布收敛于 X, 并不表明 X_n 与 X 可以很靠近, 或 $|X_n-X|$ 可以很小. 比如, $X_n:=\min\{\xi_{n1},\xi_{n2},\cdots,\xi_{nn}\}$, $n\geqslant 2$, 其中, $\xi_{nk},1\leqslant k\leqslant n$, 相互独立并且服从 $[0,n]$ 上的均匀分布, 则

$$F_n(x)=P(X_n\leqslant x)=1-\left(1-\frac{x}{n}\right)^n\to 1-e^{-x}.$$

设 X 服从参数为 1 的指数分布且与 $\{X_n\}$ 独立. 上述极限意味着, X_n 依分布收敛于 X, 但我们可以验证 $|X_n-X|$ 并不依概率收敛于 0 (依概率收敛的定义参见第 7 章). 若取 $\xi_k,1\leqslant k\leqslant n$, 相互独立同服从 $[0,c]$ $(c>0)$ 上的均匀分布, 则 $X_n:=\min\{\xi_1,\xi_2,\cdots,\xi_n\}$ 不仅依分布收敛于 X, 而且 $|X_n-X|$ 依概率收敛于 0, 其中 $P(X=0)=1$ 且 X 的分布函数 $F(x)$ 在 $x=0$ 点不连续. 最简单的例子, 取 $X_n:=(1-1/n)X$, 则 X_n 不仅依分布收敛于 X, 而且 $|X_n-X|$ 还依概率收敛于 0.

下面给出判定 X_n 依分布收敛于 X 的一个等价条件.

引理 6.5.2　$X_n \xrightarrow[n\to+\infty]{d} X$ 等价于: 对任意有界连续函数 $g(x)$, 有

$$\lim_{n\to+\infty}\int_{\mathbb{R}} g(x)\mathrm{d}F_n(x) = \int_{\mathbb{R}} g(x)\mathrm{d}F(x). \tag{6.1}$$

注　公式 (6.1) 也可以写为

$$\lim_{n\to+\infty} E[g(X_n)] = E[g(X)]. \tag{6.2}$$

证明　必要性: $\forall\varepsilon>0$, 取充分大的 M 使得

$$1-F_n(M)+F_n(-M)\longrightarrow \int_M^{+\infty}\mathrm{d}F(x)+\int_{-\infty}^{-M}\mathrm{d}F(x)<\varepsilon.$$

任取 $a<b$, $a,b\in[-M,+M]$, 且 a,b 为 $F(x)$ 的连续点, 则

$$\int_{-M}^{+M} I_{(a,b]}(x)\mathrm{d}F_n(x) = F_n(b)-F_n(a)$$

$$\xrightarrow{n\to+\infty} F(b)-F(a) = \int_{-M}^{+M} I_{(a,b]}(x)\mathrm{d}F(x).$$

于是, (6.1) 对所有示性函数成立, 对所有简单函数也成立, 进而对任意有界可测函数也成立 (显然有界连续函数也成立).

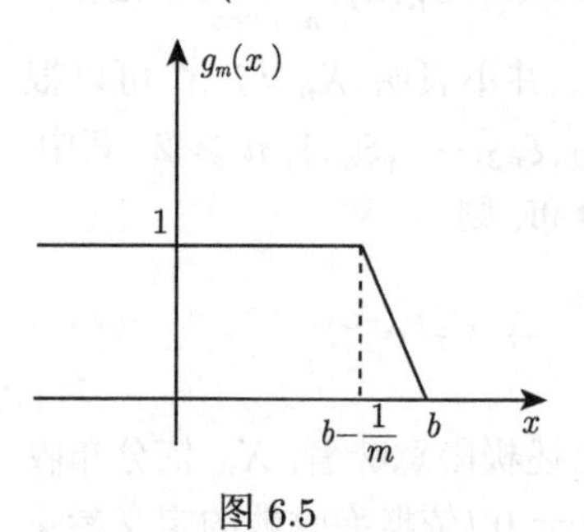

图 6.5

充分性: 只需要证明 (6.1) 对 $g(x)=I_{(-\infty,b]}(x)$ 也成立. 事实上, 我们引入如下连续函数

$$g_m(x) := \begin{cases} 1, & -\infty<x\leqslant b-\dfrac{1}{m}, \\ m(b-x), & b-\dfrac{1}{m}\leqslant x\leqslant b, \\ 0, & x\geqslant b. \end{cases}$$

如图 6.5 所示. 当 $m\uparrow+\infty$ 时, $g_m(x)\uparrow I_{(-\infty,b]}(x)$, 从而

$$\begin{aligned} F_n(b)-F(b) &= \int_{-\infty}^{+\infty} I_{(-\infty,b]}(x)\mathrm{d}F_n(x)-\int_{-\infty}^{+\infty} I_{(-\infty,b]}(x)\mathrm{d}F(x) \\ &= \int_{-\infty}^{+\infty}\Big\{I_{(-\infty,b]}(x)-g_m(x)\Big\}\mathrm{d}F_n(x)+\int_{-\infty}^{+\infty} g_m(x)\mathrm{d}F_n(x) \end{aligned}$$

$$
\begin{aligned}
&-\int_{-\infty}^{+\infty} g_m(x)\mathrm{d}F(x)+\int_{-\infty}^{+\infty}[g_m(x)-I_{(-\infty,b]}(x)]\mathrm{d}F(x)\\
=&\int_{b-\frac{1}{m}}^{b}(1-m(b-x))\mathrm{d}F_n(x)+\int_{b-\frac{1}{m}}^{b}(m(b-x)-1)\mathrm{d}F(x)\\
&+\int_{-\infty}^{+\infty} g_m(x)\mathrm{d}F_n(x)-\int_{-\infty}^{+\infty} g_m(x)\mathrm{d}F(x)\\
\longrightarrow&\, 0,\qquad n\longrightarrow+\infty.
\end{aligned}
$$

详见文献 (施利亚耶夫, 2007). □

定理 6.5.2 (连续性定理) 设随机变量序列 $\{X_n,\ n\geqslant 1\}$ 的分布函数列为 $\{F_n(x),\ n\geqslant 1\}$, 相应的特征函数列为 $\{\Psi_n(t),\ n\geqslant 1\}$; 又设随机变量 X 的分布函数为 $F(x)$, 相应的特征函数为 $\Psi(t)$. 若 $\Psi(t)$ 在 $t=0$ 处连续, 则

$$
F_n(x)\xrightarrow[n\to+\infty]{w}F(x)\Longleftrightarrow\Psi_n(t)\xrightarrow[n\to+\infty]{}\Psi(t).
$$

证明 必要性: 因为 $F_n(x)\xrightarrow{w}F(x)$, 利用引理 6.5.2 有

$$
\begin{aligned}
\Psi_n(t)=\int_{-\infty}^{+\infty}e^{\mathrm{i}tx}\mathrm{d}F_n(x)&=\int_{-\infty}^{+\infty}\cos(tx)\mathrm{d}F_n(x)+\mathrm{i}\int_{-\infty}^{+\infty}\sin(tx)\mathrm{d}F_n(x)\\
&\longrightarrow\int_{-\infty}^{+\infty}\cos(tx)\mathrm{d}F(x)+\mathrm{i}\int_{-\infty}^{+\infty}\sin(tx)\mathrm{d}F(x)\\
&=\int_{-\infty}^{+\infty}e^{\mathrm{i}tx}\mathrm{d}F(x)\\
&=\Psi(t),\qquad n\longrightarrow+\infty.
\end{aligned}
$$

充分性: 首先可验证 $\{F_n(x),n=1,2,\cdots\}$ 是相对弱紧, 即 $\{F_n(x),n\geqslant 1\}$ 的任意一子列都存在有收敛的子列 (Helly 定理), 记为 $\{F_{n_k}(x)\}$. 令

$$
\begin{aligned}
&G(x):=\lim_{k\to+\infty}F_{n_k}(x),\quad x\in D\quad(D\text{ 是 }\mathbb{R}\text{ 的可数稠子集}),\\
&\widetilde{F}(x):=\sup_{x_k\leqslant x,\ x_k\in D}G(x_k).
\end{aligned}
$$

则

$$
F_{n_k}(x)\xrightarrow{w}\widetilde{F}(x).
$$

由刚证明的必要性知

$$
\Psi_{n_k}(t)\longrightarrow\widetilde{\Psi}(t).
$$

已知 $\Psi_n(t) \longrightarrow \Psi(t)$, 从而 $\widetilde{\Psi}(t) = \Psi(t)$, 即 $\widetilde{F}(x) = F(x)$. 于是, $F_n(x)$ 任何收敛的子列的极限都为 $F(x)$, 从而 $F_n(x) \xrightarrow{w} F(x)$. □

习　题　6

1. 假设随机变量 (X,Y) 的联合密度函数为

$$f_{X,Y}(x,y) = \begin{cases} \dfrac{1}{y}, & 0<y<1, 0<x<y, \\ 0, & \text{其他}. \end{cases}$$

求: (1) $E(XY)$; (2) $E(X)$; (3) $E(Y)$.

2. 假设 $U_1, U_2, \cdots$ 为一列相互独立的随机变量, 且都服从 $(0,1)$ 上的均匀分布, 已知对于 $0 \leqslant x \leqslant 1$, 令 $N(x) = \min\left\{n \geqslant 1 : \sum\limits_{i=1}^{n} U_i > x\right\}$.

(1) 证明: $P\big(N(x) \geqslant n+1\big) = \dfrac{x^n}{n!}$;

(2) 利用 (1) 证明 $E\big[N(x)\big] = e^x$.

3. 现有 k 类邮票, 收集到第 i 类邮票的概率为 p_i, $\sum\limits_{i=1}^{k} p_i = 1$. 假设收集到 n 张邮票, 求其中不同邮票的种类个数的期望.

4. 投掷一枚硬币 n 次, 每次投掷相互独立且正面朝上的概率为 p, 称 "反转" 为本次投掷的结果和上一次不同. 如: $n=5$ 时, 投掷结果为 $HHTHT$ (H 为正面, T 为反面), 这里面有 3 次反转. 求 n 次投掷中期望反转次数.

提示: 用 $n-1$ 个 Bernoulli 随机变量的和来表示反转次数.

5. 如果 X 为非负整数值随机变量, 证明:

$$D(X) = 2\sum_{k=1}^{+\infty} kP(X>k) + E(X) - \{E(X)\}^2.$$

6. 投掷一枚骰子, 平均投掷多少次才能使六个数字都至少出现一次?

7. 若 $(X,Y) \sim N(0,0,1,1,\rho)$, 证明

$$E\big(\max\{X,Y\}\big) = \sqrt{\frac{1-\rho}{\pi}}, \quad E\big(\min\{X,Y\}\big) = -\sqrt{\frac{1-\rho}{\pi}}.$$

8. 设 $X_1, X_2, \cdots, X_n$ 相互独立, 有共同的离散分布

$$p_k = P(X=k), \quad k = 0, 1, \cdots.$$

引入 $u_k = p_0 + p_1 + \cdots + p_{k-1}, v_k = 1 - u_k$. 证明

$$E\big[\min\{X_1, X_2, \cdots, X_n\}\big] = \sum_{k=1}^{+\infty} v_k^n,$$

$$E\big[\max\{X_1, X_2, \cdots, X_n\}\big] = \sum_{k=1}^{+\infty}(1-u_k^n).$$

9. 设 $X_1, X_2, \cdots, X_n$ 相互独立, 都服从 (0,1) 上的均匀分布, $X_{(1)} \leqslant X_{(2)} \leqslant \cdots \leqslant X_{(n)}$ 是 $X_1, X_2, \cdots, X_n$ 的次序统计量. 计算

$$E\left(X_{(1)}\right),\ E\left(X_{(n)}\right),\ E\left(X_{(n)}^m\right),\quad m \geqslant 1.$$

10. 假设 $X_1, X_2, \cdots, X_n$ 独立同分布, 服从 $(0,1)$ 上的均匀分布, 求:

(1) $E\left[\max\left\{X_1, \cdots, X_n\right\}\right]$;

(2) $E\left[\min\left\{X_1, \cdots, X_n\right\}\right]$.

11. 设办公室的 5 台计算机独立工作, 每台计算机等待感染病毒的时间都服从参数为 λ 的指数分布 $\mathscr{E}(\lambda)$. 求:

(1) 首台计算机被病毒感染前的时间的数学期望;

(2) 5 台计算机都被病毒感染前的时间的数学期望.

12. 假设 $X_{(i)}, i = 1, \cdots, n$ 为服从 $(0,1)$ 上的均匀分布的 n 个随机变量的次序统计量, $X_{(i)}$ 的密度函数为

$$f_{(i)}(x) = \frac{n!}{(i-1)!(n-i)!}x^{i-1}(1-x)^{n-i},\quad 0 < x < 1.$$

(1) 计算 $D\left(X_{(i)}\right),\ i = 1, \cdots, n$;

(2) i 取多少时, $D\left(X_{(i)}\right)$ 最大?$D\left(X_{(i)}\right)$ 最小?

13. 设一点随机地落在中心在原点、半径为 R 的圆上, 求落点横坐标的数学期望和方差.

14. 一个袋子中装有 30 个球, 其中有 10 个红球和 8 个蓝球, 从中抽取 12 个球, 令 X 和 Y 分别表示抽出红球的个数和蓝球的个数, 请通过如下方式求 $\mathrm{Cov}(X, Y)$:

(1) 定义 Bernoulli 随机变量 X_i, Y_j, 使得 $X = \sum\limits_{i=1}^{10} X_i, Y = \sum\limits_{j=1}^{8} Y_j$;

(2) 先考虑条件分布, 再计算 $E(XY)$.

15. 考虑 m 次相互独立的试验, 每次试验可能会出现 r 种结果, 出现的概率分别为 $p_1, \cdots, p_r, \sum\limits_{i=1}^{r} p_i = 1$. 令 $N_1, \cdots, N_r$ 代表 m 次试验中每种结果出现的次数. 求 $\mathrm{Cov}(N_i, N_j)$.

16. 假设从地点 A 发出的信号值 s (s 为任意实数) 在地点 B 被接收, 接收到的信号值服从 $(s, 1)$ 的正态分布. 如果在 A 点发出的信号 S 服从 $\left(\mu, \sigma^2\right)$ 的正态分布, 在 B 点接收到的信号为 R.

(1) 求 $E(R)$;

(2) 求 $D(R)$;

(3) R 服从正态分布吗?

(4) 求 $\mathrm{Cov}(R, S)$.

17. 设 X 服从标准正态分布, $Y = a + bX + cX^2$, 证明 $\rho(Y, X) = \dfrac{b}{\sqrt{b^2 + 2c^2}}$.

18. 设二维随机向量 (X,Y) 的联合密度函数为

$$f(x,y)=\begin{cases}x+y, & x\in(0,1),y\in(0,1),\\ 0, & \text{其他}.\end{cases}$$

计算 $\mathrm{Cov}(X,Y)$.

19. (线性预测问题) 设 X,Y 是方差有限的随机变量, 证明:

(1) $\hat{b}=\sigma_{XY}/\sigma_{XX},\hat{a}=E(Y)-\hat{b}E(X)$ 是 $Q(a,b)=E\left(\{Y-(a+bX)\}^2\right)$ 的最小值点. 这时称 $\hat{Y}\equiv\hat{a}+\hat{b}X$ 是 Y 的最佳线性预测.

(2) $Q(\hat{a},\hat{b})=\sigma_{YY}(1-\rho_{XY}^2)$. 这时称 $Q(\hat{a},\hat{b})$ 是预测的均方误差.

20. 设 $\hat{Y}=a+bX$ 是 Y 的最佳线性预测, 证明勾股定理

$$E(Y^2)=E(\hat{Y}^2)+E[(Y-\hat{Y})^2].$$

21. 对于事件 A, 当 A 发生时, $I_A=1$, 否则 $I_A=0$. 对于一个随机变量 X, 证明 $E(X|A)=\dfrac{E(XI_A)}{P(A)}$.

22. 设 X,Y 满足 $E(X^2)<+\infty$, $E(Y^2)<+\infty$, 并设 $f(x)$ 为可测函数, 且满足 $E[f(X)^2]<+\infty$, 则

$$E\left[\{Y-f(X)\}^2\Big|X\right]\geqslant E\left[\{Y-E(Y|X)\}^2\Big|X\right],\qquad \text{a.e.}.$$

23. 投掷一枚均匀骰子多次, X 表示首次出现点数 6 需要投掷的次数, Y 表示首次出现点数 5 需要投掷的次数, 求:

(1) $E(X)$;

(2) $E(X|Y=1)$;

(3) $E(X|Y=5)$.

24. 假设 (X,Y) 的联合密度函数为 $f(x,y)=\dfrac{e^{-y}}{y},0<x<y,0<y<+\infty$. 求 $E(X^3|Y=y)$.

25. 当 $E(X^2)<+\infty$ 时, 证明

$$E(X^2)=E\left(\{E(X|Y)\}^2\right)+E\left(\{X-E(X|Y)\}^2\right).$$

26. 设 μ,a 是常数, $E(X|Y)=\mu,E(X^2|Y)=a^2$, 证明 $|a|\geqslant|\mu|$, 且等号成立的充分必要条件是 $X=\mu$, a.e..

27. 假设 $Y\sim N(\mu,\sigma^2)$, 且给定 $Y=y$ 时 X 的条件分布为均值为 y、方差为 1 的正态分布.

(1) 证明当 Z 为标准正态分布且与 Y 相互独立时, $(Y+Z,Y)$ 的联合密度函数与 (X,Y) 的联合密度函数相同;

(2) 利用 (1) 证明 (X,Y) 服从二元正态分布;

(3) 求 $E(X)$, $D(X)$, $D(Y)$, $\mathrm{Cov}(X,Y)$;

(4) 求 $E(Y|X=x)$;

(5) 给定 $X=x$ 时, 求 Y 的条件分布.

28. 设某超市周日的顾客总数 N 服从 Poisson 分布 $\mathrm{Poi}(\lambda)$, 每个顾客的消费额 (单位: 元) 与 N 独立, 且服从二项分布 $B(n,p)$.

(1) 已知 $N=m\ (>0)$ 的条件下, 求全天营业额 S 的概率分布;

(2) 求条件数学期望 $E(S|N)$;

(3) 计算全天的平均营业额 $E(S)$.

29. 一旅行家在北京的停留天数是随机变量 T, 他在北京每天的消费额独立同分布, 且与在北京的停留时间独立. 求他在北京停留期间的平均总消费额.

30. 设 X 服从负二项分布

$$P(X=k)=\mathrm{C}_{n+k-1}^{k}p^n(1-p)^k,\quad k=0,1,\cdots,$$

求 X 的生成函数.

31. 设取非负整数值的随机变量 X 有生成函数 $g(s)$, 对非负整数 a,b, 求 $Y=aX+b$ 的生成函数.

32. 投掷 4 个均匀的正 12 面体, 设第 j 面的点数是 j, 求点数和为 15, 16, 17 的概率.

33. 甲、乙两人各投掷均匀的硬币 n 次, 利用生成函数求甲掷得正面次数大于乙掷得正面次数 k 次的概率.

34. 在独立重复试验中, 用 A_j 表示第 j 次试验成功. 用 X 表示首次遇到成功后即接失败的试验次数 (如 $X=n$ 表示 $A_{n-1}\overline{A}_n$ 发生, 但是对 $j<n$, 没有 $A_{j-1}\overline{A}_j$ 发生). 求 X 的生成函数, $E(X)$, $D(X)$.

35. 假设 X 的矩生成函数为 $M_X(t)=\exp(2e^t-2)$, Y 的矩生成函数为 $M_Y(t)=\left(\frac{3}{4}\exp(t)+\frac{1}{4}\right)^{10}$. 如果 X,Y 相互独立, 求:

(1) $P\big(X+Y=2\big)$;

(2) $P\big(XY=0\big)$;

(3) $E(XY)$.

36. 设 (X,Y) 的联合密度函数为

$$f(x,y)=\frac{1}{\sqrt{2\pi}}e^{-y}e^{-(x-y)^2/2},\quad 0<y<+\infty,\ -\infty<x<+\infty.$$

(1) 计算 (X,Y) 的联合矩生成函数 $M(t_1,t_2):=E\left(e^{t_1X+t_2Y}\right)$;

(2) 分别计算 X 和 Y 的矩生成函数.

37. 设 X 服从 Cauchy 分布, 其概率密度是

$$f(x)=\frac{1}{\pi}\cdot\frac{\lambda}{\lambda^2+(x-\mu)^2},\quad \lambda>0.$$

计算 X 的特征函数 $\Psi_X(t)$.

38. (接上题) 设 X 服从 $\lambda=1,\mu=0$ 的 Cauchy 分布. 对 $Y=X$, 证明 $Z=X+Y$ 的特征函数 $\Psi_Z(t)$ 满足

$$\Psi_Z(t)=\Psi_X(t)\Psi_Y(t),$$

其中 $\Psi_Y(t)$ 是 Y 的特征函数. X, Y 独立吗?

39. 设 $X_1, X_2, \cdots, X_n$ 独立同分布, 求 $Y = X_1 + X_2 + \cdots + X_n$ 的分布, 当

(1)X_1 服从 Cauchy 分布;

(2)X_1 服从 $\Gamma(\alpha, \beta)$ 分布.

40. 已知如下特征函数, 求概率分布:

(1) $\Psi(t) = \cos(t)$;

(2) $\Psi(t) = \cos(t)^2$;

(3) $\Psi(t) = \sum\limits_{k=0}^{+\infty} a_k \cos(kt), a_k \geqslant 0, \sum\limits_{k=0}^{+\infty} a_k = 1$;

(4)$\Psi(t) = \dfrac{\sin(t)}{t}$.

41. 设 X, Y 独立同分布, 且 $X + Y$ 和 $X - Y$ 独立.

(1) 若 X 的概率密度恒正, 有二阶连续导数, 证明 X 服从正态分布;

(2) 若 X 的特征函数有连续二阶导数, 证明 X 服从正态分布;

(3) 若 X 的二阶矩非 0 且有界, 证明：X 服从正态分布.

第 7 章

大数定律与中心极限定理

本章将介绍大数定律与中心极限定理. 为此, 我们介绍随机变量的几种收敛方式: 几乎处处收敛、依概率收敛、r-阶矩收敛、依分布收敛等, 我们将讨论这几种收敛方式的关系.

7.1 大数定律

问题 7.1.1 概率的统计定义——频率的稳定性.

相互独立地掷一枚硬币 (不一定均匀), 我们来考察正面出现的频率与概率之间的关系. 令

$$\xi_k = \begin{cases} 1, & \text{第 } k \text{ 次正面}, \\ 0, & \text{第 } k \text{ 次反面}, \end{cases}$$

我们引入

$$X_n := \frac{1}{n}\sum_{k=1}^{n}\xi_k,$$

易知:

$$E(X_n) = E(\xi_1) = p + 0(1+p) = p,$$

$$D(X_n) = \frac{1}{n^2}nD(\xi_1) = \frac{1}{n}D(\xi_1) = \frac{p(1-p)}{n} \longrightarrow 0.$$

我们假设 $p = 0.5$, 用计算机模拟掷 1000 次, 考察频率 X_n 随着 n 增加的变化情况, 如图 7.1 所示. 我们考察如下问题:

$$\underset{\text{多个随机变量的平均值}}{X_n} \xrightarrow{\ ?\ } \underset{\text{确定值}}{p = E(\xi_k)}$$

(1) X_n 是随机变量的平均值, 它以何种方式收敛?

(2) 对一般的多个随机变量的平均值是否收敛?

这就是大数定律研究的内容.

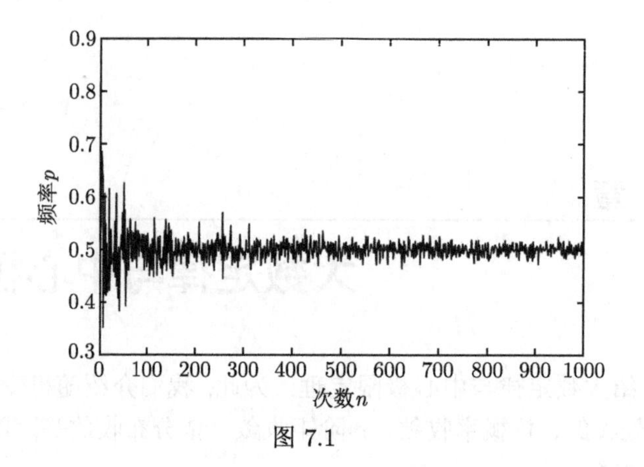

图 7.1

7.1.1　弱大数定律

定义 7.1.1 (依概率收敛)　设 $\{X_n\}$ 为随机变量序列, X 是一个随机变量 (X 可以是常数), 如果对 $\forall\varepsilon>0$, 有

$$\lim_{n\to+\infty} P\left(\left\{\omega:|X_n(\omega)-X(\omega)|<\varepsilon\right\}\right)=1,$$

或等价地

$$\lim_{n\to+\infty} P\left(\left\{\omega:|X_n(\omega)-X(\omega)|\geqslant\varepsilon\right\}\right)=0,$$

则称 X_n **依概率收敛**到 X, 记作 $X_n \xrightarrow[n\to+\infty]{P} X$.

定义 7.1.2 (弱大数定律)　设 $\{\xi_k,\ k=1,2,\cdots\}$ 为随机变量序列, a 为常数, 如果满足

$$X_n=\frac{1}{n}\sum_{k=1}^{n}\xi_k \xrightarrow[n\to+\infty]{P} a,$$

则称 $\{\xi_k,\ k=1,2,\cdots\}$ **服从弱大数定律**.

定理 7.1.1　设随机变量序列 $\{\xi_n, n\geqslant 1\}$ 满足

$$\mathrm{Cov}(\xi_i,\xi_j)\leqslant 0\,(i\neq j)\quad 且\quad \frac{1}{n^2}\sum_{i=1}^{n}D(\xi_i)\xrightarrow{n\to+\infty} 0,$$

则 $X_n=\dfrac{1}{n}\displaystyle\sum_{i=1}^{n}\{\xi_k-E(\xi_k)\}\xrightarrow[n\to+\infty]{P} 0$, 即 $\{\xi_k-E(\xi_k),\ k\geqslant 1\}$ 满足弱大数定律.

证明　$P\left(\left|X_n-0\right|\geqslant\varepsilon\right)\leqslant\dfrac{D(X_n)}{\varepsilon^2}\leqslant\dfrac{1}{\varepsilon^2}\dfrac{1}{n^2}\displaystyle\sum_{i=1}^{n}D(\xi_i)\longrightarrow 0.$　□

推论 7.1.1 若 $\{\xi_i\}$ 相互独立同分布 (i.i.d.), 且方差有限,

$$X_n := \frac{1}{n}\sum_{i=1}^{n}\xi_k, \quad E(\xi_1) := \mu,$$

则

$$X_n \xrightarrow[n\to+\infty]{P} \mu.$$

实际上, $D(X_n) = \dfrac{1}{n^2}nD(\xi_1) = \dfrac{1}{n}D(\xi_1) \longrightarrow 0$.

例 7.1.1 相互独立地掷骰子,

$$\xi_k = \begin{cases} 1, & \text{第 } k \text{ 次出现 6 点}, \\ 0, & \text{其他}, \end{cases}$$

则

$$D(X_n) = \frac{1}{n^2}np(1-p) = \frac{p(1-p)}{n} \longrightarrow 0,$$

从而 $X_n = \dfrac{1}{n}\sum\limits_{i=1}^{n}\xi_k - p \xrightarrow[n\to+\infty]{P} 0$, 即 $X_n = \dfrac{1}{n}\sum\limits_{i=1}^{n}\xi_k \xrightarrow[n\to+\infty]{P} p$.

例 7.1.2 掷一枚均匀硬币, 估计误差为

$$P\left(\left|\frac{1}{n}\sum_{k=1}^{n}\xi_k - \frac{1}{2}\right| \geqslant 0.01\right) \leqslant \frac{\frac{1}{2}\times\frac{1}{2}}{n\times(0.01)^2} = \frac{10^4}{4n}.$$

当 $n = 10^6$ 时, 偏差可能性至多为 $\dfrac{1}{400} = 0.0025$, 即

$$P\left(\left|\frac{1}{n}\sum_{k=1}^{n}\xi_k - \frac{1}{2}\right| < 0.01\right) > 1 - \frac{1}{400} = \frac{399}{400}.$$

推论 7.1.2 若 $\{\xi_i\}$ 为 i.i.d. 且方差存在, $E(\xi_i) = \mu$, $g(x)$ 为连续函数, 则

$$g\left(\frac{1}{n}\sum_{k=1}^{n}\xi_k\right) \xrightarrow[n\to+\infty]{P} g(\mu), \qquad n \longrightarrow +\infty.$$

7.1.2 强大数定律

定义 7.1.3 设 $\{X_n\}$ 为随机变量序列, X 是一个随机变量 (X 可以是常数), 如果

$$P\left(\left\{\omega : \lim_{n\to+\infty} X_n(\omega) = X(\omega)\right\}\right) = 1,$$

则称 $\{X_n\}$ **几乎处处** (或**依概率 1**) **收敛**于 X, 记为

$$X_n \xrightarrow{\text{a.e.}} X \quad 或 \quad X_n - X \xrightarrow{\text{a.e.}} 0.$$

注　几乎处处收敛 $\Longrightarrow$ 依概率收敛.

事实上, 对 $\forall \varepsilon > 0$, 由 $X_n \xrightarrow{\text{a.e.}} X$ 知

$$P\left(\bigcup_{k=1}^{+\infty}\bigcap_{n=k}^{+\infty}\{|X_n - X| < \varepsilon\}\right) = 1,$$

$$\Longrightarrow P\left(\bigcap_{k=1}^{+\infty}\bigcup_{n=k}^{+\infty}\{|X_n - X| \geqslant \varepsilon\}\right) = 0,$$

$$\Longrightarrow \lim_{k\to+\infty} P\left(\bigcup_{n=k}^{+\infty}\{|X_n - X| \geqslant \varepsilon\}\right) = 0,$$

从而 $\lim\limits_{k\to+\infty} P\left(|X_n - X| \geqslant \varepsilon\right) \leqslant \lim\limits_{k\to+\infty} P\left(\bigcup\limits_{n=k}^{+\infty}\{|X_n - X| \geqslant \varepsilon\}\right) = 0.$

定义 7.1.4 (强大数定律)　设 $\{\xi_k,\ k = 1, 2, \cdots\}$ 为随机变量序列, a 为常数, 如果满足

$$X_n = \frac{1}{n}\sum_{k=1}^{n}\xi_k \xrightarrow[n\to+\infty]{\text{a.e.}} a,$$

则称 $\{\xi_k;\ k = 1, 2, \cdots\}$ **服从强大数定律**.

特别地, 设 $\{\xi_k\}$ 独立同分布, 我们通常取

$$X_n = \frac{1}{n}\sum_{k=1}^{n}\xi_k, \quad a = \frac{1}{n}\sum_{k=1}^{n}E(\xi_k) = E(\xi_1) = \mu,$$

则强大数定律意味着

$$X_n \xrightarrow{\text{a.e.}} \mu.$$

引理 7.1.1 (Kronecker)　设 $\{x_k, k \in \mathbb{N}\}$ 为实数序列, $0 < a_k \nearrow +\infty$, 则

$$\sum_{n=1}^{+\infty}\frac{x_n}{a_n} < +\infty \Longrightarrow \frac{1}{a_n}\sum_{k=1}^{n}x_k \xrightarrow{n\to+\infty} 0.$$

证明　记 $a_0 := 0$, $A_0 := 0$, $A_n := \sum\limits_{k=1}^{n}\frac{x_k}{a_k}$. 由于 $\lim\limits_{k\to+\infty} A_k$ 存在, 对任意 $\varepsilon > 0$, 存在 N 使得对任意 $n > k > N$ 有 $|A_n - A_{k-1}| \leqslant \varepsilon$, 故

$$\frac{1}{a_n}\sum_{k=1}^{n}x_k = \frac{1}{a_n}\sum_{k=1}^{n}a_k(A_k - A_{k-1})$$

$$
\begin{aligned}
&= \frac{1}{a_n}\sum_{k=1}^{n}(a_k - a_{k-1})(A_n - A_{k-1}) \\
&= \frac{1}{a_n}\sum_{k=1}^{N}(a_k - a_{k-1})(A_n - A_{k-1}) + \varepsilon \xrightarrow[n\to+\infty]{} 0,
\end{aligned}
$$

从而得证. □

引理 7.1.2 (柯尔莫哥洛夫不等式) 设 $\{\xi_n, n \in \mathbb{N}\}$ 是独立的随机变量序列, $D(\xi_n) < +\infty$, 记 $S_n = \sum\limits_{k=1}^{n}(\xi_k - E\xi_k)$, 则对任意 $\varepsilon > 0$ 有

$$
P\left(\max_{1\leqslant k\leqslant n}\left|S_k - E(S_k)\right| \geqslant \varepsilon\right) \leqslant \frac{1}{\varepsilon^2}\sum_{k=1}^{n} D(\xi_k).
$$

证明 记 $A := \left\{\max\limits_{1\leqslant k\leqslant n}\left|S_k - E(S_k)\right| \geqslant \varepsilon\right\}$, $A_0 := \varnothing$, $A_k := \{|S_k - E(S_k)| \geqslant \varepsilon\}$, $B_k := A_k\overline{A}_{k-1}\cdots\overline{A}_0$, $1 \leqslant k \leqslant n$, 则有 $A = \sum\limits_{k=1}^{n} B_k$. 由于 B_k, S_k 与 $S_n - S_k$ 独立, 则

$$
\begin{aligned}
E(S_n^2) \geqslant E(S_n^2 I_A) &= \sum_{k=1}^{n} E\left[(S_n - S_k + S_k)^2 I_{B_k}\right] \\
&\geqslant \sum_{k=1}^{n} E\left(S_k^2 I_{B_k}\right) \\
&\geqslant \varepsilon^2 \sum_{k=1}^{n} P(B_k) = \varepsilon^2 P(A).
\end{aligned}
$$

□

定理 7.1.2 (柯尔莫哥洛夫强大数定律) 设 $\{\xi_n, n \in \mathbb{N}\}$ 是独立的随机变量序列, 如果

$$
\sum_{n=1}^{+\infty}\frac{D(\xi_n)}{n^2} < +\infty,
$$

则

$$
\frac{1}{n}\sum_{k=1}^{n}\{\xi_k - E(\xi_k)\} \xrightarrow[n\to+\infty]{\text{a.e.}} 0.
$$

证明 我们先证明

$$
\sum_{k=1}^{n}\frac{\xi_k - E(\xi_k)}{k} \text{ 当 } n \longrightarrow +\infty \text{ 时几乎处处收敛.} \tag{7.1}
$$

为此, 我们引入

$$\widetilde{\xi}_k := \frac{\xi_k - E(\xi_k)}{k}, \quad \widetilde{S}_n := \sum_{k=1}^{n} \widetilde{\xi}_k,$$

则 $E(\widetilde{S}_n) = 0$. 由柯尔莫哥洛夫不等式易知

$$\begin{aligned} P\left(\bigcup_k \left\{\left|\widetilde{S}_{n+k} - \widetilde{S}_n\right| \geqslant \varepsilon\right\}\right) &= P\left(\bigcup_k \left\{\max_{1\leqslant v\leqslant k}\left|\widetilde{S}_{n+v} - \widetilde{S}_n\right| \geqslant \varepsilon\right\}\right) \\ &= \lim_{k\to+\infty} P\left(\max_{1\leqslant v\leqslant k}\left|\widetilde{S}_{n+v} - \widetilde{S}_n\right| \geqslant \varepsilon\right) \\ &\leqslant \frac{1}{\varepsilon^2}\sum_{k=n+1}^{+\infty} D\left(\widetilde{\xi}_k\right), \end{aligned}$$

故

$$\begin{aligned} P\left(\bigcap_n\bigcup_k \left\{\left|\widetilde{S}_{n+k} - \widetilde{S}_n\right| \geqslant \varepsilon\right\}\right) &= \lim_{n\to+\infty} P\left(\bigcup_k \left\{\left|\widetilde{S}_{n+k} - \widetilde{S}_n\right| \geqslant \varepsilon\right\}\right) \\ &\leqslant \lim_{n\to+\infty}\frac{1}{\varepsilon^2}\sum_{k=n+1}^{+\infty} D\left(\widetilde{\xi}_k\right) \\ &= \lim_{n\to+\infty}\frac{1}{\varepsilon^2}\sum_{k=n+1}^{+\infty} \frac{D(\xi_k)}{k^2} \\ &= 0, \end{aligned}$$

从而 (7.1) 成立. 由 (7.1) 和引理 7.1.1 知, $\frac{1}{n}\sum_{k=1}^{n}\{\xi_k - E(\xi_k)\} \xrightarrow[n\to+\infty]{\text{a.e.}} 0$, 从而得证. □

定理 7.1.3 (独立同分布的强大数定律, 柯尔莫哥洛夫)　设 $\{\xi_i\}$ 相互独立同分布, 且 $\mu = E(\xi_1)$ 有限, 则有 $\{\xi_i\}$ 服从强大数定律, 即

$$\frac{1}{n}\sum_{k=1}^{n}\xi_k \xrightarrow[n\to+\infty]{\text{a.e.}} \mu = E(\xi_1).$$

证明　令 $\widehat{\xi}_k := \xi_k I_{\{|\xi_k|\leqslant k\}}$, 设 ξ_k 的分布函数为 $F(x)$.

第一步, 证明:

$$\frac{1}{n}\sum_{k=1}^{n}\{\xi_k - \widehat{\xi}_k\} \xrightarrow[n\to+\infty]{\text{a.e.}} 0.$$

事实上,

$$\sum_k P\left(\widehat{\xi}_k \neq \xi_k\right) = \sum_k P\big(|\xi_k| > k\big) = \sum_k P\big(|\xi_1| > k\big)$$

$$\leqslant \int_0^{+\infty} P\big(|\xi_1| > x\big)\mathrm{d}x = E\big(|\xi_1|\big) < +\infty,$$

由 Borel-Cantelli 引理知

$$P\left(\bigcap_{n=1}^{+\infty}\bigcup_{k=n}^{+\infty}\left\{\widehat{\xi}_k \neq \xi_k\right\}\right) = 0,$$

从而

$$P\left(\bigcup_{n=1}^{+\infty}\bigcap_{k=n}^{+\infty}\left\{\widehat{\xi}_k = \xi_k\right\}\right) = 1.$$

对 $\forall\omega \in \bigcup_{n=1}^{+\infty}\bigcap_{k=n}^{+\infty}\left\{\widehat{\xi}_k = \xi_k\right\}$, 有

$$\lim_{n\to+\infty}\frac{1}{n}\sum_{k=1}^{n}\left\{\xi_k - \widehat{\xi}_k\right\} = 0,$$

即

$$\frac{1}{n}\sum_{k=1}^{n}\left\{\xi_k - \widehat{\xi}_k\right\} \xrightarrow[n\to+\infty]{\text{a.e.}} 0.$$

第二步, 证明: $\frac{1}{n}\sum_{k=1}^{n}\left\{\widehat{\xi}_k - E\big(\widehat{\xi}_k\big)\right\} \xrightarrow[n\to+\infty]{\text{a.e.}} 0$. 事实上,

$$\sum_{k=1}^{+\infty}\frac{D\big(\widehat{\xi}_k\big)}{k^2} \leqslant \sum_{k=1}^{+\infty}\frac{E\big[\big(\widehat{\xi}_k\big)^2\big]}{k^2} = \sum_{k=1}^{+\infty}\frac{1}{k^2}\int_{-k}^{k} x^2\mathrm{d}F(x)$$

$$\leqslant \sum_{k=1}^{+\infty}\frac{1}{k^2}\left(\sum_{i=1}^{k} i^2 P\big(i-1 < |\xi_1| < i\big)\right)$$

$$= \sum_{i=1}^{+\infty}\left(\sum_{k=i}^{+\infty}\frac{1}{k^2}\right) i^2 P\big(i-1 < |\xi_1| < i\big).$$

因为

$$\sum_{k=i}^{+\infty}\frac{1}{k^2} \leqslant \frac{1}{i^2} + \sum_{k=i+1}^{+\infty}\frac{1}{k(k-1)} \leqslant \frac{1}{i^2} + \frac{1}{i} = \frac{1+i}{i^2} \leqslant \frac{2}{i},$$

所以

$$\begin{aligned}\sum_{k=1}^{+\infty}\frac{D(\widehat{\xi}_k)}{k^2}&\leqslant 2\sum_{i=1}^{+\infty}iP\big(i-1<|\xi_1|<i\big)\\&=2+2\sum_{i=1}^{+\infty}(i-1)P\big(i-1<|\xi_1|<i\big)\\&\leqslant 2+2E(|\xi_1|)<+\infty.\end{aligned}$$

运用柯尔莫哥洛夫强大数定律 (定理 7.1.2), 知

$$\frac{1}{n}\sum_{k=1}^{n}\left\{\widehat{\xi}_k-E\big(\widehat{\xi}_k\big)\right\}\xrightarrow[n\to+\infty]{\text{a.e.}}0.$$

第三步, 证明本定理. 因为

$$E\left(\xi_1 I_{\{|\xi_1|>k\}}\right)\xrightarrow{n\to+\infty}0,$$

我们可知

$$\begin{aligned}\frac{1}{n}\sum_{k=1}^{n}E\big(\widehat{\xi}_k\big)-\mu&=\frac{1}{n}\sum_{k=1}^{n}E\left(\xi_k I_{\{|\xi_k|\leqslant k\}}\right)-\mu\\&=\frac{1}{n}\sum_{k=1}^{n}\left\{E\big(\xi_1 I_{\{|\xi_1|\leqslant k\}}\big)-E(\xi_1)\right\}\\&=\frac{1}{n}\sum_{k=1}^{n}E\big(\xi_1 I_{\{|\xi_1|>k\}}\big)\xrightarrow{n\to+\infty}0,\end{aligned}$$

由第一步、第二步可得

$$\begin{aligned}\frac{1}{n}\sum_{k=1}^{n}\xi_k-\mu=&\ \frac{1}{n}\sum_{k=1}^{n}\left\{\xi_k-\widehat{\xi}_k\right\}+\frac{1}{n}\sum_{k=1}^{n}\left\{\widehat{\xi}_k-E\big(\widehat{\xi}_k\big)\right\}\\&+\frac{1}{n}\sum_{k=1}^{n}E\big(\widehat{\xi}_k\big)-\mu\\&\xrightarrow{\text{a.e.}}0,\quad n\longrightarrow+\infty.\end{aligned}$$

□

注 如果 $\{\xi_i\}$ 相互独立同分布, 且 $E(|\xi_1|^4)<+\infty$, 则 $\{\xi_i\}$ 服从强大数定律, 可以直接利用 Borel-Cantelli 引理 (引理 2.8.1) 证明, 见习题.

推论 7.1.3 若 $f(x)$ 为在 μ 处连续的函数, 则有

$$f\left(\frac{1}{n}\sum_{k=1}^{n}\xi_k\right) \xrightarrow{\text{a.e.}} f(\mu), \quad n \longrightarrow +\infty.$$

证明 令 $\Omega_0 := \left\{\frac{1}{n}\sum_{k=1}^{n}\xi_k \longrightarrow \mu\right\}$, 则在 Ω_0 上, $f\left(\frac{1}{n}\sum_{k=1}^{n}\xi_k\right) \longrightarrow f(\mu)$. □

由定理 (强、弱) 大数定律保证了抽样样本越多, 其样本的均值越逼近其真正的均值, 即 $\frac{1}{n}\sum_{k=1}^{n}\xi_k \xrightarrow[P]{\text{a.e.}} \mu$.

例 7.1.3 (样本均值与样本方差) 在数理统计中, 总体 ξ 可以看成一个随机变量, 样本 $\xi_1, \cdots, \xi_n$ 可以看成与 ξ 同分布的相互独立的随机变量, 则由强大数定律知:

(1) 样本均值 $\bar{\xi} = \frac{\xi_1 + \cdots + \xi_n}{n}$ 几乎处处收敛到总体均值 $E(\xi)$;

(2) 样本方差几乎处处收敛到总体方差, 即

$$\begin{aligned} S_n^2 &= \frac{1}{n-1}\sum_{i=1}^{n}(\xi_i - \bar{\xi})^2 \\ &= \frac{n}{n-1}\left\{\frac{1}{n}\sum_{i=1}^{n}\xi_i^2 - (\bar{\xi})^2\right\} \\ &\xrightarrow[P]{\text{a.e.}} E(\xi^2) - \{E(\xi)\}^2 = D(\xi), \quad n \longrightarrow +\infty. \end{aligned}$$

例 7.1.4 (积分数值计算) 我们计算如下积分

$$\iiint_D g(x, y, z)\mathrm{d}x\mathrm{d}y\mathrm{d}z,$$

其中积分区域 D 复杂 (图 7.2), 或 $g(x, y, z)$ 复杂.

独立重复在 D 完全随机地取点 $\{\xi_n\}$, 则 $\{\xi_n\}$ 为相互独立的 D 上均匀分布 (多维) 随机变量

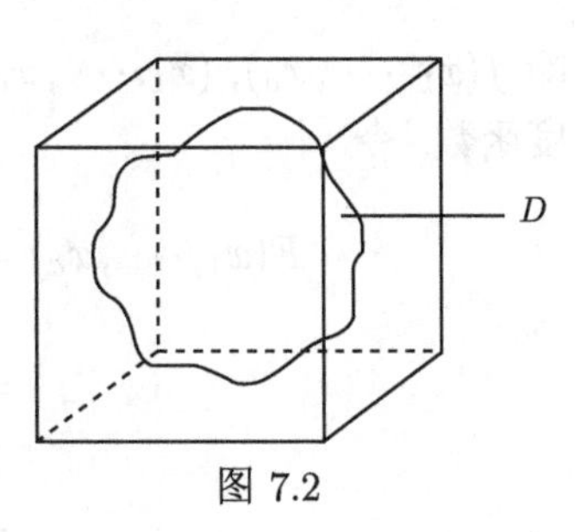

图 7.2

$$\xi_n \sim f(x, y, z) = \begin{cases} \frac{1}{m(D)}, & (x, y, z) \in D, \\ 0, & (x, y, z) \notin D, \end{cases}$$

$$\xi_n = (X_n, Y_n, Z_n).$$

定义

$$I_D(\xi_n) = \begin{cases} 1, & \xi_n \in D, \\ 0, & \xi_n \notin D. \end{cases}$$

则 $\{g(\xi_n)I_D(\xi_n), n \geqslant 1\}$ 独立同分布. 由强大数定律知

$$\begin{aligned}\frac{1}{n}\sum_{k=1}^{n} g(\xi_k)I_D(\xi_k) &\longrightarrow E[g(\xi_1)I_D(\xi_1)]\\ &= \iiint_{\mathbb{R}^3} g(x,y,z)I_D(x,y,z)f(x,y,z)\mathrm{d}x\mathrm{d}y\mathrm{d}z\\ &= \frac{1}{m(D)}\iiint_D g(x,y,z)\mathrm{d}x\mathrm{d}y\mathrm{d}z, \quad n \longrightarrow +\infty.\end{aligned}$$

此随机数值模拟方法通常称为 **Monte Carlo 方法**. 此方法很容易推广到任意的 m 维 Monte Carlo 方法, 尤其对高维积分计算.

注 若积分区域无界,

$$\int\!\!\cdots\!\!\int_{\mathbb{R}^d} g(x_1,\cdots,x_d)\mathrm{d}x_1\cdots\mathrm{d}x_d$$

如何计算? 显然我们不能取 $\mathbb{R}^d$ 上的均匀分布, 因为 $m\left(\mathbb{R}^d\right) = +\infty$.

取 $\mathbb{R}^d$ 上函数 $f(x_1,\cdots,x_d) > 0$, 且满足

$$\int\!\!\cdots\!\!\int_{\mathbb{R}^d} f(x_1,\cdots,x_d)\mathrm{d}x_1\cdots\mathrm{d}x_d = 1.$$

例如, 取 $f(x_1,\cdots,x_d) = p(x_1)\cdots p(x_n)$, 其中 $p(x) > 0$, 也可取

$$f(x_1,\cdots,x_d) = \frac{1}{2^d}\exp\left(-\sum_{i=1}^{d}|x_i|\right).$$

即 $f(x_1,\cdots,x_d)$, $(x_1,\cdots,x_d) \in \mathbb{R}^d$ 为某个 d 维随机变量 $(X_1,\cdots,X_d)$ 的联合密度函数. 令

$$\begin{aligned}F(x_1,\cdots,x_d) &= P\Big(X_1 \leqslant x_1,\cdots,X_d \leqslant x_d\Big)\\ &= \int_{-\infty}^{x_1}\cdots\int_{-\infty}^{x_d} f(u_1,\cdots,u_d)\mathrm{d}u_1\cdots\mathrm{d}u_d\\ &= \int_{-\infty}^{x_1} p(u_1)\mathrm{d}u_1\cdots\int_{-\infty}^{x_d} p(u_d)\mathrm{d}u_d\\ &= F(x_1)\cdots F(x_d),\end{aligned}$$

于是, 我们用计算机产生 d 维随机数 $\{\xi_n = (X_{n1},\cdots,X_{nd}),\ n\}$ 使得

$$X_{nj} \sim p(x).$$

实际上, 我们可以用计算机生成 $[0,1]$ 上服从均匀分布的随机数, 令

$$X_{nj} = F^{-1}(U_{nj}), \quad U_{nj} \sim [0,1],$$

则

$$P(X_{nj} \leqslant x) = P\Big(F^{-1}(U_{nj}) \leqslant x\Big) = P\Big(U_{nj} \leqslant F(x)\Big) = F(x).$$

令

$$\begin{aligned}
\frac{1}{n}\sum_{k=1}^{n}\frac{g(\xi_k)}{f(\xi_k)} &= \frac{1}{n}\sum_{k=1}^{n}\frac{g(X_{k1},\cdots,X_{kd})}{p(X_{k1})\cdots p(X_{kd})} \\
&\longrightarrow E\left(\frac{g(X_{k1},\cdots,X_{kd})}{p(X_{k1})\cdots p(X_{kd})}\right) \\
&= \int\!\!\cdots\!\!\int_{\mathbb{R}^d}\frac{g(x_1,\cdots,x_d)}{p(x_1)\cdots p(x_d)}p(x_1)\cdots p(x_d)\,\mathrm{d}x_1\cdots\mathrm{d}x_d \\
&= \int\!\!\cdots\!\!\int_{\mathbb{R}^d} g(x_1,\cdots,x_d)\,\mathrm{d}x_1\cdots\mathrm{d}x_d.
\end{aligned}$$

例 7.1.5 设 $\{\xi_k, k \geqslant 1\}$ 相互独立同分布于 $[0,1]$ 上的均匀分布,

$$0 \leqslant g(x) \leqslant \mu h(x), \quad x \in [0,1],$$

证明

$$\lim_{n\to+\infty} E\left(\frac{g(\xi_1)+\cdots+g(\xi_n)}{h(\xi_1)+\cdots+h(\xi_n)}\right) = \frac{\displaystyle\int_0^1 g(x)\,\mathrm{d}x}{\displaystyle\int_0^1 h(x)\,\mathrm{d}x}.$$

证明 易知 $\dfrac{\frac{1}{n}\sum\limits_{k=1}^{n} g(\xi_k)}{\frac{1}{n}\sum\limits_{k=1}^{n} h(\xi_k)} \leqslant \mu$. 由控制收敛定理, 知

$$\begin{aligned}
\lim_{n\to+\infty} E\left(\frac{g(\xi_1)+\cdots+g(\xi_n)}{h(\xi_1)+\cdots+h(\xi_n)}\right) &= E\left(\lim_{n\to+\infty}\frac{g(\xi_1)+\cdots+g(\xi_n)}{h(\xi_1)+\cdots+h(\xi_n)}\right) \\
&= E\left(\frac{E[g(\xi_1)]}{E[h(\xi_1)]}\right)
\end{aligned}$$

$$= \frac{E[g(\xi_1)]}{E[h(\xi_1)]}$$

$$= \frac{\displaystyle\int_0^1 g(x)\,\mathrm{d}x}{\displaystyle\int_0^1 h(x)\,\mathrm{d}x}. \qquad \square$$

例 7.1.6　利用概率方法证明: 任意 $[0,1]$ 上的连续函数 $g(x)$ 都有多项式函数序列 (伯恩斯坦多项式函数序列) $g_n(x) = \sum_{k=0}^{n} g\left(\frac{k}{n}\right) \mathrm{C}_n^k x^k (1-x)^{n-k}$ 使得

$$\lim_{n\to+\infty} g_n(x) = g(x), \quad x \in [0,1].$$

证明　设 $\{\xi_k\}$ 相互独立同分布于 $P(\xi_k = 1) = x, P(\xi_k = 0) = 1 - x$, 即

ξ_k	0	1
P	$1-x$	x

则

$$Eg\left(\frac{1}{n}(\xi_1 + \cdots + \xi_n)\right) = \sum_{k=0}^{n} g\left(\frac{k}{n}\right) \mathrm{C}_n^k x^k (1-x)^{n-k},$$

于是

$$\begin{aligned}\lim_{n\to+\infty} g_n(x) &= \lim_{n\to+\infty} \sum_{k=0}^{n} g\left(\frac{k}{n}\right) \mathrm{C}_n^k x^k (1-x)^{n-k} \\ &= \lim_{n\to+\infty} E\left(g\left(\frac{1}{n}\sum_{k=0}^{n} \xi_n\right)\right) \\ &= E\left(\lim_{n\to+\infty} g\left(\frac{1}{n}\sum_{k=0}^{n} \xi_n\right)\right) = g(E(\xi_1)) = g(x). \qquad \square\end{aligned}$$

注　(1) 强大数定律意味着: 对于相互独立同分布 $\{\xi_n, n \geqslant 1\}$ 成立, 即

$$\frac{\xi_1 + \cdots + \xi_n}{n} \xrightarrow[n\to+\infty]{\text{a.e.}} E[\xi_1].$$

(2) 算术平均、时间平均 $\xrightarrow{n\to+\infty}$ 空间平均: 设 $\{\xi_k, k \geqslant 1\}, \xi_k \sim F(x)$, 则

$$\frac{1}{n}\sum_{k=1}^{n} \xi_k(\omega) \xrightarrow[n\to+\infty]{\text{a.e.}} E(\xi_1) = \int_{-\infty}^{+\infty} x\mathrm{d}F(x).$$

注 不是独立同分布也有可能满足强大数定律. 例如, 设

$$\xi_1 \sim U([-1,1]),$$
$$\xi_{n+1} = \begin{cases} \xi_n - \dfrac{n^4}{n^4+1}, & \xi_n > \dfrac{n^4}{n^4+1}, \\ 0, & -\dfrac{n^4}{n^4+1} \leqslant \xi_n \leqslant \dfrac{n^4}{n^4+1}, \\ \xi_n + \dfrac{n^4}{n^4+1}, & \xi_n < -\dfrac{n^4}{n^4+1}. \end{cases}$$

易知 $\xi_1, \xi_2, \cdots$ 不独立, 也不同分布, 且

$$E(\xi_n) = 0.$$

由切比雪夫不等式知

$$P\left(\left|\frac{\xi_1+\cdots+\xi_n}{n} - 0\right| \geqslant \varepsilon\right) \leqslant \frac{\sum_{k=1}^{n} E(\xi_k)^2 + \sum_{i\neq j} E(\xi_i\xi_j)}{\varepsilon^2 n^2},$$

其中

$$E(\xi_i\xi_j) \leqslant \left\{E\left(\xi_i^2\right)\right\}^{\frac{1}{2}}\left\{E\left(\xi_j^2\right)\right\}^{\frac{1}{2}} \leqslant \sqrt{\frac{1}{i^4}}\sqrt{\frac{1}{j^4}}.$$

于是有

$$\sum_{n=1}^{+\infty} P(A_n) < +\infty \Longrightarrow P\left(\bigcap_{k=1}^{+\infty}\bigcup_{n=k}^{+\infty} A_n\right) = 0 \Longleftrightarrow P\left(\bigcup_{k=1}^{+\infty}\bigcap_{n=k}^{+\infty} \bar{A}_n\right) = 1,$$

其中

$$A_n = \left\{\omega : \left|\frac{\xi_1(\omega)+\cdots+\xi_n(\omega)}{n} - 0\right| \geqslant \varepsilon\right\}.$$

故 $\{\xi_n, n=1,2,\cdots\}$ 服从柯尔莫哥洛夫强大数定律. □

7.2 中心极限定理

7.2.1 独立同分布的中心极限定理

问题 7.2.1 设随机变量 $\{\xi_k,\ k \geqslant 1\}$ 相互独立同分布, $E(\xi_1) = \mu$, $D(\xi_1) = \sigma^2 < +\infty$, 则满足强大数定律. 令

$$S_n = \xi_1 + \cdots + \xi_n,$$

则

$$\frac{S_n}{n}=\frac{\xi_1+\cdots+\xi_n}{n}\xrightarrow[n\to+\infty]{\text{a.e.}}\mu$$

或

$$\frac{\xi_1+\cdots+\xi_n}{n}-\mu\xrightarrow[n\to+\infty]{\text{a.e.}}0,$$

因而

$$Y_n=\frac{S_n-n\mu}{n}=\frac{(\xi_1-\mu)+\cdots+\cdots+(\xi_n-\mu)}{n}\xrightarrow[n\to+\infty]{\text{a.e.}}0.$$

易知

$$E\left(Y_n\right)=\frac{E\left(S_n\right)-n\mu}{n}=0,$$

$$D\big(Y_n\big)=\frac{1}{n^2}\sum_{k=1}^{n}D\left(\xi_k-\mu\right)=\frac{\sigma^2}{n}\xrightarrow{n\to+\infty}0.$$

直观上看,

$$DY_n\longrightarrow 0\Rightarrow Y_n-EY_n\xrightarrow{\text{a.e.}}0,$$

$$Y_n\xrightarrow{\text{a.e.}}0.$$

我们换一个角度, 考察

$$\frac{S_n-n\mu}{\sigma\sqrt{n}}=\frac{(\xi_1-\mu)+\cdots+(\xi_n-\mu)}{\sigma\sqrt{n}},$$

则

$$E\left(\frac{S_n-n\mu}{\sigma\sqrt{n}}\right)=0,$$

$$D\left(\frac{S_n-n\mu}{\sigma\sqrt{n}}\right)=\frac{D(S_n)}{\sigma^2 n}=\frac{1}{\sigma^2 n}\sum_{k=1}^{n}D(\xi_k)=1,$$

显然, $\dfrac{S_n-n\mu}{\sigma\sqrt{n}}$ 不会收敛到 0. 我们考察如下问题:

$\dfrac{S_n-n\mu}{\sigma\sqrt{n}}$ 的极限分布是什么分布?

定理 7.2.1 (独立同分布的中心极限定理)　设随机变量序列 $\{\xi_k,k\geqslant 1\}$ 独立同分布 (i.i.d.), $E(\xi_1)=\mu,D(\xi_1)=\sigma^2$, 则有

$$\lim_{n\to+\infty} P\left(\frac{1}{\sigma\sqrt{n}}\sum_{k=1}^{n}\{\xi_k-\mu\}\leqslant x\right)=\Phi(x).$$

证明 令

$$\overline{Y}_n=\frac{1}{\sigma\sqrt{n}}\sum_{k=1}^{n}(\xi_k-\mu)=\sum_{k=1}^{n}\frac{\xi_k-\mu}{\sigma\sqrt{n}},$$

设 $\Psi_n(t)$ 为 $\overline{Y}_n$ 的特征函数, 我们证明 $\Psi_n(t)\longrightarrow e^{-\frac{t^2}{2}}$ ($N(0,1)$ 的特征函数).

令 $\overline{Y}_{nk}=\dfrac{\xi_k-\mu}{\sigma\sqrt{n}}$, 注意到 $\overline{Y}_{n1},\overline{Y}_{n2},\cdots,\overline{Y}_{nn}$ 相互独立. 如果设 $\Psi_{nk}(t)$ 为 $\overline{Y}_{nk}$ 的特征函数, $\Psi_k(t)$ 为 $\xi_k-\mu$ 的特征函数, 则

$$\Psi_k(t)=E\left(e^{\mathrm{i}t(\xi_k-\mu)}\right)=\Psi_1(t),$$

从而 $\overline{Y}_{nk}$ 的特征函数为

$$\begin{aligned}\Psi_{nk}(t)&=E\left(e^{\mathrm{i}t\overline{Y}_{nk}}\right)=E\left(e^{\mathrm{i}t\frac{\xi_k-\mu}{\sigma\sqrt{n}}}\right)=E\left(e^{\mathrm{i}\frac{t}{\sigma\sqrt{n}}(\xi_k-\mu)}\right)\\&=\Psi_1\left(\frac{t}{\sigma\sqrt{n}}\right).\end{aligned}\tag{7.2}$$

设 $\sum\limits_{k=1}^{n}\overline{Y}_{nk}$ 的特征函数为 $\Psi_n(t)$, 则

$$\begin{aligned}\Psi_n(t)&=E\left(e^{\mathrm{i}t\sum\limits_{k=1}^{n}\overline{Y}_{nk}}\right)=\prod_{k=1}^{n}E\left(e^{\mathrm{i}t\overline{Y}_{nk}}\right)=\prod_{k=1}^{n}\Psi_{nk}(t)\\&=\prod_{k=1}^{n}\Psi_1\left(\frac{t}{\sigma\sqrt{n}}\right)=\left[\Psi_1\left(\frac{t}{\sigma\sqrt{n}}\right)\right]^n.\end{aligned}$$

由于

$$\begin{aligned}\Psi_1(x)&=\Psi(0)+\Psi'(0)x+\frac{\Psi''(0)x^2}{2}+o(x^2)\\&=1+0x-D(\xi_1)\frac{x^2}{2}+o(x^2),\end{aligned}$$

故

$$\left[\Psi_1\left(\frac{t}{\sigma\sqrt{n}}\right)\right]^n=\left[1-\sigma^2\frac{t^2}{2\sigma^2 n}+o\left(\frac{t^2}{n}\right)\right]^n\xrightarrow{n\to+\infty}e^{-\frac{t^2}{2}},$$

上式右边为 $N(0,1)$ 的特征函数, 由定理 6.5.2 得证. □

例 7.2.1　900 名学生选修 6 名教师“高数”课, 假设每个学生随机选择, 问每个教师的上课教室应设至少有多少个座位才能保证因缺少座位而使学生离开的概率小于 1% ?

解　只考虑 A_1 教室的情况:

$$\xi_k=\begin{cases}1, & \text{第 } k \text{ 个同学选 } A_1,\\ 0, & \text{第 } k \text{ 个同学没有选 } A_1,\end{cases}$$

则

$$P(\xi_k=1)=\frac{1}{6},\quad P(\xi_k=0)=\frac{5}{6},$$

$$\mu=E(\xi_k)=\frac{1}{6},\quad \sigma^2=D(\xi_k)=\frac{5}{36}.$$

$X_{900}=\sum\limits_{k=1}^{900}\xi_k$, 因为 $\{\xi_k,\ k=1,2,\cdots,900\}$ 相互独立同分布, 则

$$P(X_{900}=n)=\mathrm{C}_{900}^{n}\left(\frac{1}{6}\right)^{n}\left(\frac{5}{6}\right)^{900-n},\qquad 0\leqslant n\leqslant 900.$$

设 A_1 教室至少有 x 个座位, 由中心极限定理, 有

$$\begin{aligned}P(X_{900}\geqslant x)&=\sum_{n\geqslant x}^{900}P(X_{900}=n)\\&=P\left(\frac{X_{900}-\frac{900}{6}}{\frac{\sqrt{5}}{6}\times\sqrt{900}}\geqslant\frac{x-150}{\frac{\sqrt{5}}{6}\times 30}\right)=P\left(\frac{X_{900}-150}{\frac{\sqrt{5}}{6}\times 30}\geqslant\frac{x-150}{\sqrt{5}\times 5}\right)\\&=\int_{\frac{x-150}{\sqrt{5}\times 5}}^{+\infty}\phi(t)\,\mathrm{d}t=1-\Phi\left(\frac{x-150}{\sqrt{5}\times 5}\right)\leqslant 0.01,\end{aligned}$$

于是得到如下不等式:

$$0.99\leqslant\Phi\left(\frac{x-150}{\sqrt{5}\times 5}\right).$$

因为

$$0.99\leqslant\Phi(y)\Longrightarrow y=2.33,$$

所以

$$\frac{x-150}{\sqrt{5}\times 5}\geqslant 2.33\Longrightarrow x\geqslant 150+5\sqrt{5}\times 2.33\approx 176.05,$$

故至少应设 177 个座位. □

例 7.2.2 掷硬币, 正面向上的概率为 $p, 0<p<1$,

$$\xi_k = \begin{cases} 1, & \text{第 } k \text{ 次掷硬币正面向上}, \\ 0, & \text{第 } k \text{ 次掷硬币正面向下}, \end{cases}$$

则 $S_n = \sum\limits_{k=1}^{n} \xi_k \sim B(n,p)$, 于是

$$P(S_n = k) = \mathrm{C}_n^k p^k q^{n-k}, \quad q = 1-p.$$

令

$$X_n := \frac{S_n - np}{\sqrt{npq}} = \frac{S_n - a_n}{b_n} \overset{\text{近似}}{\widetilde{\quad}} N(0,1),$$

其中 $a_n = np, b_n = \sqrt{npq}$, 则

$$S_n = a_n + b_n X_n \overset{\text{近似}}{\widetilde{\quad}} N\left(a_n, b_n^2\right) = N(np, npq),$$

从而

$$P(x_1 \leqslant S_n \leqslant x_2) \approx \int_{x_1}^{x_2} \frac{1}{\sqrt{2\pi npq}} e^{-\frac{(t-np)^2}{2npq}} \mathrm{d}t.$$

特别地,

$$P\big(a_n - b_n \leqslant S_n \leqslant a_n + b_n\big) \approx 2\Phi(1) - 1,$$

$$P\Big(a_n + x_1 b_n \leqslant S_n \leqslant a_n + x_2 b_n\Big) \approx \Phi(x_2) - \Phi(x_1).$$

例 7.2.3 设 $\{\xi_k, k \geqslant 1\}$ 相互独立同分布, $E\xi_k = \mu, D\xi_k = \sigma^2$, 由中心极限定理可以推出弱大数定律: 对任意 $\varepsilon > 0$,

$$\begin{aligned}
\lim_{n\to+\infty} P\left(\left|\frac{\xi_1 + \cdots + \xi_n}{n} - \mu\right| \geqslant \varepsilon\right) &= \lim_{n\to+\infty} P\left(\left|\frac{1}{n}\sum_{k=1}^{n}(\xi_k - \mu)\right| \geqslant \varepsilon\right) \\
&= \lim_{n\to+\infty} P\left(\left|\frac{1}{\sigma\sqrt{n}}\sum_{k=1}^{n}(\xi_k - \mu)\right| \geqslant \frac{\sqrt{n}\varepsilon}{\sigma}\right) \\
&\leqslant \lim_{n\to+\infty} P\left(\left|\frac{1}{\sigma\sqrt{n}}\sum_{k=1}^{n}(\xi_k - \mu)\right| \geqslant \frac{\sqrt{\ln(n)}\varepsilon}{\sigma}\right) \\
&= \lim_{n\to+\infty} 2\left(1 - \Phi\left(\frac{\sqrt{\ln(n)}\varepsilon}{\sigma}\right)\right)
\end{aligned}$$

$$
\begin{aligned}
&= 2\lim_{n\to+\infty}\left(\frac{1}{\sqrt{2\pi}}\int_{\frac{\sqrt{\ln(n)}\varepsilon}{\sigma}}^{+\infty}\mathrm{e}^{-\frac{t^2}{2}}\mathrm{d}t\right)\\
&\leqslant 2\lim_{n\to+\infty}\left(\frac{1}{\sqrt{2\pi}}\int_{\frac{\sqrt{\ln(n)}\varepsilon}{\sigma}}^{+\infty}\frac{\sigma t}{\sqrt{\ln(n)}\varepsilon}\mathrm{e}^{-\frac{t^2}{2}}\mathrm{d}t\right)\\
&= \frac{2}{\sqrt{2\pi}}\lim_{n\to+\infty}\frac{\sigma}{\sqrt{\ln(n)}\varepsilon}\mathrm{e}^{-\frac{\ln(n)\varepsilon^2}{\sigma^2}} = 0,
\end{aligned}
$$

从而 $\frac{1}{n}\sum_{k=1}^{n}\xi_k \xrightarrow[n\to+\infty]{P} \mu$.

例 7.2.4　证明: $\sum_{k=0}^{n} e^{-n}\frac{n^k}{k!} \xrightarrow{n\to+\infty} \frac{1}{2}$.

证明　设 $\{\xi_k, k\geqslant 1\}$ 相互独立同分布, 且 $\xi_k \sim \mathrm{Poi}(1)$, 则由 Poisson 分布的可加性知

$$
\begin{aligned}
&\xi_1+\cdots+\xi_n \sim \mathrm{Poi}(n),\\
&P(\xi_1+\cdots+\xi_n = k) = e^{-n}\frac{n^k}{k!},
\end{aligned}
$$

由独立同分布的中心极限定理, 有

$$
\begin{aligned}
P\big(\xi_1+\cdots+\xi_n \leqslant n\big) &= \sum_{k=0}^{n} P\big(\xi_1+\cdots+\xi_n = k\big)\\
&= \sum_{k=0}^{n} e^{-n}\frac{n^k}{k!}\\
&= P\left(\frac{\xi_1+\cdots+\xi_n - n}{\sqrt{n}} \leqslant 0\right)\\
&\xrightarrow{n\to+\infty} \int_{-\infty}^{0}\frac{1}{\sqrt{2\pi}}e^{-\frac{t^2}{2}}\mathrm{d}t = \frac{1}{2}.
\end{aligned}
$$

□

例 7.2.5 (Delta 方法)　设 $\{X_k\}$ 相互独立同分布, $E(X_k)=\mu, D(X_k)=\sigma^2$. 设 $g(x)$ 是满足 $g'(\mu)\neq 0$ 的 $(-\infty,+\infty)$ 上的连续函数, 则

$$
g\left(\frac{X_1+\cdots+X_n}{n}\right) \text{ 近似服从 } N\left(g(\mu), \frac{\sigma^2}{n}(g'(\mu))^2\right).
$$

证明　令 $\overline{X} = \frac{X_1+\cdots+X_n}{n}$, 则由 Taylor 展开式知

$$
g(\overline{X}) = g(\mu) + g'(\mu)\left(\overline{X}-\mu\right) + o(\overline{X}-\mu)
$$

$$= g(\mu) + \frac{\sigma g'(\mu)}{\sqrt{n}} \frac{\sum\limits_{k=i}^{n}(X_n - \mu)}{\sigma\sqrt{n}} + o(\bar{X} - \mu)$$

近似服从正态分布. 因为

$$E\left[g(\bar{X})\right] \approx g(\mu),$$
$$D\left[g(\bar{X})\right] \approx \frac{\sigma^2}{n}(g'(\mu))^2.$$

故 $g(\bar{X})$ 近似服从 (依分布收敛于) $N\left(g(\mu), \frac{\sigma^2}{n}(g'(\mu))^2\right)$. □

例 7.2.6 设 $X_k \sim U((0,1])$ i.i.d., 令

$$\bar{Y}_n := (X_1 X_2 \cdots X_n)^{\frac{1}{n}},$$

$Z_k := \ln(X_k)$, $k = 1, 2, \cdots, n$, 则

$$\bar{Y}_n = \exp\left(\frac{1}{n}\sum_{k=1}^{n} \ln X_k\right) = g(\bar{Z}_n),$$

$$g(x) = e^x,$$

$$\mu = E[\ln(X_k)] = -1, \quad \sigma^2 = 2 - 1 = 1.$$

由定理 7.2.1 得 $\bar{Y}_n$ 近似服从 $N\left(e^{-1}, \frac{e^{-2}}{n}\right)$.

例 7.2.7 若某保险公司有 2500 人参加意外保险, 每人每年付 1000 元保险费, 在一年内一个人死亡的概率为 0.002, 死亡时其家属可向保险公司索赔 20 万元, 问: (1) 保险公司亏本的概率有多大? (2) 保险公司一年的利润不少于 50 万元的概率有多大?

解 设 X 为一年内死亡人数, $X \sim B(2500, 0.002)$, $np = 5, npq = 4.99$, $2500 \times 1000 = 250$ 万元.

(1) $P(\text{亏损}) = P(20X > 250) = P(X > 12.5)$

$$= 1 - P(X \leqslant 12.5)$$

$$= 1 - P\left(\frac{X-5}{\sqrt{4.99}} \leqslant \frac{12.5-5}{\sqrt{4.99}}\right)$$

$$= 1 - P\left(\frac{X-5}{\sqrt{4.99}} \leqslant 3.36\right)$$

$$\approx 1 - \Phi(3.36) = 1 - 0.9996 = 0.0004,$$

亏本的概率很小.

(2) 我们用 D 表示保险公司一年的盈利, 则

$$
\begin{aligned}
P(D \geqslant 50) &= P(250 - 20X \geqslant 50) = P(X \leqslant 10) \\
&= \Phi\left(\frac{10-5}{\sqrt{4.99}}\right) = \Phi(2.24) = 0.988,
\end{aligned}
$$

亏本几乎不可能, 而利润大于 50 万元的概率为 0.988, 显然, 这里关键是要对死亡率有比较准确的估计. □

例 7.2.8　英国生物统计学家 Galton 设计的试验模型, 如图 7.3 所示.

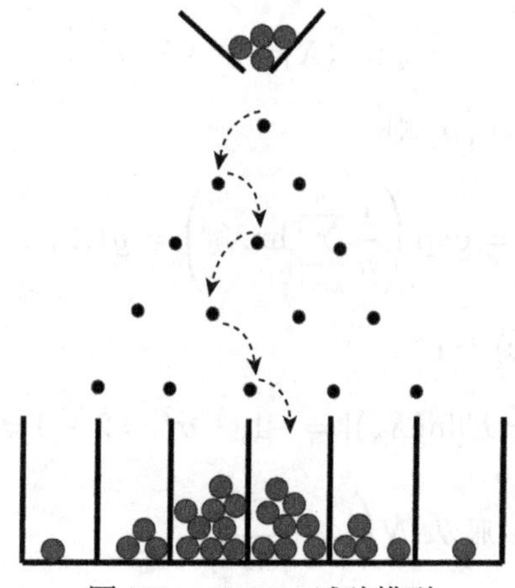

图 7.3　Galton 试验模型

令

$$
\xi_k = \begin{cases} 1, & \text{第 } k \text{ 次碰到钉子后向右}, \\ -1, & \text{第 } k \text{ 次碰到钉子后向左}, \end{cases}
$$

则 $P(\xi_k = 1) = p,\ P(\xi_k = -1) = 1 - p = q$, 我们假定 $\{\xi_k,\ k \geqslant 1\}$ 相互独立同分布. 设 $X_n = \sum\limits_{k=1}^{n} \xi_k$ 表示第 n 次碰钉之后, 落入底部格子的位置, 由于

$$
E(\xi_k) = p - q, \quad D(\xi_k) = 4pq,
$$

于是

$$
\frac{\sum\limits_{k=1}^{n} \xi_k - n(p-q)}{\sqrt{4npq}} \overset{d}{\approx} N(0,1).
$$

如果 $p=q=0.5$, 则

$$\sum_{k=1}^{n}\xi_k \stackrel{d}{\approx} N(0,n). \qquad \square$$

*7.2.2 Lindeberg 条件和 Feller 条件

我们已有了独立同分布的随机变量序列 $\{\xi_k, k=1,2,\cdots\}$ 的中心极限定理, 即当 $n\longrightarrow+\infty$ 时, $\dfrac{\xi_1+\xi_2+\cdots+\xi_n-n\mu}{\sigma\sqrt{n}}$依分布收敛于$N(0,1)$. 如果独立不同分布, 什么时候服从中心极限定理?

1. Lindeberg 条件

设 $\xi_1,\xi_2,\cdots,\xi_n,\cdots$ 是相互独立的随机变量序列, 令

$$\mu_k=E(\xi_k),\quad \sigma_k^2=D(\xi_k),\quad B_n^2=\sum_{k=1}^{n}\sigma_k^2,$$

$$Z_n:=\sum_{k=1}^{n}\frac{\xi_k-\mu_k}{B_n}.$$

直观上讲, 当各加项 "均匀地小", 不存在某些项起支配作用时, Z_n 的分布就应该接近正态分布.

怎样才能保证各加项 "均匀地小" ? 任意给定正数 $\tau>0$,

$$A_k:=\{|\xi_k-\mu_k|>\tau B_n\},$$

则

$$\begin{aligned}
P\left(\max_{0\leqslant k\leqslant n}|\xi_k-\mu_k|>\tau B_n\right)&=P\left(\bigcup_{k=1}^{n}\{|\xi_k-\mu_k|>\tau B_n\}\right)\\
&=P(A_1\cup A_2\cup\cdots\cup A_n)\\
&\leqslant\sum_{k=1}^{n}P(A_k)\\
&=\sum_{k=1}^{n}\int_{|x-\mu_k|>\tau B_n}\mathrm{d}F_k(x)\\
&\leqslant\frac{1}{\tau^2B_n^2}\sum_{k=1}^{n}\int_{|x-\mu_k|>\tau B_n}(x-\mu_k)^2\mathrm{d}F_k(x)
\end{aligned}$$

$$= \frac{1}{\tau^2 B_n^2} \sum_{k=1}^{n} E\left[(\xi_k - \mu_k)^2 I_{\{|\xi_k - \mu_k| \geqslant \tau B_n\}}\right].$$

由此我们得到如下 Lindeberg 条件.

定义 7.2.1 (Lindeberg 条件) $\forall \tau > 0$,

$$\lim_{n \to +\infty} \frac{1}{B_n^2} \sum_{k=1}^{n} E\left[(\xi_k - \mu_k)^2 I_{\{|\xi_k - \mu_k| \geqslant \tau B_n\}}\right] = 0.$$

定理 7.2.2 (Lindeberg, 1922) 设 $\xi_1, \xi_2, \cdots, \xi_n, \cdots$ 是相互独立的随机变量序列, 满足 Lindeberg 条件, 则

$$\frac{1}{B_n} \sum_{k=1}^{n} (\xi_k - \mu_k) \xrightarrow[n \to +\infty]{d} N(0,1).$$

推论 7.2.1 (Lyapunov 中心极限定理) 设 $\xi_1, \xi_2, \cdots, \xi_n, \cdots$ 是相互独立的随机变量序列, 满足 Lyapunov 条件, 即存在 $\delta > 0$ 使得

$$\lim_{n \to +\infty} \frac{1}{B_n^{2+\delta}} \sum_{k=1}^{n} E\left[|\xi_k - \mu_k|^{2+\delta}\right] = 0,$$

则

$$\frac{1}{B_n} \sum_{k=1}^{n} (\xi_k - \mu_k) \xrightarrow[n \to +\infty]{d} N(0,1).$$

证明 我们只需验证其满足 Lindeberg 条件即可. 事实上, 对任意 $\tau > 0$,

$$\begin{aligned}
&\lim_{n \to +\infty} \frac{1}{B_n^2} \sum_{k=1}^{n} E\left[(\xi_k - \mu_k)^2 I_{\{|\xi_k - \mu_k| \geqslant \tau B_n\}}\right] \\
\leqslant &\lim_{n \to +\infty} \frac{1}{B_n^2 (\tau B_n)^\delta} \sum_{k=1}^{n} E\left[|\xi_k - \mu_k|^{2+\delta} I_{\{|\xi_k - \mu_k| \geqslant \tau B_n\}}\right] \\
\leqslant &\lim_{n \to +\infty} \frac{1}{\tau^\delta (B_n)^{2+\delta}} \sum_{k=1}^{n} E\left[|\xi_k - \mu_k|^{2+\delta}\right] = 0,
\end{aligned}$$

由 Lindeberg 中心极限定理得证. □

例 7.2.9 一份考卷由 99 个题目组成, 并按由易到难顺序排列, 设某学生答对第 i 题的概率为 $p_i = 1 - \frac{i}{100}, i = 1, 2, \cdots, 99$, 而该学生回答各题是相互独立的, 若规定答对 60 道题目以上 (包括 60) 才算通过考试, 试计算该学生通过考试的可能性有多大?

解 令

$$\xi_i := \begin{cases} 1, & \text{第 } i \text{ 道题答对}, \\ 0, & \text{第 } i \text{ 道题答错}, \end{cases}$$

则

$$p_i = P(\xi_i = 1) = 1 - \frac{i}{100}, \quad P(\xi_i = 0) = \frac{i}{100} = 1 - p_i.$$

欲求概率

$$P\left(\sum_{i=1}^{99} \xi_i \geqslant 60\right),$$

主要看 $\sum\limits_{i=1}^{99} \xi_i$ 是否近似服从正态分布, 一般考虑 n 个题目. 因为

$$E(\xi_i) = p_i = 1 - \frac{i}{n}, \quad D(\xi_i) = p_i(1-p_i) \leqslant \frac{1}{4},$$

有

$$B_n^{2+\delta} = \left(\sum_{i=1}^{n} p_i(1-p_i)\right)^{\frac{2+\delta}{2}},$$

$$\begin{aligned}\sum_{i=1}^{n} E\left(|\xi_i - E\xi_i|^{2+\delta}\right) &= \sum_{i=1}^{n} \left[(1-p_i)^{2+\delta} p_i + (1-p_i) p_i^{2+\delta}\right] \\ &\leqslant 2\sum_{i=1}^{n} p_i(1-p_i),\end{aligned}$$

故

$$\frac{1}{B_n^{2+\delta}} \sum_{i=1}^{n} E\left(|\xi_i - E\xi_i|^{2+\delta}\right) \leqslant \frac{2}{\left(\sum\limits_{i=1}^{n} p_i(1-p_i)\right)^{\frac{\delta}{2}}}.$$

又因为

$$\begin{aligned}&E(\xi_i) = p_i = 1 - \frac{i}{n}, \quad D(\xi_i) = p_i(1-p_i) \leqslant \frac{1}{4}, \\ &\sum_{i=1}^{n} p_i(1-p_i) = \sum_{i=1}^{n} \frac{i}{n}\left(1 - \frac{i}{n}\right) = \frac{n+1}{2}\left(1 - \frac{2n+1}{3n}\right) \xrightarrow{n\to+\infty} +\infty,\end{aligned}$$

即 Lyapunov 条件成立. 利用 Lyapunov 中心极限定理,

$$
\begin{aligned}
&P\left(\xi_1+\cdots+\xi_{99}\geqslant 60\right)\\
&=P\left(\frac{\xi_1+\cdots+\xi_{99}-\sum\limits_{i=1}^{99}p_i}{\sqrt{\sum\limits_{i=1}^{99}p_i\left(1-p_i\right)}}\geqslant\frac{60-\sum\limits_{i=1}^{99}p_i}{\sqrt{\sum\limits_{i=1}^{99}p_i\left(1-p_i\right)}}\right)\\
&\approx 1-\Phi\left(\frac{60-\sum\limits_{i=1}^{99}\left(1-\dfrac{i}{100}\right)}{\sqrt{\sum\limits_{i=1}^{99}\dfrac{i}{100}\left(1-\dfrac{i}{100}\right)}}\right)\\
&=1-\Phi\left(2.5735\right)=0.005,
\end{aligned}
$$

通过考试的概率很小. □

2. Feller 条件与 Lindeberg-Feller 中心极限定理

1935 年, Feller 仔细研究了 Lindeberg 中心极限定理的证明, 发现证明中用到了以下条件:

$$
\lim_{n\to+\infty}\max_{1\leqslant k\leqslant n}\frac{\sigma_k}{B_n}=0, \tag{7.3}
$$

他把条件 (7.3) 直接作为条件提出来, 这就是 **Feller 条件**.

引理 7.2.1　Feller 条件 (7.3) 等价于

$$
\begin{cases}
\sum\limits_{j=1}^{n}D(\xi_j)\xrightarrow{n\to+\infty}+\infty,\\
\dfrac{D(\xi_n)}{\sum\limits_{j=1}^{n}D(\xi_j)}\xrightarrow{n\to+\infty}0.
\end{cases}
$$

Feller 在 Lindeberg 中心极限定理的基础上证明了如下定理, 人们称其为 Lindeberg-Feller 中心极限定理.

定理 7.2.3 (Lindeberg-Feller 中心极限定理)　设 $\{\xi_j\}$ 为相互独立且方差有限的随机变量序列, 则

(1) $\dfrac{\max\limits_{1\leqslant k\leqslant n} \sigma_k^2}{B_n^2} \xrightarrow{n\to+\infty} 0$,

(2) $\dfrac{1}{B_n}\sum\limits_{k=1}^{n}(\xi_k-\mu_k) \xrightarrow[n\to+\infty]{d} N(0,1)$

成立的充要条件为下面的 Lindeberg 条件成立: 对 $\forall\varepsilon>0$,

$$\lim_{n\to+\infty}\frac{1}{B_n^2}\sum_{k=1}^{n}E\left[(\xi_k-\mu_k)^2 I_{\{|\xi_k-\mu_k|\geqslant\varepsilon B_n\}}\right]=0,$$

其中 $B_n^2=\sum\limits_{k=1}^{n}D(\xi_k)$.

注 为了方便起见, 引入

$$\xi_{nk}:=\frac{\xi_k-\mu_k}{B_n},$$

易知

$$E\big(\xi_{nk}\big)=0,\qquad D\big(\xi_{nk}\big):=\sigma_{nk}^2=\frac{\sigma_k^2}{B_n^2},$$

$$\sum_{k=1}^{n}\sigma_{nk}^2=\sum_{k=1}^{n}D\big(\xi_{nk}\big)=\frac{1}{B_n^2}\sum_{k=1}^{n}\sigma_k^2=1.$$

用 $\Psi_{nk}(t)$ 与 $F_{nk}(x)$ 分别表示随机变量 ξ_{nk} 的特征函数与分布函数, 则 Lindeberg 条件等价变形为对 $\forall\varepsilon>0$,

$$\lim_{n\to+\infty}\sum_{k=1}^{n}E\left[\left|\xi_{nk}\right|^2 I_{\{|\xi_{nk}|\geqslant\varepsilon\}}\right]=0.$$

为了证明这个定理, 我们需要做一些准备:

(1) $\left|e^{\mathrm{i}t}-1-\dfrac{\mathrm{i}t}{1!}-\cdots-\dfrac{(\mathrm{i}t)^{n-1}}{(n-1)!}\right|\leqslant\dfrac{|t|^n}{n!}$. 特别地,

$$\left|e^{\mathrm{i}t}-1-\mathrm{i}t\right|\leqslant\frac{|t|^2}{2},\quad\left|e^{\mathrm{i}t}-1-\mathrm{i}t+\frac{t^2}{2}\right|\leqslant\frac{|t|^3}{6}.$$

(2) 对任意复数 a_k, b_k, 如果满足 $|a_k|\leqslant1$ 及 $|b_k|\leqslant1$, 则

$$|a_1a_2\cdots a_n-b_1b_2\cdots b_n|\leqslant\sum_{k=1}^{n}|a_k-b_k|.$$

(3) 对任意 $\delta > 0$, 只要 $|z|$ 充分小, 就有

$$|e^z - 1 - z| < \delta|z|.$$

(4) 设 $\Psi(t)$ 为特征函数, 则

$$|\Psi(t)| \leqslant 1, \qquad |e^{\Psi(t)-1}| \leqslant 1.$$

定理 7.2.3 的证明　第一步, Lindeberg 条件推 Feller 条件.

$$\begin{aligned}\frac{\sigma_k^2}{B_n^2} &= D(\xi_{nk}) = E\left[\left|\xi_{nk}\right|^2\right] \\ &= E\left[\left|\xi_{nk}\right|^2 I_{\{|\xi_{nk}|\leqslant\varepsilon\}}\right] + E\left[\left|\xi_{nk}\right|^2 I_{\{|\xi_{nk}|>\varepsilon\}}\right] \\ &\leqslant \varepsilon^2 + \sum_{k=1}^n E\left[\left|\xi_{nk}\right|^2 I_{\{|\xi_{nk}|>\varepsilon\}}\right],\end{aligned}$$

从而

$$\max_{1\leqslant k\leqslant n}\frac{\sigma_k^2}{B_n^2} \leqslant \varepsilon^2 + \sum_{k=1}^n E\left[\left|\xi_{nk}\right|^2 I_{\{|\xi_{nk}|>\varepsilon\}}\right] \xrightarrow{n\to+\infty} 0,$$

取 ε 任意小, 可得 Feller 条件成立.

第二步, 由 Lindeberg 条件推中心极限定理. 由第一步知, $\dfrac{\max\limits_{1\leqslant k\leqslant n}\sigma_k^2}{B_n^2} \xrightarrow{n\to+\infty} 0$, 对任意 $\varepsilon > 0$, 存在 n_0 使得 $\forall n \geqslant n_0$ 都有

$$D(\xi_{nk}) \leqslant \varepsilon.$$

因为

$$\begin{aligned}|\Psi_{nk}(t) - 1| &= \left|\Psi_{nk}(t) - 1 - \mathrm{i}E\left(\xi_{nk}\right)t\right| \\ &= \left|\int_{-\infty}^{+\infty}\left\{\mathrm{e}^{\mathrm{i}tx} - 1 - \mathrm{i}tx\right\}\mathrm{d}F_{nk}(x)\right| \\ &\leqslant \int_{-\infty}^{+\infty}\left|\mathrm{e}^{\mathrm{i}tx} - 1 - \mathrm{i}tx\right|\mathrm{d}F_{nk}(x) \\ &\leqslant \int_{-\infty}^{+\infty}\frac{t^2x^2}{2}\mathrm{d}F_{nk}(x) \\ &= \frac{t^2}{2}E\left(|\xi_{nk}|^2\right) \\ &\leqslant \frac{t^2}{2}\frac{\sigma_k^2}{B_n^2},\end{aligned}$$

于是

$$\begin{aligned}\left|e^{\sum_{k=1}^{n}\{\Psi_{nk}(t)-1\}}-\Psi_{n1}(t)\cdots\Psi_{nn}(t)\right| &\leqslant\sum_{k=1}^{n}\left|e^{\Psi_{nk}(t)-1}-\Psi_{nk}(t)\right|\\&\leqslant\delta\sum_{k=1}^{n}\left|\Psi_{nk}(t)-1\right|\\&\leqslant\delta\frac{t^2}{2}\sum_{k=1}^{n}\frac{\sigma_k^2}{B_n^2}\\&=\delta\frac{t^2}{2}\xrightarrow{\delta\downarrow 0}0.\end{aligned}$$

又因为

$$\begin{aligned}\left|\sum_{k=1}^{n}\{\Psi_{nk}(t)-1\}+\frac{1}{2}t^2\right| &=\left|\sum_{k=1}^{n}\int_{-\infty}^{+\infty}\left(e^{\mathrm{i}tx}-1-\mathrm{i}tx+\frac{1}{2}t^2x^2\right)\mathrm{d}F_{nk}(x)\right|\\&\leqslant\sum_{k=1}^{n}\int_{-\infty}^{+\infty}\left|e^{\mathrm{i}tx}-1-\mathrm{i}tx+\frac{1}{2}t^2x^2\right|\mathrm{d}F_{nk}(x)\\&\leqslant\sum_{k=1}^{n}\int_{|x|\leqslant\varepsilon}\frac{|t|^3}{6}\varepsilon x^2\mathrm{d}F_{nk}(x)\\&\quad+\sum_{k=1}^{n}\int_{|x|>\varepsilon}\left\{\left|e^{\mathrm{i}tx}-1-\mathrm{i}tx\right|+\frac{1}{2}t^2x^2\right\}\mathrm{d}F_{nk}(x)\\&\leqslant\frac{|t|^3}{6}\varepsilon\sum_{k=1}^{n}E(\xi_{n_k}^2)+t^2\sum_{k=1}^{n}\int_{|x|>\varepsilon}x^2\mathrm{d}F_{nk}(x)\\&\leqslant\frac{|t|^3}{6}\varepsilon\sum_{k=1}^{n}E(\xi_{n_k}^2)+t^2\sum_{k=1}^{n}E\left(\xi_{nk}^2I_{\{|\xi_{nk}|>\varepsilon\}}\right)\\&=\frac{|t|^3}{6}\varepsilon+t^2\sum_{k=1}^{n}E\left(\xi_{nk}^2I_{\{|\xi_{nk}|>\varepsilon\}}\right)\xrightarrow[n\to+\infty]{\varepsilon\downarrow 0}0.\end{aligned}$$

于是

$$\begin{aligned}&\left|\Psi_{n1}(t)\cdots\Psi_{nn}(t)-e^{-\frac{t^2}{2}}\right|\\\leqslant&\left|\Psi_{n1}(t)\cdots\Psi_{nn}(t)-e^{\sum_{k=1}^{n}\{\Psi_{nk}(t)-1\}}\right|+\left|e^{\sum_{k=1}^{n}\{\Psi_{nk}(t)-1\}}-e^{-\frac{t^2}{2}}\right|\xrightarrow{n\to+\infty}0.\end{aligned}$$

由连续性定理 (定理 6.5.2), 可知随机序列 $\xi_1,\xi_2,\cdots$ 依分布收敛于标准正态分布.

第三步, 证明必要性. 由 Feller 条件可证

$$\left|e^{\sum_{k=1}^{n}\{\Psi_{nk}(t)-1\}}-\Psi_{n1}(t)\cdots\Psi_{nn}(t)\right|\xrightarrow{\delta\downarrow 0}0.$$

由$\sum\limits_{k=1}^{n}\xi_{nk}$ 依分布收敛于标准正态分布知

$$\left|\Psi_{n1}(t)\cdots\Psi_{nn}(t)-e^{-\frac{t^2}{2}}\right|\xrightarrow{n\to+\infty}0,$$

从而

$$\begin{aligned}&\left|e^{\sum_{k=1}^{n}\{\Psi_{nk}(t)-1\}}-e^{-\frac{t^2}{2}}\right|\\ \leqslant&\left|e^{\sum_{k=1}^{n}\{\Psi_{nk}(t)-1\}}-\Psi_{n1}(t)\cdots\Psi_{nn}(t)\right|+\left|\Psi_{n1}(t)\cdots\Psi_{nn}(t)-e^{-\frac{t^2}{2}}\right|\\ &\xrightarrow{n\to+\infty}0.\end{aligned}$$

由此可知

$$\sum_{k=1}^{n}\{\Psi_{nk}(t)-1\}+\frac{1}{2}t^2=\sum_{k=1}^{n}\int_{-\infty}^{+\infty}\left(e^{\mathrm{i}tx}-1-\mathrm{i}tx+\frac{1}{2}t^2x^2\right)\mathrm{d}F_{nk}(x)\xrightarrow{n\to+\infty}0.$$

因为 $\cos(tx)-1+\dfrac{1}{2}t^2x^2\geqslant 0$, 取实部, 有

$$\begin{aligned}&\operatorname{Re}\left(\sum_{k=1}^{n}\int_{-\infty}^{+\infty}\left(e^{\mathrm{i}tx}-1-\mathrm{i}tx+\frac{1}{2}t^2x^2\right)\mathrm{d}F_{nk}(x)\right)\\ =&\sum_{k=1}^{n}\int_{-\infty}^{+\infty}\left(\cos(tx)-1+\frac{1}{2}t^2x^2\right)\mathrm{d}F_{nk}(x)\\ \geqslant&\sum_{k=1}^{n}\int_{|x|>\varepsilon}\left(\cos(tx)-1+\frac{1}{2}t^2x^2\right)\mathrm{d}F_{nk}(x)\\ \geqslant&\sum_{k=1}^{n}\int_{|x|>\varepsilon}\left(-2+\frac{1}{2}t^2x^2\right)\mathrm{d}F_{nk}(x)\\ \geqslant&-2\frac{1}{\varepsilon^2}\sum_{k=1}^{n}\int_{|x|>\varepsilon}x^2\mathrm{d}F_{nk}(x)+\frac{1}{2}t^2\sum_{k=1}^{n}\int_{|x|>\varepsilon}x^2\mathrm{d}F_{nk}(x)\\ \geqslant&\left(-2\frac{1}{\varepsilon^2}+\frac{1}{2}t^2\right)\sum_{k=1}^{n}E\left(\xi_{nk}^2I_{\{|x_{nk}|>\varepsilon\}}\right).\end{aligned}$$

对任意 $\varepsilon>0$, 总可以选取 t 使得 $-2\dfrac{1}{\varepsilon^2}+\dfrac{1}{2}t^2>0$, 从而

$$\sum_{k=1}^{n}E\left(\xi_{nk}^2 I_{\{|\xi_{nk}|>\varepsilon\}}\right)\xrightarrow{n\to+\infty}0,$$

即 Lindeberg 条件成立. □

7.3 大数定律与中心极限定理的联系

设 $\{\xi_k,k=1,2,\cdots\}$ 为独立同分布的随机变量序列, 我们可将

$$\overline{X}_n:=\frac{\xi_1+\xi_2+\cdots+\xi_n}{n}$$

看成**关于时间的平均** (样本均值或算术平均), 把 $\mu=E(\xi_1)$ 看成**关于空间的平均**. 如此简单朴素的时间平均 (样本均值或算术平均) 已被人们使用了几百年甚至上千年, 而大数定律与中心极限定理则是掌控其背后所隐藏的大千世界的两大神器. 前者宣告: 时间平均可以非常接近于空间平均, 即 $\overline{X}_n\xrightarrow{n\to+\infty}\mu=E(\xi_1)$. 而后者告知: 无论被平均的随机变量是什么分布, 时间平均与空间平均之差 $\left(\overline{X}_n-\mu\right)$ 的 $\sqrt{n}$ 倍近似服从正态分布, 即 $\sqrt{n}\left(\overline{X}_n-\mu\right)\xrightarrow{n\to+\infty}N(0,\sigma^2),\sigma^2=D(\xi_1)$.

尽管大数定律告知我们空间平均可以用时间平均来逼近, 但并没有告诉我们它们两者的逼近速度. 也就是说, 大数定律没有告诉我们, 时间平均与空间平均之差的绝对值 $\left|\overline{X}_n-\mu\right|$ 超过任意正数的概率以多快的速度趋于 0 ? 而中心极限定理可以弥补这个不足.

定理 7.3.1 设随机变量序列 $\{\xi_k,k\geqslant1\}$ 相互独立同分布, $E(\xi_1)=\mu,D(\xi_1)=\sigma^2$, 存在正数 $T>0$ 使得

$$E(e^{t\xi_1})<+\infty,\quad |t|<T.$$

则当 n 很大时, 对任意小的正数 ε 满足 $0<\varepsilon<o(n^{-\frac{1}{3}})$, 有

$$P(|\overline{X}_n-\mu|\geqslant\varepsilon)=\frac{2\sigma}{\varepsilon\sqrt{2\pi n}}e^{-\frac{\varepsilon^2 n}{2\sigma^2}}\left(1+O\left(\frac{\sigma^2}{\varepsilon^2 n}\right)\right).$$

证明 利用中心极限定理和下述标准正态分布函数 $\Phi(x)$ 的近似表达式 (x 很大)

$$1-\Phi(x)=\frac{1}{x\sqrt{2\pi}}e^{-\frac{x^2}{2}}\left(1+O\left(\frac{1}{x^2}\right)\right),$$

则当 n 很大时, 有

$$
\begin{aligned}
P\left(\left|\overline{X}_n-\mu\right|\geqslant\varepsilon\right)&=P\left(\left|\frac{1}{\sigma\sqrt{n}}\sum_{k=1}^{n}(\xi_k-\mu)\right|\geqslant\frac{\sqrt{n}\varepsilon}{\sigma}\right)\\
&=2\left[1-\Phi\left(\frac{\sqrt{n}\varepsilon}{\sigma}\right)\right](1+o(1))\\
&=\frac{2\sigma}{\varepsilon\sqrt{2\pi n}}e^{-\frac{\varepsilon^2 n}{2\sigma^2}}\left(1+O\left(\frac{\sigma^2}{\varepsilon^2 n}\right)\right).
\end{aligned}
$$
□

上述定理表明, 时间平均与空间平均之差的绝对值 $\left|\overline{X}_n-\mu\right|$ 超过任意正数 ε 的概率收敛于 0 的速度比指数衰减速度还要快.

另一方面, 我们可以取很小的正数 δ 和很大的正数 M 使得 $\Phi(M)=1-\delta/2$, 则由中心极限定理可知,

$$
\begin{aligned}
P\left(\left|\overline{X}_n-\mu\right|\leqslant\frac{M\sigma}{\sqrt{n}}\right)&=P\left(\left|\frac{1}{\sigma\sqrt{n}}\sum_{k=1}^{n}(\xi_k-\mu)\right|\leqslant M\right)\\
&=(2\Phi(M)-1)(1+o(1))=(1-\delta)(1+o(1)).
\end{aligned}
$$

这表明当 n 很大时, 时间平均与空间平均之差的绝对值 $\left|\overline{X}_n-\mu\right|$ 不超过 $1/\sqrt{n}$ 阶数的概率接近 1.

7.4　随机变量序列 4 种收敛性之间的关系

随机变量序列 $\{X_n;\ n\geqslant 1\}$ 有 4 种常用的收敛方式: 几乎处处收敛 (依概率 1 收敛)、r-阶矩收敛、依概率收敛、依分布 (弱) 收敛, 分别记为 $X_n\xrightarrow[n\to+\infty]{\text{a.e.}}X$, $X_n\xrightarrow[n\to+\infty]{P}X$, $X_n\xrightarrow[n\to+\infty]{d}X$, $X_n\xrightarrow[n\to+\infty]{L^r}X$. 这 4 种收敛性之间的关系, 见图 7.4.

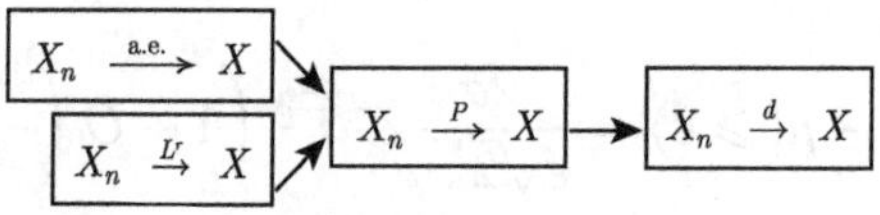

$X_n\xrightarrow{\text{a.e.}}X$, $X_n\xrightarrow{L^r}X$ → $X_n\xrightarrow{P}X$ → $X_n\xrightarrow{d}X$

图 7.4

(1) 几乎处处收敛 (依概率 1 收敛):

$$
X_n\xrightarrow{\text{a.e.}}X\Longleftrightarrow P\left(\lim_{n\to+\infty}X_n=X\right)=1
$$

$$
\begin{aligned}
&\Longleftrightarrow P\left(\bigcap_{n=1}^{+\infty}\bigcup_{k=n}^{+\infty}\{|X_k-X|\geqslant\varepsilon\}\right)\\
&=\lim_{n\to+\infty}P\left(\bigcup_{k=n}^{+\infty}\{|X_k-X|\geqslant\varepsilon\}\right)\\
&=0,\quad \forall\varepsilon>0;
\end{aligned}
$$

(2) r-阶矩收敛: $X_n \xrightarrow[n\to+\infty]{L^r} X$, 如果满足

$$
\lim_{n\to+\infty}E\left(\left|X_n-X\right|^r\right)=0,\qquad r>0;
$$

(3) 依概率收敛: $X_n \xrightarrow[n\to+\infty]{P} X$, 如果满足

$$
\forall\varepsilon>0,\qquad \lim_{n\longrightarrow+\infty}P\left(\left|X_n-X\right|\geqslant\varepsilon\right)=0;
$$

(4) 依分布收敛: $X_n \xrightarrow[n\to+\infty]{d} X$, 如果它们的分布函数

$$
F_n(x)=P(X_n\leqslant x),\quad F(x)=P(X\leqslant x)
$$

满足对 $F(x)$ 的连续点 x 有

$$
\lim_{n\to+\infty}F_n(x)=F(x).
$$

由

$$
P\left(\bigcup_{k=n}^{+\infty}\{|X_k-X|\geqslant\varepsilon\}\right)\geqslant P\left(\left|X_n-X\right|\geqslant\varepsilon\right)
$$

和

$$
P(|X_n-X|\geqslant\varepsilon)\leqslant\frac{E\left(\left|X_n-X\right|^r\right)}{\varepsilon^r}\longrightarrow0,
$$

易知:

(1) $X_n \xrightarrow{\text{a.e.}} X \Longrightarrow X_n \xrightarrow[n\to+\infty]{P} X$;

(2) $X_n \xrightarrow{L^r} X \Longrightarrow X_n \xrightarrow[n\to+\infty]{P} X$.

性质 7.4.1 $X_n \xrightarrow[n\to+\infty]{P} X \Longrightarrow X_n \xrightarrow[n\to+\infty]{d} X$.

证明 设 x 为 X 的分布函数 $F(x)$ 的连续点, 取 $\delta>0$, 一方面, 有

$$
\begin{aligned}
F_n(x)-F(x) &= P\big(X_n \leqslant x\big)-P\big(X \leqslant x\big) \\
&= P\Big(X_n \leqslant x, X > x+\delta\Big)+P\Big(X_n \leqslant x, X \leqslant x+\delta\Big)-P\big(X \leqslant x\big) \\
&\leqslant P\Big(|X_n-X| \geqslant \delta\Big)+F(x+\delta)-F(x).
\end{aligned}
$$

另一方面, 有

$$
\begin{aligned}
F_n(x)-F(x) &= P\big(X_n \leqslant x\big)-P\big(X \leqslant x\big) \\
&= 1-P\big(X_n > x\big)-P\big(X \leqslant x\big) \\
&= 1-P\Big(X_n > x, X \leqslant x-\delta\Big)-P\Big(X_n > x, X > x-\delta\Big)-P(X \leqslant x) \\
&\geqslant 1-P\Big(|X_n-X| \geqslant \delta\Big)-P(X > x-\delta)-P(X \leqslant x) \\
&= P(X \leqslant x-\delta)-F(X \leqslant x)-P(|X_n-X| \geqslant \delta) \\
&= -\{F(x)-F(x-\delta)\}-P\Big(|X_n-X| \geqslant \delta\Big).
\end{aligned}
$$

取 $\forall \varepsilon>0$, 先取充分小的 δ 使

$$
\begin{aligned}
F(x+\delta)-F(x) &< \frac{\varepsilon}{2}, \\
F(x)-F(x-\delta) &< \frac{\varepsilon}{2},
\end{aligned}
$$

再取充分大的 n 使

$$
P\Big(|X_n-X| \geqslant \delta\Big) < \frac{\varepsilon}{2},
$$

从而有

$$
\begin{aligned}
-\varepsilon \leqslant F_n(x)-F(x) &\leqslant \varepsilon, \\
|F_n(x)-F(x)| &\leqslant \varepsilon.
\end{aligned}
$$

□

例 7.4.1 $X_n \xrightarrow[n\to+\infty]{\text{a.e.}} X$, 不必 $X_n \xrightarrow[n\to+\infty]{L^r} X$. 反例: 在 $(0,1)$ 上完全随机地取一点 ω, 令

$$
X_n(\omega)=\begin{cases} n^{\frac{1}{r}}, & \omega \in \left(0, \dfrac{1}{n}\right), \\ 0, & \omega \in \left[\dfrac{1}{n}, 1\right), \end{cases}
$$

则

$$P\left(X_n(\omega)=n^{\frac{1}{r}}\right)=\frac{1}{n},\qquad P\left(X_n(\omega)=0\right)=1-\frac{1}{n}.$$

易知 $\lim\limits_{n\to+\infty} X_n(\omega)=0$, 不仅是 a.e., 而是对每个 ω, 但是

$$E\left(\left|X_n(\omega)-0\right|^r\right)=(n^{\frac{1}{r}})^r\frac{1}{n}=1,$$

不收敛于 0.

例 7.4.2 $X_n \xrightarrow[n\to+\infty]{L^r} X$, 不必 $X_n \xrightarrow[n\to+\infty]{\text{a.e.}} X$. 反例: 我们取 $\Omega=(0,1)$,

$$\begin{aligned}
&A_{11}=\left\{\omega:\ 0<\omega\leqslant 1\right\}=\Omega,\\
&A_{21}=\left\{\omega:\ 0<\omega\leqslant \frac{1}{2}\right\},\ A_{22}=\left\{\omega:\ \frac{1}{2}<\omega\leqslant 1\right\},\\
&\qquad\cdots\\
&A_{k1}=\left\{\omega:\ 0<\omega\leqslant \frac{1}{k}\right\}, A_{k2}=\left\{\omega:\ \frac{1}{k}<\omega\leqslant \frac{2}{k}\right\},\cdots,\\
&A_{kk}=\left\{\omega:\ \frac{k-1}{k}<\omega<1\right\},
\end{aligned}$$

则

$$P\left(A_{kj}\right)=\frac{1}{k},\qquad 1\leqslant j\leqslant k.$$

构造独立随机变量:

$$X_1=I_{A_{11}},\quad X_2=I_{A_{21}},\quad X_3=I_{A_{22}},\quad X_4=I_{A_{31}},\quad \cdots,$$

则

$$\begin{aligned}
E\left(\left|X_n-0\right|^r\right)=&E\left(\left|X_n\right|^r\right)=P\big(X_n=1\big)\\
=&P\big(A_{kj}\big)=\frac{1}{k}\longrightarrow 0,\quad n\longrightarrow+\infty,\ k\longrightarrow+\infty.
\end{aligned}$$

任意固定 $\omega\in\Omega$, 对每个 $k\geqslant 2$, 都有某个 i 使得 $\omega\in A_{ki}$, 即 $I_{A_{ki}}(\omega)=1$, 而 $\omega\notin A_{kj}$ $(i\neq j)$, 即 $I_{A_{kj}}(\omega)=0$ $(i\neq j)$.

此证明 $X_n(\omega)$ $(n\geqslant 1)$ 有无穷多个 1 和无穷多个 0, 即对任意 $\omega\in\Omega$, $X_n(\omega)$ 不收敛, 更不要说收敛于 0.

严格证明

$$\begin{aligned}\lim_{k\to+\infty} P\left(\bigcap_{n=k}^{+\infty}\{|X_n-0|<\varepsilon\}\right) &= \lim_{k\to+\infty}\prod_{n=k}^{+\infty}P\left(X_n=0\right)\\ &= \lim_{k\to+\infty}\prod_{j=k}^{+\infty}\left(1-\frac{1}{j}\right)^{j-1}\\ &= \lim_{k\to+\infty}\exp\left(\sum_{j=k}^{+\infty}(j-1)\ln\left(1-\frac{1}{j}\right)\right)\\ &= 0.\end{aligned}$$

性质 7.4.2 (1) $X_n \xrightarrow[n\to+\infty]{d} c \Longleftrightarrow X_n \xrightarrow[n\to+\infty]{P} c$;

(2) $X_n \xrightarrow[n\to+\infty]{P} X \Longrightarrow$ 存在子列$X_{n_k} \xrightarrow[n\to+\infty]{\text{a.e.}} X$;

(3) $X_n \xrightarrow[n\to+\infty]{P} X$, $|X_n|\leqslant\mu$, a.e. $\Longrightarrow X_n \xrightarrow[n\to+\infty]{r} X$.

证明 这里仅证 (2). 我们可以选取子列使得

$$P\Big(|X_{nk}-X|\geqslant\varepsilon\Big)\leqslant\frac{1}{2^k},$$

从而

$$P\left(\bigcup_{k=1}^{+\infty}|X_{nk}-X|\geqslant\varepsilon\right)\leqslant\sum_{k=1}^{+\infty}P\Big(|X_{nk}-X|\geqslant\varepsilon\Big)\leqslant\sum_{k=1}^{+\infty}\frac{1}{2^k}=1<+\infty,$$

故 (2) 成立. □

习 题 7

1. 设随机变量序列 $\{X_n\}$ 独立同分布, 密度函数为

$$f(x)=\begin{cases}\lambda e^{-\lambda(x-\theta)}, & x\geqslant\theta,\\ 0, & x<\theta,\end{cases}$$

其中 $\lambda>0$, θ 为常数, 令 $Y_n=\min(X_1,\cdots,X_n)$. 证明: $Y_n \xrightarrow[n\to+\infty]{P} \theta$.

2. 如果 $X_n \xrightarrow[n\to+\infty]{P} c$, $g(x)$ 是在 c 连续的函数, 证明

$$g(X_n)\xrightarrow[n\to+\infty]{P} g(c).$$

3. 设 $\{X_n\}$ 为相互独立的随机变量序列, $P(X_n = \log n) = P(X_n = -\log n) = 0.5$, $n = 1, 2, \cdots$, 证明: $\{X_n\}$ 服从弱大数定律.

4. 设 $\{X_k\}$ 是独立同分布的随机变量序列, $\mu = E(X_1)$. 对非零常数 a, b, 定义

$$Y_k := aX_k + bX_{k-1} + c, \quad k = 1, 2, \cdots.$$

(1) 写出 Y_k 服从的弱大数定律、强大数定律.

(2) 证明: Y_k 服从的弱大数定律.

5. 强大数定律告诉我们, 对于独立同分布的随机变量, 其算术平均以概率 1 收敛到均值 μ. 那么几何平均如何收敛? 即 $\lim\limits_{n\to+\infty}\left(\prod\limits_{i=1}^{n} X_i\right)^{1/n}$ 如何收敛?

6. 设 X_k 独立同分布, 有共同的概率密度

$$f(x) = \begin{cases} 6x(1-x), & x \in (0,1), \\ 0, & \text{其他}. \end{cases}$$

计算几乎处处收敛的极限 $\lim\limits_{n\to+\infty} \dfrac{1}{n}\sum\limits_{k=1}^{n} X_k$.

7. 设 $\{X_n\}$ 为独立同分布的随机变量序列, $\{c_n\}$ 为有界实数列, $E(X_n) = 0$, 证明:

$$\frac{1}{n}\sum_{k=1}^{n} c_k X_k \xrightarrow[n\to+\infty]{\text{a.e.}} 0.$$

8. 设 $g(x), h(x)$ 都是 $[0,1]$ 上的连续函数, 满足 $0 \leqslant g(x) < Mh(x)$. 证明:

$$\lim_{n\to+\infty} \int_0^1 \cdots \int_0^1 \frac{g(x_1) + \cdots + g(x_n)}{h(x_1) + \cdots + h(x_n)} \mathrm{d}x_1 \cdots \mathrm{d}x_n = \frac{\displaystyle\int_0^1 g(x)\mathrm{d}x}{\displaystyle\int_0^1 h(x)\mathrm{d}x}.$$

9. 设 X_k 独立同分布, $\mu = E(X_1) > 0$. 对 $\alpha < 1$, 证明:

$$\lim_{n\to+\infty} P\left(\sum_{k=1}^{n} X_k \geqslant n^{\alpha}\right) = 1.$$

10. 设 $\xi_1, \xi_2, \cdots$ 为独立同分布的随机变量序列, 且 $E(\xi_k^4) < +\infty$, 利用 Borel-Cantelli 引理证明:

$$\frac{1}{n}\sum_{k=1}^{n} \xi_k \xrightarrow[n\to+\infty]{\text{a.e.}} E(\xi_1).$$

11. 设全世界有 n 个家庭 (n 很大), 每个家庭有 k 个小孩的概率都是 p_k, 设 p_k 满足 $\sum\limits_{k=0}^{c} p_k = 1$, $c \geqslant 1$ 为一个正整数. 如果各个家庭的小孩数是相互独立的, 计算一个小孩来自有 k 个小孩的家庭的概率.

12. 某医院的某科室在某天会等概率地有 2, 3 或 4 名医生为病人看病, 无论当天医生人数有多少, 每位医生所看的病人人数都服从均值为 30 的 Poisson 分布. 令 X 为某天该科看病的总人数.

(1) 求 $E[X]$;

(2) 求 $D(X)$;

(3) 计算 $P\big(X > 65.5\big)$.

13. 某人用手机上网平均每天 5 小时, 标准差是 1.5 小时, 求此人一年内上网的时间小于 1800 小时的概率.

14. 某学校学生上课的出勤率是 97%, 全校有 5000 名学生上课时, 求出勤人数少于 4880 的概率.

15. 设某高校有 2 万名师生, 设每个人中午用餐高峰 (12:00) 在第一食堂就餐的概率为 8%, 每个人选择食堂的行为是独立的. 问第一食堂应该设置多少个座位, 才能以 95%保证在第一食堂用餐的师生有座位坐?

16. 设 X_n 服从参数 $\lambda_n(>0)$ 的 Poisson 分布:

$$P(X_n = k) = \frac{\lambda_n^k}{k!}\, e^{-\lambda_n}, \quad k = 0, 1, \cdots.$$

(1) 当 $\lambda_n = n\lambda$ 时, 证明

$$\frac{X_n - n\lambda}{\sqrt{n\lambda}} \xrightarrow{d} N(0,1).$$

(2) 定义 $Y_n = \dfrac{X_n - \lambda_n}{\sqrt{\lambda_n}}$. 当 $\lim\limits_{n\to+\infty} \lambda_n = +\infty$ 时, 证明对一切实数 x 有

$$\lim_{n\to+\infty} P(Y_n \leqslant x) = \Phi(x).$$

17. 设随机变量序列 $\{X_n; n\}$ 相互独立, X_n 在 $(-n, n)$ 上均匀分布, $S_n = X_1 + \cdots + X_n$. 证明中心极限定理

$$\frac{S_n}{\sqrt{D(S_n)}} \xrightarrow{d} N(0,1).$$

18. 设 X_k 是独立同分布的随机变量序列, $\mu_{2m} = E\left(X_1^{2m}\right) < +\infty$. 写出关于 $\{X_k^m;\ k = 1, 2, \cdots\}$ 的弱大数定律、强大数定律和中心极限定理.

19. 设 $\{X_k;\ k = 1, 2, \cdots\}$ 独立同分布, $E(X_1) = 0, E(X_1^2) = 1, E(X_1^4) = \mu_4 < +\infty$. 定义 $S_n := X_1^2 + X_2^2 + \cdots + X_n^2$.

(1) 证明 $\mu_4 \geqslant 1$, 等号成立的充要条件是 $X_1^2 = 1$, a.e.;

(2) 计算 $E\left(\left\{X_1^2 - 1\right\}^2\right)$;

(3) 计算 $\lim\limits_{n\to+\infty} P\left(S_n \leqslant n + \sqrt{n(\mu_4 - 1)}\right)$.

20. 设随机变量序列 $\{X_k\}$ 独立同分布, $E(X_k) = 0$, $D(X_k) = \sigma^2 \in (0, +\infty)$, 求证: $Y_n := \dfrac{X_1 + \cdots + X_n}{\sqrt{X_1^2 + \cdots + X_n^2}}$ 近似服从标准正态分布.

21. 设 $X_n \xrightarrow{P} X$, 如果有常数 M 使得 $|X_n| \leqslant M$, a.e. 对所有的 n 成立, 证明

(1)$|X| \leqslant M$, a.e.;

(2)$E\left(\left|X_n - X\right|\right) \longrightarrow 0$, 当 $n \longrightarrow +\infty$ 时;

(3)$E(X_n) \longrightarrow E(X)$, 当 $n \longrightarrow +\infty$ 时.

22. 设 $\{X_n; n=1,2,\cdots\}$ 是随机变量序列, 证明: $X_n \xrightarrow[n\to+\infty]{P} \mu$ 的充分必要条件是

$$\lim_{n\to+\infty} E\left[\frac{(X_n-\mu)^2}{1+(X_n-\mu)^2}\right] = 0.$$

23. 设 $\{X_n; n=1,2,\cdots\}$ 是随机变量序列, 证明: $X_n \xrightarrow[n\to+\infty]{P} \mu$ 的充分必要条件是

$$\lim_{n\to+\infty} E\left[\frac{|X_n-\mu|}{1+|X_n-\mu|}\right] = 0.$$

部分习题参考答案

习题 2

2. $B_j = A_j - \bigcup_{j=0}^{j-1} A_j, A_0 = \varnothing.$

3. 67600000, 19656000.

5. 720, 72, 144, 72.

6. 23950080.

7. 27720.

10. (1) 1/5; (2) 3/5; (3) 9/10.

11. $n!\mathrm{C}_{365}^n/(365)^n$, $1 - n!\mathrm{C}_{365}^n/(365)^n$.

12. C_N^n/N^n. $\#\Omega = N^n, A$ 中的 w 和恰有 n 个 1 的 N 维 0-1 向量一一对应.

13. C_{N+n-1}^n/N^n.

15. $\mathrm{C}_{80}^4\mathrm{C}_{N-80}^{100-4}/\mathrm{C}_N^{100}$ 或 $\mathrm{C}_{100}^4 p_N^4(1-p_N)^{96}; N = 2000$.

16. $\sum_{j=0}^{n-k}(-1)^j/(k!j!), k = 1, 2, \cdots$.

(用 $A_n(k)$ 表示恰有 k 个人拿对自己的帽子的排列数, 则 $A_n(k) = \mathrm{C}_n^k A_{n-k}(0)$, 其中 C_n^k 表示从 n 个中选定 k 个人拿对帽子, $A_{n-k}(0)$ 表示其余 $n-k$ 个人都没有拿对帽子.)

17. (1) $P(A) = \dfrac{\mathrm{C}_n^2 + \mathrm{C}_m^2}{\mathrm{C}_{m+n}^2}$; (2) $P(B) = \left(\dfrac{n}{n+m}\right)^2 + \left(\dfrac{m}{n+m}\right)^2$.

19. 1/2.

21. $\#\mathscr{F} = 2^n$.

23. (1) 0.8; (2) 0.3; (3) 0.

25. 0.015.

26. 6/91.

27. 1/2.

28. (1) 35/768; (2) 210/768.

29. 0.0893.

30. 五局三胜对甲有利.

31. 5/18.

32. 2/5.

33. 1283/1296.

36. $p^2/(1-2pq) = p^2/(p^2+q^2)$.

37. 0.974.

38. 对题目的不同理解, 需要写清思路, 答案是

$$2\mathrm{C}_{2n-r}^{n}(1/2)^{2n-r}(r>0) \text{ 或 } 2\mathrm{C}_{2n+1-r}^{n+1}(1/2)^{2n+1-r}(r>0).$$

39. 14/57.

41. $\dfrac{\sum\limits_{j=0}^{n}(n-j)^{r+1}}{\sum\limits_{j=0}^{n}n(n-j)^{r}} \longrightarrow \dfrac{(r+1)}{(r+2)},\ n\longrightarrow+\infty.$

42. 12/37.

43. 4/9.

44. 22/455.

46. (1) $P(A_1)=n/N$;

$$P(A_k)=\frac{n}{N}\cdot\frac{(N-n)(N-n-1)\cdots(N-n-k+2)}{(N-1)(N-2)\cdots(N-k+1)},\quad 1<k\leqslant N-n+1.$$

47. (1) 5/9;　(2) 1/6;　(3) 5/54.

49. 244/495.

51. (1) $p_k=\mathrm{C}_{b+r}^{b-k}\mathrm{C}_{a-r}^{k}/\mathrm{C}_{a+b}^{b}$.

52. (1) 在 $\{1,2,\cdots,n\}$ 中无放回地任选 k 个, 用 A_i 表示取到的 k 个数中最大的是 $i\ (\geqslant k)$, 则 $P(A_i)=\mathrm{C}_{i-1}^{k-1}/\mathrm{C}_n^k$. 在 (1) 中取 $k=n-m$ 得 (2). 由 (2) 得 (3).

53. $1+\sum\limits_{j=1}^{10}\mathrm{C}_{10}^{j}(-2)^j(19-j)!/19!$.

习题 3

2. (1)0.321;　(2)0.243.

3. $c=1/(a-b),\ d=b/(b-a)$.

4. (1) $p_1=0.0815$;　(2) $p_2=0.0184$;　方案 (2) 的工作效率更高.

5. (1) 0.0729;　(2) 0.00856;　(3) 0.40951.

6. $p_k=P(X=k)=2^{-k-1},\ k=0,1,2,\cdots$.

8. (1) $P(X=k)=\dfrac{1}{3}\left(\dfrac{2}{3}\right)^{k-1},\ k=1,2,\cdots$;　(2) $P(X=k)=\dfrac{1}{3},\ k=1,2,3.$

9. $P(0)=1/2,\ P(1)=1/6,\ P(2)=1/12,\ P(3)=1/20,\ P(4)=1/5.$

10. $P(X_n=k)=\begin{cases}\mathrm{C}_n^{(n+k)/2}p^{(n+k)/2}q^{(n-k)/2}, & n+k\text{为偶数},\\ 0, & \text{其他}.\end{cases}$

12. (1)0.9901;　(2)1;　(3)0.0183.

13. 若 λ 为整数, $k=\lambda$ 或 $\lambda-1$;　若 λ 为非整数, $k=[\lambda]$.

16. (1) 1/4, 1/6, 1/12;　(2) 1/2.

20. (1) $c=3/4$.

22. 3/5.

23. (1) $P(U>0.1)=9/10$;

(2) $P\big(U>0.2|U>0.1\big)=8/9$;

(3) $P\big(U>0.3|U>0.2,U>0.1\big)=7/8$;

(4) $P\big(U>0.3\big)=7/10$. 注意 (4) 也可以由 (1), (2), (3) 相乘而得.

24. (1) 0.095; (2) 0.0019.

25. $\sigma\leqslant 0.00388$.

27. (1) $P(X>6)=e^{-3.45}$; (2) $P\big(X<8|x>6\big)=1-e^{-5.65}/e^{-3.45}\approx 0.8892$.

28. (1)$f_Y(y)=f(1/y)/y^2$; (2) $f_Y(y)=f(y)+f(-y), y\geqslant 0$;

(3) $f_Y(y)=\dfrac{1}{1+y^2}\displaystyle\sum_{k=-\infty}^{+\infty}f(k\pi+\arctan y)$.

29. $1/(\pi\sqrt{R^2-x^2})$, $x\in(-R,R)$.

30. $\left(\dfrac{\lambda\exp(-\lambda\arccos y)}{1-e^{-2\pi\lambda}}+\dfrac{\lambda\exp(\lambda\arccos y)}{e^{2\pi\lambda}-1}\right)\dfrac{1}{\sqrt{1-y^2}}, y\in(-1,1)$.

32. $f_Y(y)=1/y,\ y\in(1,e)$.

习题 4

1. (1) 0.46; (2) 1.3.

5.(1) $a=A/2$; (2) $a=\ln 2/\lambda$.

6. 标价 12 (以万元为单位).

7. $\lambda^{-1}\ln[(a+b)/b]$.

8. (1) 53; (2) 53.

10. (1) $1-e^{-2^2}=1-e^{-4}$;

(2) $F(3)-F(1)=e^{-1}-e^{-9}$;

(3) $\lambda(t)=2te^{-t^2}/e^{-t^2}=2t$;

(4) 假设 Z 服从标准正态分布, 由 $E(X)=\displaystyle\int_1^{+\infty}P\{X>x\}\mathrm{d}x$ 可得

$$E(X)=\int_0^{+\infty}e^{-x^2}\mathrm{d}x=2^{-1/2}\int_0^{+\infty}e^{-y^2/2}\mathrm{d}y=\sqrt{\pi}/2;$$

(5) 计算 $E(X^2)=1$, 可得 $D(X)=1-\pi/4$.

12. (1)14; (2) 45.

13. (1) 提示: $E\left[(Z-c)^+\right]=\dfrac{1}{\sqrt{2\pi}}\displaystyle\int_c^{+\infty}(x-c)e^{-x^2/2}\mathrm{d}x$;

(2) 提示: 当 Z 服从标准正态分布时, X 与 $\mu+\sigma Z$ 同分布, 利用

$$E\left[(X-c)^+\right]=E[(\mu+\sigma Z-c)^+]=\sigma E\left[\left(Z-\frac{c-\mu}{\sigma}\right)^+\right].$$

15. (1) $\dfrac{a+b}{2}$; (2) μ; (3) $\dfrac{\ln 2}{\lambda}$.

16. (1)$\displaystyle\sum_{k=1}^{N}\left[1-\left(\frac{k-1}{N}\right)^n\right]$; (2)$n(N+1)/(n+1)$.

习题 5

1. $c=1/3$; $P(X=i)=1/3, 1\leqslant i\leqslant 3$; $P(Y=1/j)=1/3, 1\leqslant j\leqslant 3$.
2. (1) 14/39, 10/39, 10/39, 5/39;
   (2) 84/429, 70/429, 70/429, 70/429, 40/429, 40/429, 40/429, 15/429.
4. $p(i,j)=p^2(1-p)^{i+j}$.
6. 不成立.
7. 不是.
9. (1) 1/2; (2) $1-e^{-a}$.
11. $f_X(x)=xe^{-x},\ x>0$; $\quad f_Y(y)=e^{-y},\ y>0$.
13. (1) $c=3/(\pi r^3)$; (2) 1/2.
14. (2) $f_X(x)=21x^2(1-x^4)/8, |x|<1$; $\quad f_Y(y)=3.5y^{5/2}, y\in(0,1)$.
15. (2) $\pi/4$;
16. (2)$f_U(u)=(1/\alpha)f(u)G(u)$; $f_V(v)=(1/\alpha)g(v)[1-F(v)]$.
18. $\beta/(1+\beta)$.
19. (2) 1/2; (3) 2/3; (4) 1/20; (5) 1/18.
20. (1) $\dfrac{1}{2}e^{-t}$; (2) $1-3e^{-2}$.
22. (1) $p_{1,1}=p_{-1,-1}=1/6$, $p_{-1,1}=p_{1,-1}=1/3$; (2) 1/2.
23. $b\neq 0$ 或 $a=b=c=0$.
25. $P(X=k|X+Y=n)=\dfrac{\mathrm{C}_n^k{\lambda_1}^k{\lambda_2}^{n-k}}{(\lambda_1+\lambda_2)^n}$.
26. (2) $\dfrac{3}{4}\dfrac{1}{x}-\dfrac{3}{4}\dfrac{y^2}{x^3},\quad -x<y<x, x>0$.
27. $f(x,y)=\dfrac{1}{1-x},\ 0<x<y<1$; $\quad f_Y(y)=-\ln(1-y), y\in(0,1)$.
28. (1) $f(x,y)=\dfrac{1}{2\pi\sigma_Y^2}\exp\left(-\dfrac{(y-\mu_Y)^2+(x-ay-b)^2}{2\sigma_Y^2}\right)$;

    (2) $f_X(x)=\dfrac{1}{\sqrt{2\pi}\sigma_Y\sqrt{a^2+1}}\exp\left(-\dfrac{(x-a\mu_Y-b)^2}{2\sigma_Y^2(1+a^2)}\right)$.
29. (1)$P_a=e^{-\lambda}(e^{\lambda/2}-1)$; $\quad$ (2)$P_b=\dfrac{\lambda^2}{8(e^{\lambda/2}-1)}$.
30. $\dfrac{\lambda_1}{\lambda_1+\lambda_2}$.
31. $\dfrac{2}{9}$.
33. $f_Z(z)=\dfrac{z^2e^{-z}}{2}, z>0$.
34. $f_Z(z)=\begin{cases}\lambda(p-1)\exp(-\lambda z)+\lambda p\exp(-\lambda(z-1)), & z\geqslant 1,\\ \lambda(p-1)\exp(-\lambda z), & 0<z<1,\\ 0, & z\leqslant 0.\end{cases}$
37. $\displaystyle\sum_{k=1}^{+\infty}f_Y(z-k)p_k$.

39. (1) $f(u,v)=\dfrac{1}{2u^2v},\ u\geqslant 1, 1/u\leqslant v\leqslant u$;

(2) $f_U(u)=\dfrac{\ln u}{u^2},\ u\geqslant 1;\ \ f_V(v)=\begin{cases}\dfrac{1}{2}, & 0<v<1,\\ \dfrac{1}{2v^2}, & v\geqslant 1.\end{cases}$

40. $F_{(U,V,W)}(u,v,w)=4(1-\exp(-u/2))(1-\exp(-v/2))(1-\exp(-w/2)), u,v,w>0.$

42. $g(u,v)=\dfrac{1}{2\pi}\dfrac{1}{\sqrt{u^2-v^2}}\exp(-u/2),\quad |v|<u.$

43. $P(X\leqslant x|N)=\Phi\left(\dfrac{x-k\mu}{\sqrt{N\sigma^2}}\right).$

47. $f_{\min}(z)=(\lambda+\mu)e^{-(\lambda+\mu)z},\quad z>0;$
$f_{\max}(z)=\lambda e^{-\lambda z}+\mu e^{-\mu z}-(\lambda+\mu)e^{-(\lambda+\mu)z},\quad z>0;$
$f_{X+Y}(z)=\dfrac{\lambda\mu}{\mu-\lambda}(e^{-\lambda z}-e^{-\mu z}),\quad z>0.$

48. (1) $1-e^{-5\lambda a}$; (2) $(1-e^{-\lambda a})^5$.

49. (1)$X_{(n)}\sim\beta n(1-e^{-\beta x})^{n-1}e^{-\beta x}$; (2)$X_{(1)}\sim\mathscr{E}(n\beta)$.

50. (1) $p\beta e^{-\beta x}/(p+qe^{-\beta x})^2,\ x\geqslant 0$; (2) $p\beta e^{-\beta x}/(1-qe^{-\beta x})^2,\ x\geqslant 0$.
(用 X,Y 分别表示寿命最长和最短的昆虫的寿命.)

51. (1)$f(x)=n(1-x/a)^{n-1}/a,\ x\in(0,a)$;
(2)$f_{X_{(1)},\cdots,X_{(n)}}(x_1,\cdots,x_n)=n!/a^n,\ 0<x_1<x_2<\cdots<x_n<a.$

53. $F_{X_{(n)}}(x|X_{(1)}=s_1,X_{(2)}=s_2,\cdots,X_{(n-1)}=s_{n-1})=\dfrac{x-s_{n-1}}{1-s_{n-1}},\ x>s_{n-1}.$

54. (1)$f(x)=(n-1)(1-x/y)^{n-2}/y, x\in(0,y)$;
(2)$f(x)=(n-1)!/y^{n-1}, 0<x_1<x_2<\cdots<x_{n-1}<y.$

55. (1)$\dfrac{1}{n+1}$; (2) $\dfrac{n}{n+1}$; (3) $\dfrac{j-i}{n+1}$.

习题 6

1. (1) 1/6; (2) 1/4; (3) 1/2.

3. $k-\sum_{i=1}^{k}(1-p_i)^n$.

4. $2(n-1)p(1-p)$.

6. 14.7.

7. 取 $\eta=X-Y\sim N(0,2(1-\rho)), 2\max\{X,Y\}=|\eta|+(X+Y)$, 故

$$E\left(\max\{X,Y\}\right)=E(|\eta|/2)=\sqrt{\frac{1-\rho}{\pi}}.$$

9. $1/(n+1), n/(n+1),\ n/(n+m)$.

10. (1) $n/(n+1)$; (2) $1/(n+1)$.

11. (1)$1/5\lambda$; (2)$137/60\lambda$.

13. $E(X)=0,\quad D(X)=R^2/2$.

14. (2) $-96/145$.
15. $-mp_ip_j$.
16. (1) μ; (2) $1+\sigma^2$; (3) 是; (4) σ^2.
18. $\mathrm{Cov}(X,Y)=-1/144$.
23. (1) 6; (2)7; (3) 5.8192.
24. $y^3/4$.
28. (1)$E(S|N=m)=nmp$; (2)$E(S|N)=nNp$; (3)$E(S)=E[E(S|N)]=n\lambda p$.
29. $\mu E(T)$, μ 是每天的平均消费.
30. $g(s)=p^n(1-qs)^{-n}$.
31. $g(s)=E(s^{aX+b})=s^bE[(s^a)^X]=s^bg(s^a)$.
32. $\mathrm{C}_{14}^3/12^4, (\mathrm{C}_{15}^3-4)/12^4, (\mathrm{C}_{16}^3-4\mathrm{C}_4^3)/12^4$.
33. $\mathrm{C}_{2n}^{n+k}/2^{2n}$.
34. $pqs^2/(1-s+pqs^2), E(X)=1/(pq), D(X)=q/p^2+p/q^2$.
37. $e^{\mathrm{i}\mu t-\lambda|t|}$.
38. 不独立.
39. (1) 参数为 $(n\lambda, n\mu)$ 的柯西分布; (2)$\Gamma(n\alpha,\beta)$ 分布.
40. (1) $p_1=p_{-1}=1/2$; (2) $p_2=p_{-2}=1/4$, $p_0=1/2$;
    (3) $p_0=a_0, p_k=a_{|k|}/2$, $k=\pm1,\pm2,\cdots$; (4) $U(-1,1)$.

习题 7

1. 提示: 先求 Y_n 的分布, 再利用 “依概率收敛” 的定义证明.
3. 提示: 利用切比雪夫不等式证明.
4. (2) 提示: 利用切比雪夫不等式证明.
5. $e^{E\ln(X_1)}$.
6. 1/2.
7. 提示: 截断.
8. 提示: 利用强大数定律与控制收敛定理.
9. 提示: 利用独立同分布的强大数定律, 以及 “几乎处处收敛” 与 “依概率收敛” 的关系.
11. 提示: 利用强大数定律, 答案: $\dfrac{kp_k}{\sum_j jp_j}$.
12. $P\{X>65.5\}\approx 0.7447$.
13. 0.1922.
14. 0.9929.
15. 至少应设置 1663 个座位.
16. (1) 可用 Poisson 分布可加性或者特征函数证明;
    (2) 可用特征函数证明.
17. 验证 Lindeberg 条件或 Lyapunov 条件.
19. (2) μ_4-1; (3) $\begin{cases}1, & \mu_4=1,\\ 0.8413, & \mu_4>1.\end{cases}$

参考文献

曹广福. 2000. 实变函数论. 北京: 高等教育出版社.

韩东, 王桂兰, 熊德文. 2016. 应用随机过程. 北京: 高等教育出版社.

何书元. 2006. 概率论. 北京: 北京大学出版社.

李贤平. 1997. 概率论基础. 北京: 高等教育出版社.

茆诗松, 程依明, 濮晓龙. 2014. 概率论与数理统计教程. 北京: 高等教育出版社.

欧阳光中, 李敬湖. 1997. 证券组合与投资分析. 北京: 高等教育出版社.

施利亚耶夫. 2007. 概率 (第一卷、第二卷). 周概容, 译. 北京: 高等教育出版社.

严加安. 2004. 测度论讲义. 2 版. 北京: 科学出版社.

张润楚. 2006. 多元统计分析. 北京: 科学出版社.

周民强. 2008. 实变函数论. 2 版. 北京: 北京大学出版社.

Barabási A L, Albert R. 1999. Emergence of scaling in random networks. Science, 286: 509-512.

Bollobás B, Riordan O, Spencer J, et al. 2001. The degree sequence of a scale-free random graph process. Random Struct. Alg., 18: 279-290.

Durrett R. 2010. Probability: Theory and Examples. 4th ed. Cambridge: Cambridge University Press.

Laha R G, Rohatgi V K. 1979. Probability Theory. New York: John Wiley and Sons.

Newman M, Barabási A L, Watts D J. 2006. The Structure and Dynamics of Networks. Princeton: Princeton University Press.

Olofsson P. 2005. Probability, Statistics, and Stochastic Processes. New York: John Wiley and Sons.

Ross S M. 2014. 概率论基础教程. 原书第 9 版. 童行伟, 梁宝生, 译. 北京: 机械工业出版社.

附表 1 Poisson 分布表

$$1 - F(x-1) = \sum_{r=x}^{+\infty} \frac{\lambda^r}{r!} e^{-\lambda}$$

x	λ = 0.2	0.3	0.4	0.5	0.6	0.7	0.8	0.9	1.0	1.2
0	1.0000000	1.0000000	1.0000000	1.0000000	1.0000000	1.0000000	1.0000000	1.0000000	1.0000000	1.0000000
1	0.1812692	0.2591818	0.3296800	0.3934693	0.4511884	0.5034147	0.5506710	0.5934303	0.6321206	0.6988058
2	0.0175231	0.0369363	0.0615519	0.0902040	0.1219014	0.1558050	0.1912079	0.2275176	0.2642411	0.3373727
3	0.0011485	0.0035995	0.0079263	0.0143877	0.0231153	0.0341416	0.0474226	0.0628569	0.0803014	0.1205129
4	0.0000568	0.0002658	0.0007763	0.0017516	0.0033581	0.0057535	0.0090799	0.0134587	0.0189882	0.0337690
5	0.0000023	0.0000158	0.0000612	0.0001721	0.0003945	0.0007855	0.0014113	0.0023441	0.0036598	0.0077458
6	0.0000001	0.0000008	0.0000040	0.0000142	0.0000389	0.0000900	0.0001843	0.0003435	0.0005942	0.0015002
7			0.0000002	0.0000010	0.0000033	0.0000089	0.0000207	0.0000434	0.0000832	0.0002511
8						0.0000008	0.0000021	0.0000048	0.0000102	0.0000370
9									0.0000011	0.0000049
10										0.0000006

x	λ = 1.4	1.6	1.8	2.5	3.0	3.5	4.0	4.5	5.0
0	1.0000000	1.0000000	1.0000000	1.0000000	1.0000000	1.0000000	1.0000000	1.0000000	1.0000000
1	0.7534030	0.7981035	0.8347011	0.9179150	0.9502129	0.9698026	0.9816844	0.9888910	0.9932621
2	0.4081673	0.4750691	0.5371631	0.7127025	0.8008517	0.8641118	0.9084218	0.9389005	0.9595723
3	0.1665023	0.2166415	0.2693789	0.4561869	0.5768099	0.6791528	0.7618967	0.8264219	0.8753480
4	0.0537253	0.0788135	0.1087084	0.2424239	0.3527681	0.4633673	0.5665299	0.6577040	0.7349741
5	0.0142533	0.0236823	0.0364067	0.1088220	0.1847368	0.2745550	0.3711631	0.4678964	0.5595067
6	0.0032011	0.0060403	0.0103780	0.0420210	0.0839179	0.1423864	0.2148696	0.2970696	0.3840393
7	0.0006223	0.0013358	0.0025694	0.0141873	0.0335085	0.0652881	0.1106740	0.1689494	0.2378165
8	0.0001065	0.0002604	0.0005615	0.0042467	0.0119045	0.0267389	0.0511336	0.0865865	0.1333717
9	0.0000163	0.0000454	0.0001097	0.0011403	0.0038030	0.0098737	0.0213634	0.0402573	0.0680936
10	0.0000022	0.0000071	0.0000194	0.0002774	0.0011025	0.0033149	0.0081322	0.0170927	0.0318281
11		0.0000010	0.0000031	0.0000616	0.0002923	0.0010194	0.0028398	0.0066687	0.0136953
12				0.0000126	0.0000714	0.0002890	0.0009152	0.0024043	0.0054531
13				0.0000024	0.0000161	0.0000760	0.0002737	0.0008051	0.0020189
14					0.0000034	0.0000186	0.0000763	0.0002516	0.0006980
15					0.0000007	0.0000043	0.0000199	0.0000737	0.0002263
16						0.0000009	0.0000049	0.0000203	0.0000690
17							0.0000011	0.0000053	0.0000199
18								0.0000013	0.0000054
19									0.0000014

附表 2　标准正态分布表

$$\Phi(u)=\int_{-\infty}^{u}\frac{1}{2\pi}e^{-\frac{x^2}{2}}\mathrm{d}x$$

u	0.00	0.01	0.02	0.03	0.04	0.05	0.06	0.07	0.08	0.09
0.0	0.5000	0.5040	0.5080	0.5120	0.5160	0.5199	0.5239	0.5279	0.5319	0.5359
0.1	0.5398	0.5438	0.5478	0.5517	0.5557	0.5596	0.5636	0.5675	0.5714	0.5753
0.2	0.5793	0.5832	0.5871	0.5910	0.5948	0.5987	0.6026	0.6064	0.6103	0.6141
0.3	0.6179	0.6217	0.6255	0.6293	0.6331	0.6368	0.6406	0.6443	0.6480	0.6517
0.4	0.6554	0.6591	0.6628	0.6664	0.6700	0.6736	0.6772	0.6808	0.6844	0.6879
0.5	0.6915	0.6950	0.6985	0.7019	0.7054	0.7088	0.7123	0.7157	0.7190	0.7224
0.6	0.7257	0.7291	0.7324	0.7357	0.7389	0.7422	0.7454	0.7486	0.7517	0.7549
0.7	0.7580	0.7611	0.7642	0.7673	0.7704	0.7734	0.7764	0.7794	0.7823	0.7852
0.8	0.7881	0.7910	0.7939	0.7967	0.7995	0.8023	0.8051	0.8078	0.8106	0.8133
0.9	0.8159	0.8186	0.8212	0.8238	0.8264	0.8289	0.8315	0.8340	0.8365	0.8389
1.0	0.8413	0.8438	0.8461	0.8485	0.8508	0.8531	0.8554	0.8577	0.8599	0.8621
1.1	0.8643	0.8665	0.8686	0.8708	0.8729	0.8749	0.8770	0.8790	0.8810	0.8830
1.2	0.8849	0.8869	0.8888	0.8907	0.8925	0.8944	0.8962	0.8980	0.8997	0.9015
1.3	0.9032	0.9049	0.9066	0.9082	0.9099	0.9115	0.9131	0.9147	0.9162	0.9177
1.4	0.9192	0.9207	0.9222	0.9236	0.9251	0.9265	0.9279	0.9292	0.9306	0.9319
1.5	0.9332	0.9345	0.9357	0.9370	0.9382	0.9394	0.9406	0.9418	0.9429	0.9441
1.6	0.9452	0.9463	0.9474	0.9484	0.9495	0.9505	0.9515	0.9525	0.9535	0.9545
1.7	0.9554	0.9564	0.9573	0.9582	0.9591	0.9599	0.9608	0.9616	0.9625	0.9633
1.8	0.9641	0.9649	0.9656	0.9664	0.9671	0.9678	0.9686	0.9693	0.9699	0.9706
1.9	0.9713	0.9719	0.9726	0.9732	0.9738	0.9744	0.9750	0.9756	0.9761	0.9767
2.0	0.9772	0.9778	0.9783	0.9788	0.9793	0.9798	0.9803	0.9808	0.9812	0.9817
2.1	0.9821	0.9826	0.9830	0.9834	0.9838	0.9842	0.9846	0.9850	0.9854	0.9857
2.2	0.9861	0.9864	0.9868	0.9871	0.9875	0.9878	0.9881	0.9884	0.9887	0.9890
2.3	0.9893	0.9896	0.9898	0.9901	0.9904	0.9906	0.9909	0.9911	0.9913	0.9916
2.4	0.9918	0.9920	0.9922	0.9925	0.9927	0.9929	0.9931	0.9932	0.9934	0.9936
2.5	0.9938	0.9940	0.9941	0.9943	0.9945	0.9946	0.9948	0.9949	0.9951	0.9952
2.6	0.9953	0.9955	0.9956	0.9957	0.9959	0.9960	0.9961	0.9962	0.9963	0.9964
2.7	0.9965	0.9966	0.9967	0.9968	0.9969	0.9970	0.9971	0.9972	0.9973	0.9974
2.8	0.9974	0.9975	0.9976	0.9977	0.9977	0.9978	0.9979	0.9979	0.9980	0.9981
2.9	0.9981	0.9982	0.9982	0.9983	0.9984	0.9984	0.9985	0.9985	0.9986	0.9986
3.0	0.9987	0.9987	0.9987	0.9988	0.9988	0.9989	0.9989	0.9989	0.9990	0.9990
3.1	0.9990	0.9991	0.9991	0.9991	0.9992	0.9992	0.9992	0.9992	0.9993	0.9993
3.2	0.9993	0.9993	0.9994	0.9994	0.9994	0.9994	0.9994	0.9995	0.9995	0.9995
3.3	0.9995	0.9995	0.9995	0.9996	0.9996	0.9996	0.9996	0.9996	0.9996	0.9997
3.4	0.9997	0.9997	0.9997	0.9997	0.9997	0.9997	0.9997	0.9997	0.9997	0.9998